圓滾滾
超可愛！

牙鮃科族群
背鰭的筋條分岔，
看起來好像是在噴水！

只有幼魚時期，
才會有長長的
魚鰭！

二齒魨科
這可是還沒把尖刺全部張開的狀態，
看起來簡直就是千針魨啊！

寶寶大集合！

剛從魚卵孵化出來的魚寶寶，魚鰭尚未發育完成。
因此還未顯現出該魚種的特徵，屆時會與成魚呈現截然不同的樣貌。

雖然我只是個寶寶，
但造型滿分！

如水球般
的透明魚體！

鮟鱇科
纖細毛狀般的變異性
突起物布滿全身！

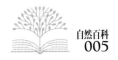

自然百科
005

魚類百科圖鑑

講談社の動く図鑑 MOVE 魚

[新訂版]

福井篤 監修

張萍 譯

晨星出版

目次

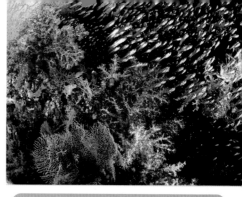

講談社的動圖鑑 MOVE **魚**

棲息在河川或湖沼裡的魚類⋯176

※本書日文版的魚種分類參考《日本產魚類檢索 第3版》（中坊徹治 編2013）、《FISHES of the WORLD Fourth Edition》（Joseph S. Nelson／2006）等。介紹順序可能會與一般分類系統有所不同。

什麼是魚？

魚是你我身邊
不可或缺的存在！

許多人在海邊或是河川嬉戲時，都曾與魚類有所接觸。此外，在水族館等地方的魚也非常受到歡迎，事實上也有些人會飼養魚。更進一步來說，魚還是一種好吃的食物，對我們來說是一種不可或缺的存在。

物種數量是
脊椎動物之冠！

動物之中，有脊骨的動物稱作脊椎動物。目前已知的脊椎動物約有6萬7000種以上。其中，又以「魚」的物種最多，據說約有3萬4000種。

魚是水中世界的主角！

在海洋或是河川等水中世界裡，魚的存在非常重要。特別是大型肉食魚與鯨豚等海洋哺乳類生物並列於生態系食物鏈的最高層。浮游生物、甲殼類等小型動物、貝類、藻類等都是魚類的食物。

獨特的姿態與
生態受人矚目！

為了能夠在水中生活，魚類的身體結構不同於陸地上的生物且特殊。即使是同一種魚，身體結構也會因為棲息環境而有相當大的差異。生態方面還有許多獨特的魚種存在。就讓我們試著去觀察那些獨特的姿態與生態吧！

魚的身體

魚類擁有一副適合棲息在水中的身體。魚體通常長有鱗片，魚鰭則取代了手跟腳，沒有肺部，而是用鰓呼吸。

鼻
魚體左右通常各有兩個前後並排的鼻孔，水會流經中間的器官，讓魚聞到氣味。

嘴巴‧吻部‧牙齒
許多魚的嘴巴位於頭部前端，因魚種不同可能會朝上或朝下。嘴巴前端稱作「吻部」。牙齒會因為攝取的食物種類不同而有不同的形狀。有些魚類並沒有牙齒。

各式各樣的魚類身體

皺唇鯊的身體
覆蓋著許多和牙齒相同物質的鱗片。

赤魟的身體
魚體平坦，有幅度寬廣的魚鰭與長長的魚尾。

蠕紋裸胸鯙的身體
沒有鱗片，背鰭、臀鰭、尾鰭全都連在一起。

鯉魚的身體
常見的魚類體態，全身覆蓋著圓圓且透明的鱗片。

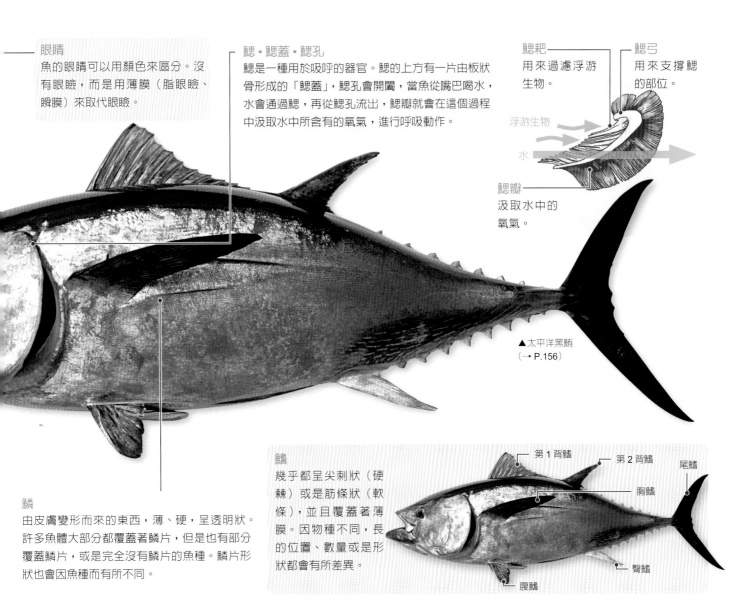

眼睛
魚的眼睛可以用顏色來區分。沒有眼瞼，而是用薄膜（脂眼瞼、瞬膜）來取代眼瞼。

鰓・鰓蓋・鰓孔
鰓是一種用於吸呼的器官。鰓的上方有一片由板狀骨形成的「鰓蓋」，鰓孔會開闔，當魚從嘴巴喝水，水會通過鰓，再從鰓孔流出，鰓瓣就會在這個過程中汲取水中所含有的氧氣，進行呼吸動作。

鰓耙
用來過濾浮游生物。

鰓弓
用來支撐鰓的部位。

浮游生物

水

鰓瓣
汲取水中的氧氣。

▲太平洋黑鮪
（→ P.156）

鱗
由皮膚變形而來的東西，薄、硬，呈透明狀。許多魚體大部分都覆蓋著鱗片，但是也有部分覆蓋鱗片，或是完全沒有鱗片的魚種。鱗片形狀也會因魚種而有所不同。

鰭
幾乎都呈尖刺狀（硬棘）或是筋條狀（軟條），並且覆蓋著薄膜。因物種不同，長的位置、數量或是形狀都會有所差異。

第 1 背鰭
第 2 背鰭
尾鰭
胸鰭
臀鰭
腹鰭

要先牢記的魚類相關用語

記住以下這些詞彙，有助於翻閱圖鑑時的便利性。
詳細用語說明可再翻閱相對應的頁面。

魚類成長
從孵化後開始到死亡為止，隨著成長，名稱也會有所改變。

〈仔魚〉
孵化後，到所有魚鰭長成之前的魚類。

〈稚魚〉
所有魚鰭長成後，該魚種特徵均顯露於魚體之前的魚。

〈幼魚〉
魚種特徵顯露於魚體，但是樣貌或顏色等與成魚有所差異的魚。

〈亞成魚〉
樣貌或顏色幾乎不變，但是尚未成熟為可以繁殖的魚。

〈成魚〉
已成熟、可進行繁殖狀態的魚。

〈老魚〉
活得較長，年長的魚。

魚類的繁殖方法
繁殖方法大致可分為兩種。

〈卵生〉
會產卵。大多數的魚類為卵生。

〈胎生〉
會產下仔魚。
※如同哺乳類等，體內的仔魚會從母體得到養分後成長的類型稱作「胎生」；魚卵在體內孵化，仔魚沒有從母體獲得養分的類型稱作「卵胎生」。然而，也有許多難以明確區分是哪一種類型的魚類，本書暫分類為胎生。

其他用語
〈魚鰾〉
一種魚體內的器官，可以讓氣體進入其中。魚就可以隨著氣體量增減而浮沉、流暢地游動（→ P.105）。

〈側線〉
身體側邊集結著長得像絲線般的細小管束，可以藉此感受到水流或是聲音的器官。

〈背面・腹面〉
從魚的背部側看魚體時，該面稱背面。從腹側看時，該面則稱作腹面。

〈條紋・帶〉
有些魚身上會出現如絲線般的條紋，粗線條的紋路稱作「帶」。如果條紋長在頭上，呈縱向稱作縱紋（縱帶）；條紋呈橫向稱作橫紋（橫帶）。

〈婚姻色〉
接近產卵期時，雄魚為了向雌魚展示自己，魚體顏色會有所改變。這種顏色稱作婚姻色（→ P.127）。興奮時，有時也會顯露出同樣的顏色。

魚的分類方法

迄今5億年前,最初現身的魚類是無頜類,之後才又出現軟骨魚類與硬骨魚類。硬骨魚類可分為肉鰭類與條鰭類,條鰭類可再細分出更多族群。現代魚類大部分為其中的真骨類。

目前可見的魚種分類

盲鰻或是七鰓鰻目是較為原始的魚類族群,從中誕生出軟骨魚類的鯊科或是鰩科等。後來又出現了腔棘魚類或是鱘科等硬骨魚類,而後再演化出真骨魚類,也就是現在常見的魚種。

| 魚的起源 | 古代 ──────────────── 新一代 |

無頜類
沒有頜,保有原始體型的魚類。

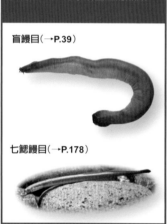

盲鰻目(→P.39)

七鰓鰻目(→P.178)

軟骨魚類
大部分骨骼是由柔軟的骨頭(軟骨)組成的魚類。

銀鯊目(→P.31)

鬚鯊目・鼠鯊目等(→P.20~)

鱝目・鰩目等(→P.34~)

硬骨魚類(肉鰭類)
堅硬的骨骼(硬骨)較多,魚鰭中間帶有中軸骨的魚類。

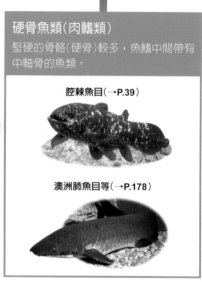

腔棘魚目(→P.39)

澳洲肺魚目等(→P.178)

從鮋形目變成鱸形目的魚類

過去曾經有「鮋形目」。然而,近年來的研究結果顯示「鮋形目」的魚類已全部被分類至「鱸形目」,「鮋形目」因而消失。原本「鮋形目」還下分石狗公以及杜父魚類,經判定兩者其實分別與鱸形目擁有共同的祖先。

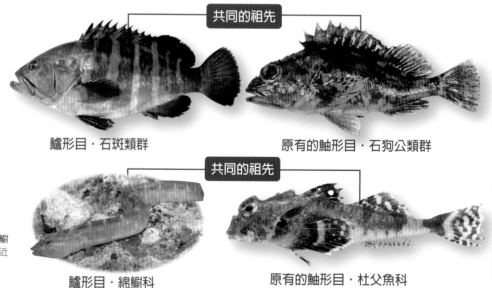

共同的祖先

鱸形目・石斑類群

原有的鮋形目・石狗公類群

共同的祖先

鱸形目・綿䲁科

原有的鮋形目・杜父魚科

▶石斑類群與石狗公類群。綿䲁類群與杜父魚科分別被認為是近似族群。

硬骨魚類（條鰭類）

大部分的骨骼都是由堅硬骨骼（硬骨）組成的魚類族群。多鰭類、軟質類、全骨類的魚種已經絕種多時，數量也不多。真骨類是新的魚類族群，目前可見的魚類，幾乎都屬於真骨類。

多鰭類
擁有許多細小、分歧背鰭的魚類族群。

多鰭魚目（→P.179）

軟質類
雖然屬於硬骨魚類，卻是擁有許多柔軟骨頭的魚類族群。

鱘形目（→P.179）

全骨類
擁有堅硬厚實鱗片的魚類族群。

雀鱔目‧弓鰭魚目（→P.179）

真骨類
柔軟的骨頭較少、擁有薄鱗片的魚類族群。其中，鱸形目在體態方面有更多的進化。

鯉形目（→P.185～）

鮟鱇目（→P.58～）

魨形目（→P.164～、216）

鱸形目
（→P.76～、210～）

最龐大的魚類類群

日本花鱸類群

石斑類群

鰕虎魚類群

石狗公類群

真鰺類群

耳帶蝴蝶魚類群

杜父魚科

隆頭魚科

大西洋鯖類群

最龐大的魚類族群‧鱸形目

①物種數量最多 據說魚的物種數量約有3萬4000種，其中鱸形目的魚約有1萬3000種。

▲照片中被拍攝到的幾乎都是鱸形目的魚類。

②具有優異的運動能力
鱸形目的魚已經演化成可以在水中快速游泳的體型，以便有效率地捕食獵物。（→P.74）

③棲息於全球所有水域
鱸形目魚棲息於海中所有區域。其中食物最多的鄰近海域（淺場）岩礁或是珊瑚礁等處都有非常多的鱸形目族群棲息。也有很多棲息於河川或是湖沼的淡水魚種，還有可以進入汽水域（海水與淡水交會處）的魚種。再者，也有可以在泥灘上活動的特殊魚種（→P.172）。

本書使用方法

本書主要介紹1000種以上棲息在日本國內與近海的魚。此外，還會再分別介紹「棲息在海洋中的魚類（海水魚類）」以及「棲息在河川或湖沼中的魚類（淡水魚類）」。

※ 在海洋與河川之間來去的魚類，主要以產卵場所為基準進行區分。

群組名稱

本書會將魚類區分成好幾個群組進行介紹。有時候，一個群組還會再進一步區分成更多個小群組來介紹。

魚事 TALK

介紹各個類群應注意的重點。在分別觀看個別魚類資訊之前，可以先閱讀這個部分。

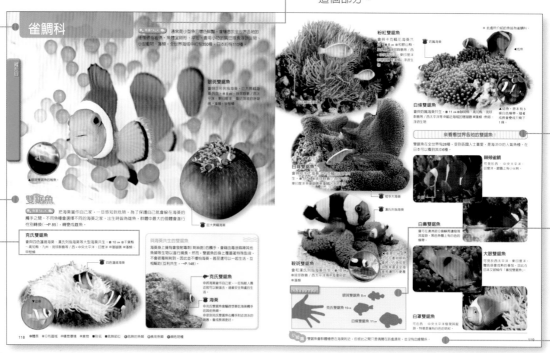

魚檔案

除了魚的種名與科名，如果該魚種還有一些獨有的特徵，會再附上解說文字。

物種名稱

本書物種的中文名稱主要依據「臺灣魚類資料庫」（https://fishdb.sinica.edu.tw/）刊載。海外魚種會刊載英文名稱（FishBase ONLINE）、學名（拼音）讀音等。

科名

物種名稱後方記載的是該魚種的科名，若是該頁面中所介紹的魚皆為相同科別時，會特別加註（※）說明。

■ 體長（全長、寬度、高度）
魚類的大小尺寸標示方法，會測量其上頜前端至尾巴柄部的長度，但還是會因個體而有所差異。除此之外，測量頭部前端至尾鰭尖端為止的長度為「全長」；測量左右魚鰭尖端至尖端的長度為「寬度」；測量頭部至尾部大約的長度則為「高度」。

寬度

全長

高度

體長

■ 分布區域
記載該魚種位於日本周邊或是全世界的哪一個位置。由於海洋是連接在一起的，僅能用大致的標記方式，也有可能會現身於分布區域以外的地方。

■ 棲息環境 記載該魚種會棲息在怎樣的環境。

■ 食物 記載主要攝食的種類，也可能會食用未記載於此的類別。

■ 別名 記載較知名的別名，或是地方名稱、英文名稱、學名等。有些像是外國產的觀賞魚種，別名往往比正式名稱更有名氣，查詢魚種時也請參考別名。

■ 危險部位 記載魚體上應該注意的危險部位。

危 危險的魚類 對人類而言會造成危險的魚類。

食 食用魚 可被食用的魚。然而，沒有此標記的魚種也可能會因為區域不同而被視為可供食用。

瀕危物種 有滅絕危機的魚種。根據日本環境省「第4次瀕危物種紅皮書」（2016年4月資訊），經指定為「瀕危Ⅰ類·Ⅱ類」之物種，以及名列於華盛頓公約中之滅絕危機魚種，本書會標上此記號。

※ 有些魚種的生態可能未知，因此並未標示相關資訊。　※ 雄魚與雌魚大小有所差異時，主要會記載較大的數值。

會出現在本書的地名與海洋

迷你專欄

透過照片與文章說明一些有趣的魚類特徵、應該要知道的知識等。此外，還有專門解說魚類知識的魚先生迷你專欄。

大小比一比

利用剪影的方式傳達實際上的魚類大小。會同時刊載穿戴蛙鞋的潛水者或是手掌剪影作為比例尺。

潛水者 2m

手掌 20 cm

小知識

介紹刊載於該頁面或跨頁面魚種或是該族群的有趣小知識。

日本周邊

庫頁島
千島群島
北海道
日本海
太平洋
東北地方
佐渡島
伊豆群島（大島、神津島、三宅島、御藏島、八丈島等）
隱岐群島
本州
關東地方
小笠原群島
中部地方
父島・兄島
對馬島
中國地方
母島
四國
奄美大島
喜界島
九州
德之島
沖永良部島
奄美群島
大隅群島
伊江島
久米島
屋久島
沖繩島
沖繩海槽
吐噶喇群島
慶良間群島
沖繩群島
先島群島
西表島
與那國島
石垣島
宮古島
八重山群島
宮古群島
琉球群島
沖繩群島各島嶼

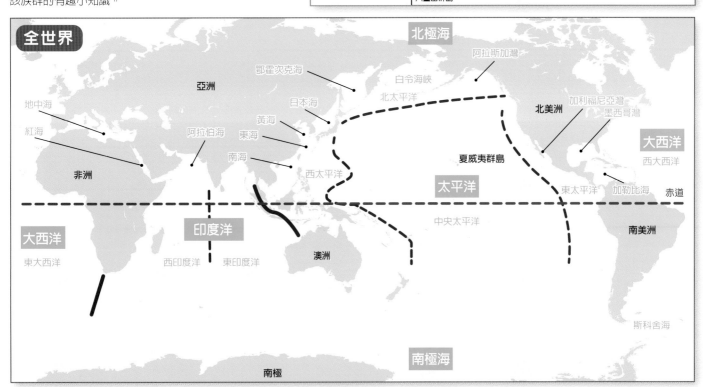

全世界

北極海
阿拉斯加灣
鄂霍次克海
亞洲
白令海峽
北太平洋
加利福尼亞灣
墨西哥灣
地中海
日本海
北美洲
紅海
黃海
大西洋
阿拉伯海
東海
西大西洋
南海
夏威夷群島
非洲
西太平洋
太平洋
東太平洋
加勒比海
赤道
印度洋
中央太平洋
南美洲
大西洋
澳洲
東大西洋
西印度洋
東印度洋
斯科舍海
南極海
南極

魚類的生態

許多棲息於海洋中的魚類，不論是小魚還是大魚，
都為了生存下去而拚命努力著。
就讓我們來一窺魚類生態吧！

群 體行動

相 互爭奪

▼會互相張開大嘴，
威嚇對方的勁氏新熱鰻
（煙管鰻科）。

▶為了守護地盤，
蠕紋裸胸鯙會咬住體型
比自己還要大的敵人。

▼群體獵捕食物的雨傘旗魚。被鎖定的小魚們根本無法分散逃離，只能聚集成一團，企圖延長生存時間。

孕育生命

▶ 會用嘴巴守護魚卵的霍氏後頜魚類。
孵化後，小魚才會從嘴巴游出，之後就得靠自己的力量生存了。

▼小巧的篩口雙線鳚。
會吞食體型比自己更小的獵物。

▶被海獅襲擊的翻車魨。
即使是大型魚種還是會遭到掠食。

吃

被吃

神祕的魚類

隨著科技發展，人類可以一窺海洋內的狀況或是在該處棲息的魚類。即便如此也僅只是海洋內的一小部分。在海洋深處或許還會有更神祕的際遇在等著我們。

活 化石

奇 妙的眼睛

◀美國蒙特雷灣水族館首次拍攝到活體的大鰭後肛魚。頭部覆蓋著透明薄膜，內部充滿著液體。擁有翠玉般的綠色眼睛（管狀眼）。

▶於非洲西北部加納利群島拍攝到的長頭胸翼魚。全身呈透明狀，讓人一目了然，與大鰭後肛魚一樣擁有類似的黑眼（管狀眼）。

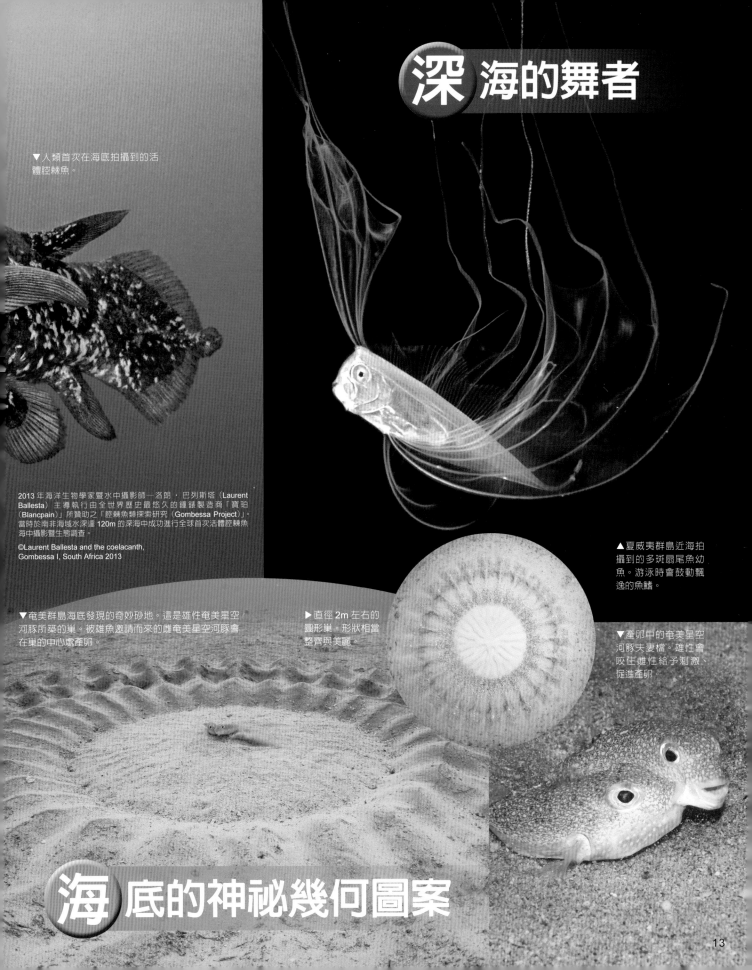

深 海的舞者

▼人類首次在海底拍攝到的活體腔棘魚。

2013 年海洋生物學家暨水中攝影師─洛朗 · 巴列斯塔（Laurent Ballesta）主導執行由全世界歷史最悠久的鐘錶製造商「寶珀（Blancpain）」所贊助之「腔棘魚類探索研究（Gombessa Project）」。當時於南非海域水深達 120m 的深海中成功進行全球首次活體腔棘魚海中攝影暨生態調查。
©Laurent Ballesta and the coelacanth, Gombessa I, South Africa 2013

▲夏威夷群島近海拍攝到的多斑扇尾魚幼魚。游泳時會鼓動飄逸的魚鰭。

▼奄美群島海底發現的奇妙砂地。這是雄性奄美星空河豚所築的巢。被雄魚邀請而來的雌奄美星空河豚會在巢的中心處產卵。

▶直徑 2m 左右的圓形巢。形狀相當整齊與美麗。

▼產卵中的奄美星空河豚夫妻檔。雄性會咬住雌性給予刺激、促進產卵。

海 底的神祕幾何圖案

怪臉魚 大集合！

魚的種類相當繁多，外觀也形形色色。

特別是臉部的形狀各異，各式各樣極富個別魅力的魚種，總令人在不知不覺中想要盯著牠們看。

▲無溝雙髻鯊的頭長得像鎚子，眼睛長在頭的兩側。

怪 異的臉

▶眼睛突出、嘴巴歪斜的木葉鰈。

◀日本叉尾七鰓鰻擁有如吸盤般的嘴。

▲全身充滿棘刺的六斑二齒魨，臉部周圍的棘刺較少。

▲臉如石像般的東方狼魚。

可 怕的臉

◀擅長躲藏於砂土中的日本䲁。臉部的斑點也跟砂土很相像。

▼頭上好似長了一根樹枝的花海馬。

不 可思議的臉

◀臉部凹凸不平的拉氏翻車魨。

獨特的魚種

在海洋中遇到某些魚種時，往往會讓人會心一笑，
因為牠們真的相當獨特。

超 大的笑容!?

▶圓鰭魚的幼魚。
只需要極短的時間，頭頂
就會出現如天使光圈的白
線。實體全長僅約 3 ～
5mm。

▲腹部樣子看起來像一個笑臉
的雙吻前口蝠鱝。

天 使光圈!?

愛 的結晶!?

▶會把魚卵產成愛
心狀的鞍斑雙鋸魚。

與魚兒接觸！

想要和魚接觸，一定要去海邊或是河川嗎？
才沒有那種事情呢！來看看如何與身邊的魚接觸吧！

來養魚吧！　魚先生（東京海洋大學 名譽博士／客座準教授）

魚先生所飼養的魚類中，有一隻網紋短刺魨的幼魚。只要魚先生一回家，那隻幼魚就會顯得非常開心，睜著水晶般閃耀的眼睛，一直盯著魚先生不放。此外，每當用金屬線綁著的棉花棒靠近牠，那隻幼魚就會心情很好地刷牙！相反的，如果因為忙碌沒有關心牠，幼魚就會眼睛朝上，擺出生氣的模樣。甚至有時還會用嘴巴把水噗一聲地噴出水面，將房間搞得溼答答！魚是一種生物，因此飼養起來不是只有輕鬆有趣而已。即便如此，一起生活後，只要看到魚兒展現開心姿態的瞬間，就會忘記一切辛苦。

◀魚先生的魚缸室。擺著好多個魚缸。

▼正在用棉花棒刷牙的日本骨鱗魚。

在魚缸中生活的夥伴們

▲和魚先生相當親近的小魚。

▲喜歡刷牙的日本骨鱗魚。

▲正面看相當可愛的六帶擬鱸。

▲身體顏色相當鮮豔的白點叉鼻魨（黃色個體）。

去水族館吧！　新野大（水族館策展人）

水族館是一個比較方便、可以輕鬆與魚類接觸的地點。在此介紹幾個可以開心利用水族館的好方法。

剛開館的水最乾淨！

水族館一整天都會進行水的過濾，以淨化水缸。但是晚間會整理得最乾淨，如果在剛開館時就進入，即可在水質最為乾淨的狀態下觀賞魚兒。因為人少，也可以悠閒地進行攝影。

餵食秀時間非常有趣！

各個水缸會有固定的餵食時間。到了該時間點，魚兒就會開始躁動、身體顏色也會發生變化，因此可以看到吃過食物後，魚兒們有活力的姿態。

參加館內的體驗活動！

館內往往會推出一些接觸岩岸邊生物、水缸背面導覽、魚類餵食等各種體驗活動。通常需要事前申請，但是仍然可能因故中止或是延期，請先至水族館官方網站或以電話確認相關資訊。

▼位於日本大阪府的海遊館導覽行程（體驗活動），可以餵食鯨鯊，並且近距離參觀。

棲息在海洋中的魚類

沿岸

指接近陸地的近海海域。來自山林的豐富養分會隨著河川流動、運送，由於藻類或是珊瑚類豐富，有許多魚種棲息於此。

你我生活的地球，約有7成是海洋。如同陸地上還有山與河川，海洋中也會因為距離海面的深度、與陸地的距離或是海底的地形等而有各種不同的環境。讓我們來看看各個環境會有怎樣的不同，又會有哪些魚種棲息吧！

砂底

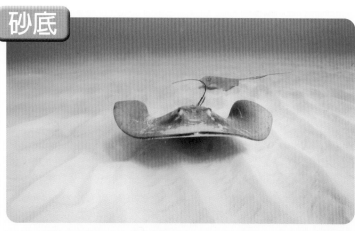

鰩科
P.34～

鮟鱇科
P.58～

鰕虎科
P.144～

鰈科
P.160～

由砂、貝殼或是珊瑚碎片等堆積而成。小碎石較多稱作「砂底」，幾乎都是小石頭稱作「礫底」。泥砂混合稱作「泥砂底」，幾乎都是泥土則稱作「泥底」。接近河口處，退潮時變成陸地的泥底稱作「泥灘」（→ P.172）。

大陸棚・大陸坡

巨口魚類
P.50～

仙女魚科
P.52～

月魚類
P.54～

隨著距離陸地越來越遠，海底也變得越來越深。海底深度 200m 左右處稱作「大陸棚」，從該處往下降、水深達 5000 ～ 6000m 稱作「大陸坡」。太陽光線幾乎無法照射到大陸坡，有各式各樣的深海魚棲息於該陰暗處。

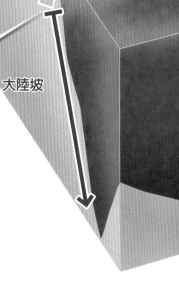

大陸棚

大陸坡

18

海灣

大幅度凹入陸地的部分稱作灣。與其他環境比較起來，比較難以受到潮汐海流的影響，因而形成一個較為穩定的環境，也成為許多魚種的幼魚孵育場。

珊瑚礁

在海洋之中最為穩定的環境。有狀似樹枝或是巨大岩石般的堅硬珊瑚，以及色彩鮮豔柔軟的珊瑚等各種種類，其周邊往往聚集著大量的小魚。沿岸淺海區域也有大量生長著藻類的「海藻林」。

花鮨亞科
P.84～

蝴蝶魚科
P.110～

雙鋸魚類
P.118～

鸚哥魚科
P.128～

岩礁

海底岩盤聳立著大小不一的岩石。岩礁處有著豐富的生物及藻類可供作魚類食物，因此會有許多魚類匯集在此。岸邊的岩礁，在退潮時會有海水殘留的部分，稱作「潮池（亦稱岩池）」。

鰻科
P.42～

刺魚科
P.68～

石狗公類
P.76～

箱魨科
P.167～

離岸・遠洋

與陸地稍微有些距離的海域稱作「離岸」。「遠洋」則是比離岸距離陸地更遠的海域，觸目所及只看得到海平線，距離海底有數百～數千公尺之遙。離岸或遠洋的魚類數量並不比沿岸或海灣來得多，但是在廣大海洋中會有較大型的魚類族群棲息在該處。

中層帶

小魚們會聚集成一大群，有些將牠們當作獵捕目標的大型魚類也會棲息在此。本書將與海面距離 200m 水深處之間稱作「表層帶」，水深 200～1000m 稱作「中深層帶」，再更深的部分稱作「深層帶」。

鯊魚類
P.20～

鯡科
P.48～

旗魚類
P.152～

翻車魨科
P.170～

鯊魚類

鬚鯊目

🐟 魚事TALK 🐟 　鯊魚類由軟骨等柔軟的骨骼所組成，是屬於「軟骨類」魚種，遠在恐龍時期、約4億年前就已經出現，樣貌迄今幾乎沒有改變。魚體左右側約有5～7對鰓孔，通常擁有尖銳的牙齒。全球約有430種鯊，日本約有130種。

鬚鯊

🐟 魚事TALK 🐟 　除了悠游在海洋中的鯨鯊外，其餘主要都棲息於海底。嘴巴長在眼睛前方，牙齒小。2個背鰭位於魚體後側。有5對鰓孔，有卵生也有胎生。

眼睛

▲為了捕食浮游生物而張開大口的鯨鯊。嘴巴旁邊有著小小的眼睛。

大小比一比

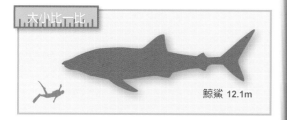

鯨鯊 12.1m

20　■體長　■分布區域　■棲息環境　■食物　■別名　■危險部位　🈲危險的魚類　🈴食用魚類　🈺瀕危物種

鯨鯊的生產

1995年在臺灣捕獲一隻全長10.6m、重16噸的雌性鯨鯊，並且發現該腹中有307隻、約60cm左右的稚魚即將生產，因而得知鯨鯊會在體內等待卵孵化後再產出，是一種「胎生（卵胎生）」魚類。

◀鯨鯊稚魚標本

鯨鯊 [鯨鯊科] 絕

最大型的魚類，會悠游於世界各地。魚體的斑紋貌似穿著日本傳統服裝「甚平」，因此在日本稱作「甚平鯊」。個性溫馴，會張著大口緩緩悠游於海中，連同海水一起吞食浮游生物或小魚。胎生。◯ 12.1m（全長） ◯日本本州以南／世界各地的熱帶・溫帶海域 ◯沿岸・遠洋表層帶・中深層帶、偶爾也會現身於珊瑚礁處 ◯浮游生物、小魚 ◯豆腐鯊、甚平鯊

◀欲捕食海面附近的浮游生物或小魚時，龐大的魚體會直立起來。

鰓孔

◀一同吸入的海水會從體側的鰓孔排出，並且將食物過濾出來。

◀其他魚種的幼魚或是長印魚會依附在大型鯨鯊身上，一起悠游。

21

鬚鯊

▼成魚

日本鬚鯊 [鬚鯊科]

嘴巴周圍皮膚有變異性的突起物（皮質毛狀突起）。夜行性。胎生。
■110 cm（全長）■千葉縣～九州南部、沖繩海槽等／東海、南海 ■鄰近海域砂底・岩礁・珊瑚礁 ■魚類、底棲小型動物 □日本鬚鮫

▶幼魚

點紋狗鯊 [鯨鯊科]

卵生。■100 cm（全長）■釣魚臺列嶼／西太平洋、東印度洋 ■珊瑚礁砂底 ■魚類、甲殼類

大尾虎鯊 [鯨鯊科]

魚體與尾鰭的長度幾乎一樣。幼魚身上帶有虎斑，成魚後則變成豹紋。夜行性。卵生。■2.5m（全長）■新潟縣、千葉縣、高知縣、宮古群島／西太平洋、印度洋等 ■珊瑚礁 ■貝類、章魚、甲殼類 □豹紋鯊

▲幼魚

◀成魚

斑鰭鯊

[鬚喉鯊科]

卵生。■91 cm（全長）
■澳洲南部
■沿岸大陸棚底層帶
■底棲小型動物

鏽鬚鯊 [鯨鯊科]

嘴巴小巧，只能用吸吮的方式食用獵物。卵生。
■3.2m（全長）■八重山群島／西太平洋、印度洋等 ■珊瑚礁 ■魚類、章魚、海膽、甲殼類

真鯊

🐟魚事TALK🐟　占鯊魚數量一半以上的龐大類群，棲息於鄰近海域到深海的廣大範圍內。為了保護眼睛，長有類似眼瞼的東西（瞬皮・瞬膜）。有5對鰓孔、2個背鰭。有卵生，也有胎生。

鉛灰真鯊 [真鯊科] 危 食

會在海底來回悠游，捕捉魚類或烏賊等食用。胎生。■2.4m（全長）■日本各地／世界各地的熱帶・溫帶海域 ■海灣、珊瑚礁、河口 ■魚類、烏賊 ■高鰭白眼鯊 □牙齒

大小比一比

大尾虎鯊　2.5m

低鰭真鯊　3.4m

■體長 ■分布區域 ■棲息環境 ■食物 ■別名 ■危險部位 危危險的魚類 食食用魚類 瀕瀕危物種

▶正在襲擊小魚群體的
短尾真鯊。

短尾真鯊〔真鯊科〕危
會襲擊人類。胎生。■3m（全
長）■茨城縣、千葉縣、神奈川縣、
新潟縣、九州西部・南部／世界各
地的溫帶海域 ■沿岸 ■魚類 ■牙
齒

棲息在淡水水域的鯊魚
鯊魚基本上都棲息於海中。然而，
有些像是低鰭真鯊等真鯊目的鯊魚
會進入汽水域或是淡水域。再者，
近年也曾在澳洲北部河川中發現主
要棲息於淡水域的鯊魚蹤跡。

▲露齒鯊。真鯊科的鯊魚，全長約 100cm。
很難在海中發現牠的蹤跡，因此認為可能
都棲息在河川等地。

低鰭真鯊〔真鯊科〕危
因為出生於汽水域或是淡水域，因此也會生長在河川或是湖沼處。會襲擊人類。胎生。
■3.4m（全長）■沖繩島、八重山群島／世界各地的熱帶・溫帶海域 ■沿岸、河口、河川、湖沼
■雜食性，什麼都吃 ■公牛真鯊、公牛白眼鯊 ■牙齒

鼬鯊 [真鯊科] 危 食

非常具有攻擊性的一種鯊魚，對人類有威脅性。特徵是魚體上有條紋。胎生。
◼5.5m（全長）◼青森縣、千葉縣～屋久島、琉球群島等／世界各地的熱帶・亞熱帶
海域 ◼沿岸到遠洋表層帶，亦會現身於珊瑚礁或是海灣的汽水域 ◼魚類、海龜、海鳥、
海洋哺乳類 ◼虎鯊、居氏鼬鯊 ◼牙齒

灰三齒鯊 [真鯊科]

白天會以群體方式潛伏在岩礁縫隙等處。夜行性。胎生。
◼2.1m（全長）◼琉球群島等／西・中央太平洋、印度洋等 ◼鄰
近海域的珊瑚礁・岩礁 ◼魚類、烏賊或章魚、甲殼類

汙翅真鯊 [真鯊科]

胎生。◼180 cm（全長）◼琉球群島／西・中央太平洋、印度洋
等 ◼鄰近海域的珊瑚礁，亦會現身於遠洋 ◼魚類

皺唇鯊 [皺唇鯊科]

胎生。◼150 cm（全長）◼日本本州～
九州／東海等 ◼海灣砂底・海藻林、
亦會現身於汽水域 ◼底棲小型動物

星貂鯊 [皺唇鯊科] 食

胎生。◼140 cm（全長）◼日本各地／東海、南
海 ◼沿岸泥砂底 ◼底棲小型動物

鋸峰齒鯊 [真鯊科] 危 食

對人類有威脅性。胎生。◼3.8m(全長)◼北海道、青森縣～高知縣、
九州東部等／世界各地的熱帶・溫帶海域等 ◼遠洋表層帶，亦會現身
於沿岸 ◼魚類、烏賊 ◼水鯊、大青鯊 ◼牙齒

大小比一比

鼬鯊 5.5m
虎紋貓鯊 50cm
紅肉丫髻鯊 4m

哈氏原鯊 [原鯊科]

卵生。◼65 cm（全長）◼高知縣、九州南部／西太平洋 ◼水深100～
320m 的大陸棚・大陸坡 ◼小魚、甲殼類

◼體長 ◼分布區域 ◼棲息環境 ◼食物 ◼別名 ◼危險部位 危危險的魚類 食食用魚類 絕瀕危物種

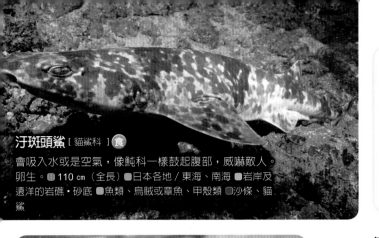

汙斑頭鯊 [貓鯊科] 食

會吸入水或是空氣，像鈍科一樣鼓起腹部，威嚇敵人。
卵生。■110 cm（全長）■日本各地／東海、南海 ■岩岸及
遠洋的岩礁‧砂底 ■魚類、烏賊或章魚、甲殼類 ■沙條、貓
鯊

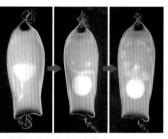

汙斑頭鯊卵的成長過程

汙斑頭鯊會產出帶殼的魚卵，
並且將殼掛在藻類等處，使
其被藤蔓纏住。魚卵會持續
在約12cm大小的結實卵殼中
成長，孵化時間約需1年。

▲魚卵中的仔魚會逐漸變大。

虎紋貓鯊 [貓鯊科]

卵生。■50 cm（全長）■北海道南部～九州
／東海、南海 ■水深 100 ～ 350m 的底層帶
■底棲小型動物

◀從魚卵中孵化的
虎紋貓鯊仔魚。

無溝雙髻鯊 [雙髻鯊科] 危 食 絕

背鰭

胎生。■6m（全長）■九州南部等／世界各地的熱帶‧
溫帶海域 ■沿岸到遠洋表層帶 ■魚類、
烏賊或章魚、甲殼類 ■牙齒

▲擁有長且突出的背鰭。

紅肉丫髻鯊 危 食 絕
[雙髻鯊科]

頭部形狀很像用來敲打銅鐘的「鐘
槌」，日本方面以此特徵為其命名
（赤撞木）。胎生。

■4 m（全長）■日本本州以南／世
界各地的熱帶‧溫帶海域 ■沿岸表層
帶，亦會現身於海灣及河口汽水域等
處 ■魚類（包含其他種的鯊魚或是
鰩）、烏賊及章魚、甲殼類 ■路易氏
雙髻鯊 ■牙齒

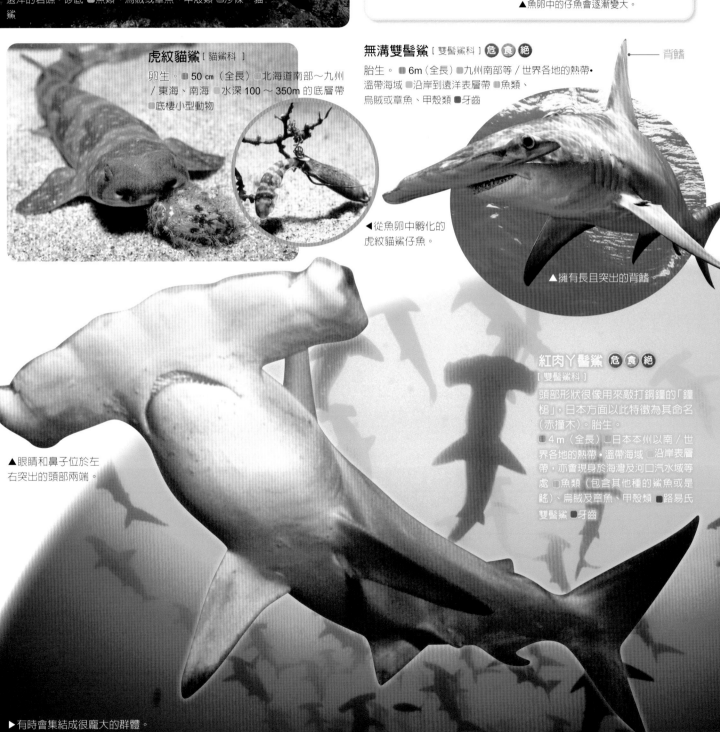

▲眼睛和鼻子位於左
右突出的頭部兩端。

▶有時會集結成很龐大的群體。

鼠鯊

🐟 魚事TALK 🐟 棲息於遠洋，通常為大型魚。有5對鰓孔。皆為胎生，胎兒會在母親腹中吃掉其他的魚卵或是其他兄弟姊妹，成長到一定程度後才出生。

會藉由長長的尾鰭把魚群趕在一起後拍打，削弱其力量後再進行捕食。

淺海狐鯊[狐鯊科] 危 食

■3.9m（全長）■日本本州以南／西 · 中央太平洋與印度洋的熱帶 · 亞熱帶海域 ■遠洋表層帶、亦會現身於沿岸 ■魚類、烏賊 ■牙齒

象鯊[象鯊科] 絕

巨大但是很溫馴的一種鯊魚，會建立群體、一起生活。經常在海面張開大口游泳，順著海水吞食浮游生物。■9.8m（全長）■日本各地／世界各地的溫帶 · 寒帶海域 ■沿岸到遠洋表層帶 ■浮游生物

錐齒鯊[砂錐齒鯊科] 危 絕

■3.2m（全長）■神奈川縣～九州南部、琉球群島等／世界各地的熱帶 · 溫帶海域（不含中央 · 東太平洋部分）■海灣、珊瑚礁岩礁 ■魚類（含其他種的鯊魚或是鰩）■牙齒

▲擁有長且尖銳的牙齒。

吻部 擁有特殊的探知器官，能夠搜尋到底棲小型動物。

歐氏尖吻鯊[尖吻鯊科]

擁有突出的頜、又尖又刺的牙齒，可以確保獵物無法逃脫、一網打盡。
■3.9m（全長）■千葉縣～九州南部、富山縣／澳洲東南部、加州南部、南非東部等 ■水深至600m的大陸棚 · 大陸坡，偶爾會現身於海灣 ■底棲小型動物

▶突出的頜。

■體長 ■分布區域 ■棲息環境 ■食物 ■別名 ■危險部位 危危險的魚類 食食用魚類 絕瀕危物種

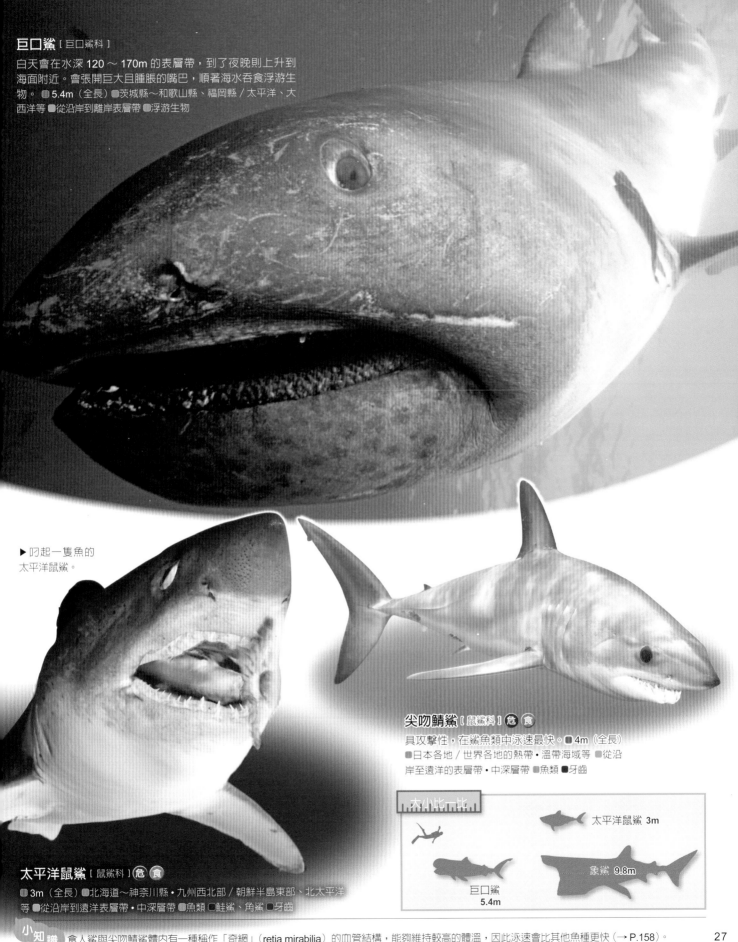

巨口鯊［巨口鯊科］
白天會在水深 120～170m 的表層帶，到了夜晚則上升到海面附近。會張開巨大且腫脹的嘴巴，順著海水吞食浮游生物。■5.4m（全長）●茨城縣～和歌山縣、福岡縣／太平洋、大西洋等●從沿岸到離岸表層帶●浮游生物

▶叼起一隻魚的太平洋鼠鯊。

尖吻鯖鯊［鼠鯊科］危 食
具攻擊性，在鯊魚類中泳速最快。■4m（全長）
■日本各地／世界各地的熱帶・溫帶海域等●從沿岸至遠洋的表層帶・中深層帶●魚類●牙齒

太平洋鼠鯊［鼠鯊科］危 食
■3m（全長）●北海道～神奈川縣・九州西北部／朝鮮半島東部、北太平洋等●從沿岸到遠洋表層帶・中深層帶●魚類●鮭鯊、角鯊●牙齒

大小比一比

太平洋鼠鯊 3m

象鯊 9.8m

巨口鯊 5.4m

食人鯊 [鼠鯊科] 危 絕

會以旋轉魚體的方式躍出海面,威嚇海洋哺乳類等。非常具有攻擊性,在全世界已發生多起攻擊人類的事故。胎生。
■6.4m(全長)■北海道南部～九州/以全世界溫帶海域為主的溫暖海域 ■從沿岸到離岸,亦會現身於海灣處 ■大型魚類、海洋哺乳類、海鳥、海龜 ■大白鯊 ■牙齒

◀食人鯊的牙齒。鯊魚嘴巴內有好幾排牙齒並排,只要缺一顆牙,整排牙齒就會一起脫落,後方牙齒就會往前替換成為一排新的牙齒。

▲ 體型最大的肉食性鯊魚。

角鯊

🐟 魚事TALK 🐟 沒有臀鰭,通常會在2個背鰭肉柄部位長出骨質的尖刺(棘條)。有5對鰓孔。皆為胎生。有些鯊魚會棲息於深海,魚體上還自帶發光器(→P.51)

日本角鯊 [角鯊科] 食

■110 cm(全長)■千葉縣～九州南部、琉球群島等/東海等 ■水深110～840m 的大陸棚・大陸坡 ■魚類、烏賊、底棲小型動物

骨質尖刺

薩式角鯊 [角鯊科] 食

被人類以食用為目的大量獵捕。
■160 cm(全長)■北海道～神奈川縣・山口縣/世界各地的溫帶・寒帶海域 ■水深 900m 以內的大陸棚・大陸坡 ■魚類、烏賊、底棲小型動物

大小比一比

食人鯊 6.4m

阿里擬角鯊 22cm

薩式角鯊 160cm

刺鯊 [刺鯊科] 食

肝臟脂質豐富（甘油），「角鯊烯（Squalene）」可作為化妝品原料。
■100 cm（全長）■茨城縣～九州南部、長崎縣、琉球群島等／西太平洋等
■水深 100 ～ 1200m 的大陸棚 ‧ 大陸坡

日本尖背角鯊 [尖背角鯊科]

魚體表面有無數小尖刺，像是可以用來磨碎蔬菜的研磨缽，日本方面便以此特徵為其命名（研磨鯊）。
■65 cm（全長）■靜岡縣、愛知縣■水深 150 ～ 350m 的底層帶

▶日本尖背角鯊的皮膚

巴西達摩鯊 [鎧鯊科]

會掠食鮪魚等大型魚、鯨魚、海豚等哺乳類，並且會藉由旋轉魚體的方式撕咬獵物。腹部帶有發光器。■56 cm（全長）■茨城縣～靜岡縣、琉球群島等／世界各地的溫帶、熱帶海域等■水深至 6000m 的大陸棚 ‧ 大陸坡，亦會現身於表層帶■烏賊、大型魚類、海洋哺乳類

▲海豚身上的圓形傷痕（左）就是被巴西達摩鯊的尖齒（右）撕咬出來的傷痕。被啃咬後的傷口看起來像一個餅乾形狀，因此巴西達摩鯊的英文名稱被稱作「Cookie cutter shark」。

烏鯊 [燈籠棘鯊科]

魚體呈紫藤色，腹部有發光器。
■43 cm（全長）■北海道南部～高知縣、沖繩群島等／西太平洋 ■水深 160 ～ 1350m 的大陸棚 ‧ 大陸坡 ■魚類、烏賊

阿里擬角鯊 [鎧鯊科]

較小型的一種鯊魚。腹部有很多發光器。
■22 cm（全長）■神奈川縣～九州南部、長崎縣／西太平洋等
■水深至 2000m 的大陸坡 ■魚類、烏賊、甲殼類

▲頭部渾圓飽滿，嘴巴位於後方內側的位置。

▶眼睛上有很多寄生蟲，幾乎看不到東西。

小頭睡鯊 [睡鯊科]

主要棲息於冰冷海域的深海處。有時會為了尋找食物而現身於表層帶。
■7.3m（全長）■北極海、北大西洋■表層帶～水深至 2200m 的中深層帶 ‧ 深層帶■魚類、烏賊或章魚、甲殼類、海洋哺乳類

小知識　小頭睡鯊的體型雖然大，但是僅會用平均時速 1km 左右（嬰兒爬行的速度）的速度游泳。

六鰓鯊科、皺鰓鯊科

🐟 魚事TALK 🐟　具有古代鯊魚的特徵，亦被稱作「活化石」。有1個背鰭，6～7對鰓孔。棲息於水深超過1000m的深海底，很少現身於鄰近海域。

▲擁有許多尖刺狀的特殊牙齒。

▲棲息於深海處，因此很難看到其活生生的狀態。

油夷鯊 [六鰓鯊科] 危
是有 7 對鰓孔的原始鯊魚。會與同伴合力追捕海豹、海豚或是其他種類的鯊魚。胎生。
■ 3m（全長）○北海道東北部、神奈川縣～高知縣、山口縣、九州西部、琉球群島／太平洋、大西洋等 □沿岸鄰近海域、大陸棚 ■魚類、海洋哺乳類 ■牙齒

皺鰓鯊 [皺鰓鯊科]
魚體細長且呈圓筒狀，是有 6 對鰓孔的原始鯊魚。胎生。
■ 2m（全長）○千葉縣～和歌山縣、九州南部、沖繩海槽等／太平洋、大西洋等 □水深 120 ～ 1500m 的大陸棚‧大陸坡底層帶 ■魚類、烏賊

鋸鯊科

🐟 魚事TALK 🐟　吻部長且平坦，左右側排列著鋸齒般大小不一的牙齒。吻部中央有1對鬍鬚，可以藉此用來尋找砂中的食物。有2個背鰭，5～6對鰓孔。沒有臀鰭。

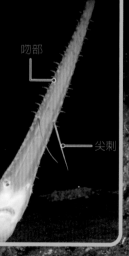

吻部
尖刺

▲日本鋸鯊腹中的仔魚。

日本鋸鯊 [鋸鯊科]
胎生。■ 150 cm（全長）○日本各地／東海等 □大陸棚‧大陸坡的泥砂底 ■底棲小型動物

鋸鯊和鋸鰩的區別？
鋸鯊和鋸鰩最大的不同點在於鰓孔的位置。鋸鯊的鰓孔位於體側，鋸鰩的鰓孔則位於腹部，可以用這個條件作為區別。

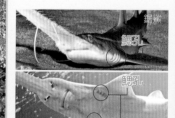

鋸鯊
鰓孔
鰓孔
鋸鰩

扁鯊科

🐟 魚事TALK 🐟 胸鰭大，形狀與鰩類似，而因為是鯊魚，鰓孔位於體側。眼睛位於平坦的背側。有2對背鰭，5對鰓孔。沒有臀鰭。棲息區域範圍廣大，鄰近海域至水深1000m的深海都有其足跡，主要棲息於海底。

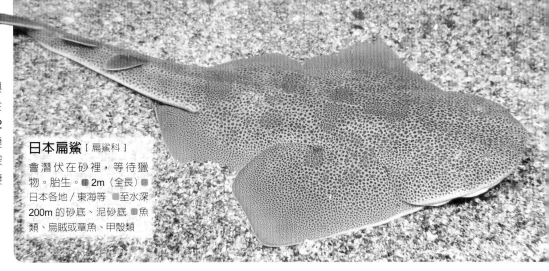

日本扁鯊 [扁鯊科]
會潛伏在砂裡，等待獵物。胎生。⬛ 2m（全長）⬛ 日本各地 / 東海等 ⬛ 至水深200m 的砂底、泥砂底 ⬛ 魚類、烏賊或章魚、甲殼類

異齒鯊科

🐟 魚事TALK 🐟 正面看起來像隻貓。有5對鰓孔。2個背鰭上有骨質尖刺（棘條）。皆為卵生，會產出被硬殼覆蓋的卵鞘。

日本異齒鯊 [異齒鯊科]
具有巨大如石頭般的臼齒，即使是堅硬的東西也能磨碎後食用。⬛ 120 cm（全長）⬛ 日本本州～九州等 / 東海等 ⬛ 鄰近海域岩礁‧海藻林 ⬛ 貝類、海膽、甲殼類 ⬛ 日本牛角鯊

▲日本異齒鯊的顎骨。為了磨碎食物，而有特殊形狀的牙齒。

牙齒

▲日本異齒鯊的卵。殼呈螺旋狀。可以勾在岩石縫隙或是藻類上。

澳大利亞虎鯊
[異齒鯊科]
⬛ 165 cm（全長）⬛ 澳洲南部 ⬛ 大陸棚底層帶 ⬛ 貝類、海膽、甲殼類

銀鯊科

🐟 魚事TALK 🐟 會揮動巨大的胸鰭，彷彿揮動翅膀般悠游在深海底層帶。皆為卵生。有1對鰓孔，2個背鰭。第1背鰭上有毒尖刺。

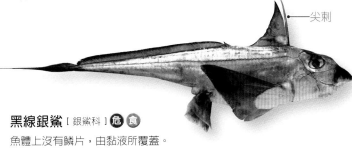

尖刺

黑線銀鯊 [銀鯊科] 危 食
魚體上沒有鱗片，由黏液所覆蓋。
⬛ 100 cm（全長）⬛ 北海道南部～高知縣、新潟縣～九州西部 / 東海、南海等 ⬛ 大陸棚‧大陸坡底層帶 ⬛ 底棲小型動物 ⬛ 銀鯊 ⬛ 背鰭的尖刺有毒

吻部

米氏葉吻銀鯊 [葉吻銀鯊科] 危
其特徵是具有變形突出的吻部。
⬛ 125 cm（全長）⬛ 澳洲南部、紐西蘭 ⬛ 大陸棚底層帶 ⬛ 底棲小型動物 ⬛ 背鰭的尖刺有毒

大小比一比

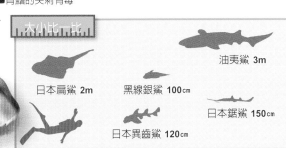

油夷鯊 3m

日本扁鯊 2m　黑線銀鯊 100cm

日本鋸鯊 150cm

日本異齒鯊 120cm

小知識 鯊魚和鰩同樣都是軟骨魚類（→ P.32），但是黑線銀鯊屬於全頭類，其他鯊魚和鰩則為板鰓類，被分類在不同的族群。

海裡的獵人 鯊魚的身體結構

據說目前約有3萬4000種以上的魚類，軟骨魚類僅占其中的3%。
就讓我們來看看軟骨魚類代表——鯊魚的身體結構吧！

比其他魚種大且特殊的
鯊魚身體

鯊魚的骨骼大部分是由柔軟的骨骼（軟骨）所構成，被歸類於軟骨魚類。據悉鯊魚的祖先在4億多年前出現，身體結構自古以來都沒有變化。除了骨骼以外，鱗片、鰓孔、內臟、感覺器官等都具備著其他魚類所沒有的特徵。

食人鯊（→ P.28）

嘴巴・牙齒

嘴巴裡會長出好幾排的備用牙齒。隔幾天就會長出新牙替換，有些種類的鯊魚，一生可以使用到2萬顆牙齒。

眼睛 通常擁有能夠反射光線的細胞，即使在昏暗處也能夠看得非常清楚。此外，有些鯊魚還擁有能夠保護眼睛、類似眼瞼的膜。

羅倫氏壺腹

位於吻部（嘴巴前端），這是只有軟骨魚類才會擁有的器官。看起來像是皮膚上的許多小孔洞，內部充滿果凍狀的物質。能夠感受到其他生物所發出的微小電流，藉此用於尋找獵物。

鼻子 嗅覺非常靈敏，能夠聞到距離遙遠的微量血腥味。

鰓・鰓孔

與那些僅有1對鰓孔的硬骨魚類不同，鯊魚的鰓孔有5～7對。

鱗片

表皮上覆蓋著與牙齒成分相同、細小且堅硬的鱗片（盾鱗）。即使是刀也不容易切入。

骨骼

鯊魚的骨骼中，僅有頜的部分是較為堅硬的骨骼（硬骨）。其他包含用以支撐全身的脊椎（背骨）在內，剩下的全部都是柔軟的骨骼（軟骨）。雖然沒有肋骨，但是皮膚上覆有堅硬的鱗片，可以保護內臟。

▲鯊魚的鱗片放大照片。細小的鱗片中間還有空隙。鱗片形狀會因為物種而有所不同。

脊椎

肝臟

子宮

卵巢

胃

腸

內臟

鯊魚沒有魚鰾，僅藉由囤積脂肪的巨大肝臟內獲得在水中漂浮的能力。肝臟大小會因為物種不同而有所差異，有些棲息於深海中的鯊魚物種，其肝臟就占了體重的1／4。腸內部呈螺旋狀，易於吸收營養。

鯊魚有卵生也有胎生，食人鯊是胎生（卵胎生）。從卵巢送出的受精卵會在子宮內孵化，先孵化出來的仔魚會吃掉其他的魚卵，成長到一定程度後才出生。

軟骨魚類與硬骨魚類

軟骨魚類與硬骨魚類最大的差異處當然在於骨骼。差別在於全身骨骼當中，軟骨與硬骨所占比例。透過以特殊方法製作出來的「透明骨骼標本」即可一窺究竟。透明骨骼標本是用特殊染料，將軟骨染成藍色，硬骨染成紅紫色。讓我們來比較一下軟骨魚類與硬骨魚類的標本吧！

軟骨魚類的骨骼（鰩魚）

▲骨骼大部分為藍色，表示柔軟的骨骼較多。僅有少許紅紫色的硬骨。

硬骨魚類的骨骼（耳帶蝴蝶魚）

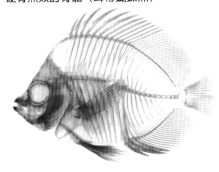

▲大部分骨骼為紅紫色的硬骨。也可以看到臉部周圍有一些藍色的軟骨。

鱝科

🐟 魚事TALK 🐟
鱝屬於軟骨魚類,被認為是從鯊魚演化而來。魚體平坦,鰓孔位於腹部。胸鰭巨大,頭部與胸鰭之間幾乎沒有區隔。擁有細長的尾部,尾部前端通常沒有尾鰭。鱝的身體上有許多獨特的特徵。全世界海域或河川內約有500種,日本約有75種。

鱝目

雙吻前口蝠鱝 (絕)

鱝中體型最大的,會在遠洋單獨來回悠游。頭側的鰭(頭鰭)捲起,看起來很像線捲,日本方面以此特徵為其命名(鬼系捲)。

□7m(寬度)□青森縣、靜岡縣～高知縣、琉球群島等 / 世界各地的熱帶·溫帶海域 ■遠洋表層帶 □浮游生物 ●鬼蝠魟

頭鰭

胸鰭

鱝科

🐟 魚事TALK 🐟 鱝的特徵是體型很像飛機或是滑翔機。尾巴呈鞭子狀,有些物種的尾巴肉柄部帶有毒刺。皆為胎生,主要以捕食小魚或浮游生物為生。

大小比一比

雙吻前口蝠鱝
7m

姬蝠魟
2.2m

阿氏前口蝠鱝的生產方式

阿氏前口蝠鱝1年會產出1隻寬約180cm的幼魚。幼魚出生後會立刻開始游泳。2007年沖繩縣的沖繩美拉海水族館成為全世界第一座成功誕生阿氏前口蝠鱝的水族館。

▼阿氏前口蝠鱝(母)

◀阿氏前口蝠鱝(子)

▲阿氏前口蝠鱝的生產瞬間。

■體長 ■分布區域 ■棲息環境 ■食物 ■別名 ■危險部位 (危)危險的魚類 (食)食用魚類 (絕)瀕危物種

雙吻前口蝠鱝與阿氏前口蝠鱝的差別

雙吻前口蝠鱝與阿氏前口蝠鱝在外觀上即有差異。
可以從以下3個部位來區分。

雙吻前口蝠鱝　　　　　　　　　　　　　　　**阿氏前口蝠鱝**

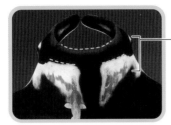

背部紋路
背部的白色紋路各有不同。

會與嘴巴的形狀平行

和嘴巴的形狀比較起來，
紋路的角度較陡

嘴巴周圍的顏色

黑色　　　　　　全白

接近尾巴的鰓孔
有明顯的黑色斑紋

白色或是稍微帶有一點
點的黑色斑紋

阿氏前口蝠鱝 絕

原本被認為與雙吻前口蝠鱝為同一物種，但是近年來已將其區分為不同物種。會以群體方式來回悠游。
◾5.5m（寬度）◾高知縣、琉球群島／西・中央太平洋、印度洋、東大西洋 ◾沿岸珊瑚礁・岩礁表層帶 ◾浮游生物

姬蝠魟 危

與雙吻前口蝠鱝類似，但是嘴巴位置和其他的魟同樣位於腹部。繁殖期會集結成群一起游泳，雄性姬蝠魟會從海中央衝出海面，做大幅度的跳躍。◾2.2m（寬度）◾加州灣、厄瓜多、科隆群島 ◾沿岸表層帶 ◾浮游生物、甲殼類 ◾尾巴尖刺有毒

▲雙吻前口蝠鱝與阿氏前口蝠鱝的嘴巴都位於頭部正面。會張開大嘴，一邊游泳一邊喝入海水，同時吞食浮游生物。

▲雄性姬蝠魟的跳躍動作被視為是對雌性的求愛表現。

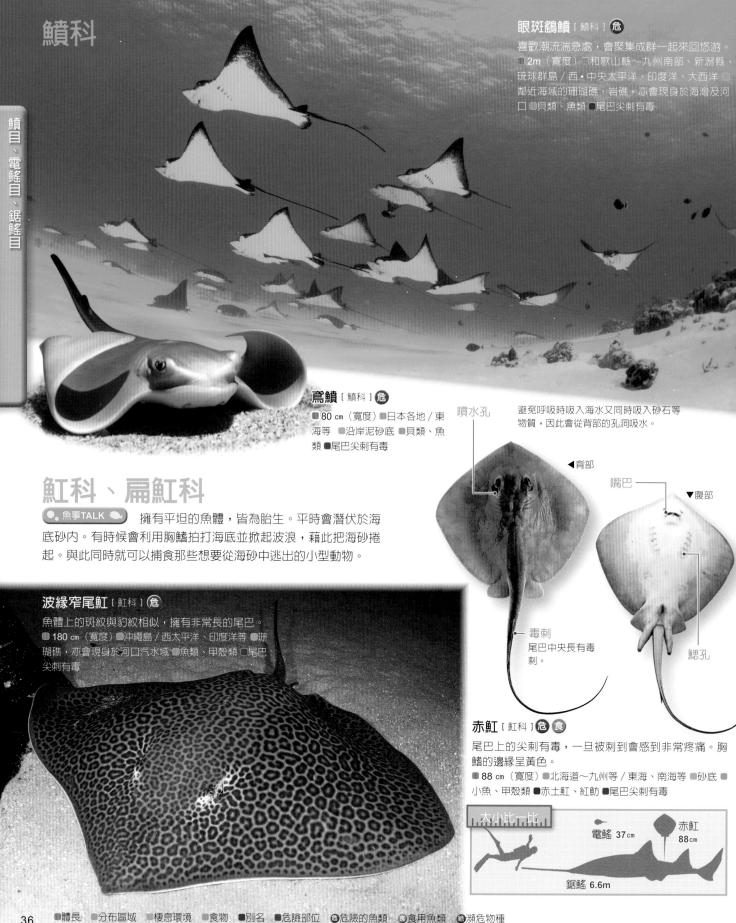

鱝科

眼斑鷂鱝 [鱝科] 危

喜歡潮流湍急處，會聚集成群一起來回悠游。
■2m（寬度）■和歌山縣～九州南部、新潟縣、
琉球群島／西・中央太平洋、印度洋、大西洋 ■
鄰近海域的珊瑚礁、岩礁，亦會現身於海灣及河
口 ■貝類、魚類 ■尾巴尖刺有毒

鳶鱝 [鱝科] 危

■80 cm（寬度）■日本各地／東
海等 ■沿岸泥砂底 ■貝類、魚
類 ■尾巴尖刺有毒

魟科、扁魟科

🗨魚事TALK🗨 擁有平坦的魚體，皆為胎生。平時會潛伏於海
底砂內。有時候會利用胸鰭拍打海底並掀起波浪，藉此把海砂捲
起。與此同時就可以捕食那些想要從海砂中逃出的小型動物。

噴水孔

避免呼吸時吸入海水又同時吸入砂石等
物質，因此會從背部的孔洞吸水。

◀背部

▼腹部

嘴巴

毒刺
尾巴中央長有毒
刺。

鰓孔

波緣窄尾魟 [魟科] 危

魚體上的斑紋與豹紋相似，擁有非常長的尾巴。
■180 cm（寬度）■沖繩島／西太平洋、印度洋等 ■珊
瑚礁，亦會現身於河口汽水域 ■魚類、甲殼類 ■尾巴
尖刺有毒

赤魟 [魟科] 危 食

尾巴上的尖刺有毒，一旦被刺到會感到非常疼痛。胸
鰭的邊緣呈黃色。
■88 cm（寬度）■北海道～九州等／東海、南海等 ■砂底 ■
小魚、甲殼類 ■赤土魟、紅魴 ■尾巴尖刺有毒

大小比一比

電鱝 37cm

赤魟 88cm

鋸鱝 6.6m

■體長 ■分布區域 ■棲息環境 ■食物 ■別名 ■危險部位 危危險的魚類 食食用魚類 ◉瀕危物種

▼潛伏在砂裡，僅露出眼睛的藍斑條尾魟。

邁氏擬條尾魟［魟科］危

■180 cm（寬度）■靜岡縣、和歌山縣、九州西部・南部、琉球群島等／西太平洋、印度洋等 ■岩礁或珊瑚礁砂底 ■魚類、甲殼類 ■尾巴尖刺有毒

褐黃扁魟 危

［扁魟科］

長相與赤魟相似，但是腹部為白色。■27 cm（寬度）■千葉縣・新潟縣～九州等／東海等 ■大陸棚砂底 ■小魚、甲殼類、環節動物 ■尾巴尖刺有毒

藍斑條尾魟［魟科］危

全身都有藍色的斑點。

■35 cm（寬度）■西太平洋、印度洋等 ■珊瑚礁 ■魚類、甲殼類 ■尾巴尖刺有毒 ■烏魴、藍點魟

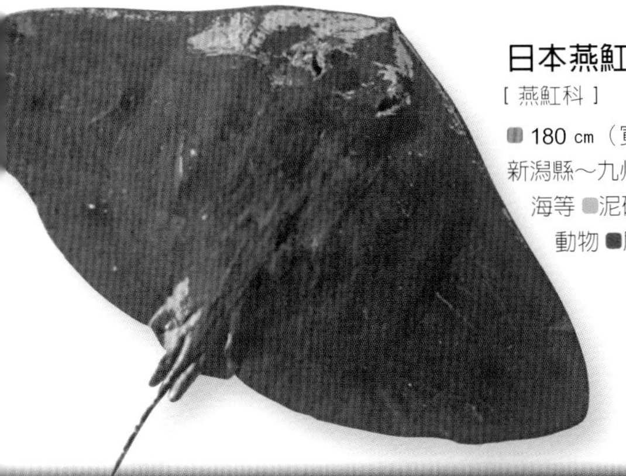

日本燕魟 危 食

［燕魟科］

■180 cm（寬度）■茨城縣・新潟縣～九州等／東海、南海等 ■泥砂底 ■底棲小型動物 ■尾巴尖刺有毒

電鰩科

魚事TALK　魚如其名，電鰩的頭部帶有發電器官，會對著砂底釋放出50～60伏特的電流，將甲殼類等小型動物麻痺後再進行捕食。

電鰩［電鰩科］危

胎生。■37 cm（全長）■福島縣、福井縣～九州等／東海等 ■大陸棚砂底 ■底棲小型動物 ■電

鋸鰩科

魚事TALK　吻部又長又平，左右排列著如鋸子般的尖齒。該牙齒可以刺向其他魚類並藉此捕食。與鋸鯊的吻部類似，牙齒長度幾乎相同，但是沒有鬍鬚。

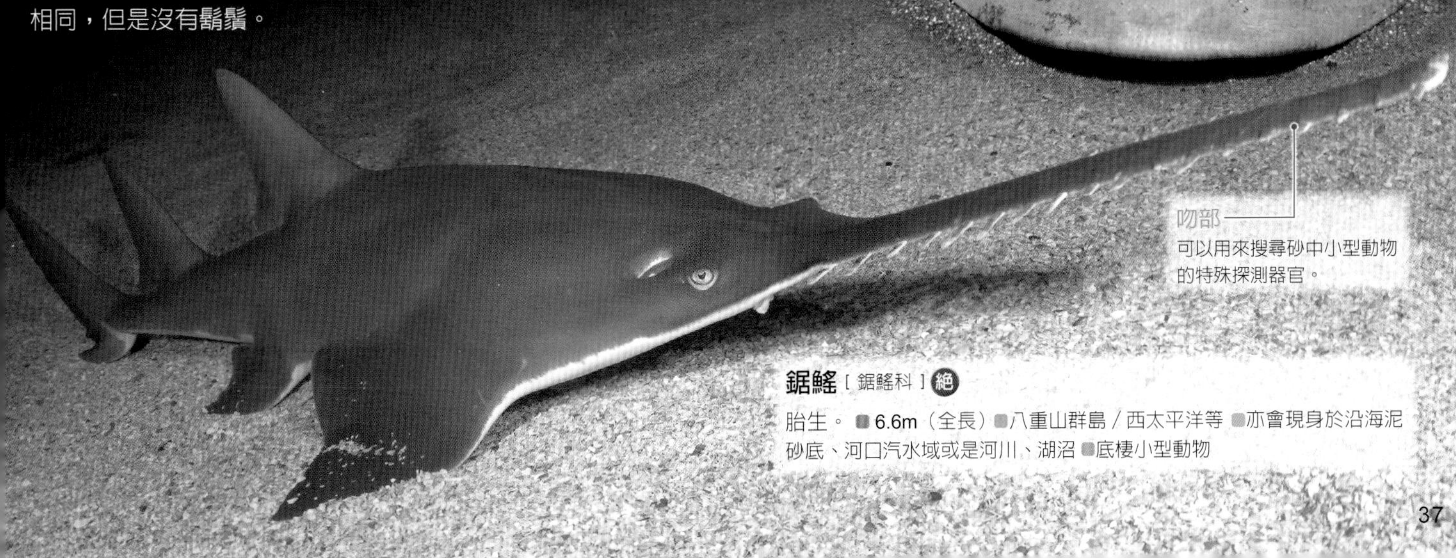

吻部
可以用來搜尋砂中小型動物的特殊探測器官。

鋸鰩［鋸鰩科］絕

胎生。■6.6m（全長）■八重山群島／西太平洋等 ■亦會現身於沿海泥砂底、河口汽水域或是河川、湖沼 ■底棲小型動物

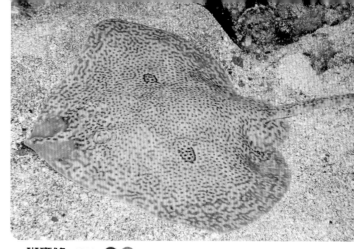

鰩科、琵琶鱝科等

🐟 魚事TALK 　斑鰩是鰩目中最大的一群。卵生，並且會產出形狀特殊的卵。薛氏琵琶鱝為胎生，體型介於鯊與鰩之間，但是因為鰓孔位於腹部，因此屬於鰩科。

斑鰩 [鰩科] 危 食

尾巴雖然有尖刺，但是沒有毒性。◼ 76 cm（全長）◼北海道～九州／東海等 ◼沿岸泥砂底 ◼底棲小型動物 ◼尾巴尖刺

薛氏琵琶鱝 [琵琶鱝科] 食

◼ 100 cm（全長）◼茨城縣・新潟縣～九州、沖繩群島等／東海、南海等 ◼砂底 ◼底棲小型動物

斑甕鰩 [鰩科] 危 食

頭部前段為半透明狀，背部左右側有一對狀似眼睛的斑紋（眼狀斑、→P.121）。◼ 55 cm（全長）◼北海道～九州／東海等 ◼沿岸泥砂底 ◼魚類、烏賊、甲殼類 ◼尾巴尖刺

從魚卵誕生出來的斑甕鰩族群

斑鰩族群的魚卵上有一個塑膠般的殼，魚卵的四個角長有像鉤爪的東西。據說是為了將魚卵固定在岩石等處。根據該特殊形狀，日本方面將其稱作「章魚的枕頭」，英語則稱作「人魚的錢包」等。

▲斑甕鰩的魚卵，◯處為鉤爪。　▲剛孵化的仔魚。

波口鱟頭鱝 [鱟頭鱝科]

會在海底附近來回悠游，捕食小魚、甲殼類、貝類等。◼ 2.7m（全長）◼日本各地／西太平洋、印度洋 ◼砂底 ◼魚類、甲殼類、貝類

吉打龍紋鱝 [龍紋鱝科]

會藉由發達的尾部，讓魚體扭動游泳。◼ 2m（全長）◼和歌山縣、高知縣、福井縣、九州、沖繩島／西太平洋、印度洋 ◼砂底 ◼魚類、甲殼類、貝類

▲波口鱟頭鱝的頜骨，長有無數的突起物（牙齒），即使是堅硬的東西也能將其磨碎後食用

大小比一比

斑鰩 76cm

非洲腔棘魚 2m　　波口鱟頭鱝 2.7m

◼體長 ◼分布區域 ◼棲息環境 ◼食物 ◼別名 ◼危險部位 危危險的魚類 食食用魚類 絕瀕危物種

腔棘魚科

🐟 魚事TALK 🐟 身體各部位都與古代魚種有著相同的特徵，被稱作「活化石」。原本被判定在6600萬年前就已經絕種，自1938年又發現其蹤跡後，迄今已確認全世界還有2種腔棘魚存在。

©Laurent Ballesta, the coelacanth

▲▲在南非海底拍攝到的活體腔棘魚。

©Laurent Ballesta

非洲腔棘魚 [腔棘魚科] 絕
棲息於水深 150 ～ 750m 岩穴較多的岩礁，會以頭朝下的方式游泳，同時捕食靠近的生物。胎生。■2m（全長）
■非洲東南部 ■岩礁 ■魚類、烏賊

發現腔棘魚

原本認為已經絕種的腔棘魚在1938年於非洲南部的東倫敦離岸被捕獲。後來也在葛摩群島等被大量捕獲。1997年又在印尼發現其他種類的腔棘魚。

印尼
馬納多
葛摩群島
南非
東倫敦

印尼腔棘魚 [腔棘魚科] 絕
在印尼所發現的第 2 種腔棘魚。胎生。■140 cm（全長）■印尼（蘇拉威西島北部）■岩礁 ■魚類、烏賊

▼眼睛被覆蓋於皮下，沒有頜骨。嘴巴周圍有 3 ～ 4 對鬍鬚。

盲鰻科

🐟 魚事TALK 🐟 體型近似鰻魚，但是在脊椎動物中被分類為最原始的族群。白天會潛伏在砂底或是泥裡，到了夜晚就會鑽進已死亡的魚體中，啃食魚肉或是內臟。全世界約有70種，日本有6種。

盲鰻 [盲鰻科] 食
有 6 ～ 7 對鰓孔，皮膚非常結實。捕食獵物或是抵禦敵人時，會從體內釋放出大量的黏液。
■60 cm ■宮城縣‧秋田縣～九州等／東海等 ■沿岸鄰近海域的泥砂底 ■死掉的鯨魚或是魚肉、甲殼類、環節動物

活化石 腔棘魚的祕密

根據近年來的研究，發現腔棘魚在數億年之間幾乎沒有進化。
就讓我們來介紹與現代魚類不同的腔棘魚身體祕密吧！

腔棘魚的身體結構

屬於硬骨魚類中的「肉鰭類」族群(→P.6)，保留了生存於遠古時代的古代魚特徵。成魚體長最大可達2m，體重約90kg。

鱗片
鱗片上有小小的突起物，稱作「科司美層（cosmine）」。

表面突出的部分

頭骨（硬骨）

眼睛
綠色的眼睛。具有能夠反射光線的細胞，因此即使深海裡只有微亮的光線，也能看清楚東西。

第1背鰭

下頜
肌肉發達，啃咬力量強勁。只有腔棘魚擁有這種肌肉。

鰓

心臟
非常窄小、原始的心臟。

肝臟

胃

腸

卵巢
胎生（卵胎生）。魚卵會在體內孵化，長成仔魚後再產出。

肉柄的部分

胸鰭

魚鰾
魚鰾的部分囤積著比海水比重輕的脂肪。

腹鰭

◀胸鰭、腹鰭、第2背鰭、第1臀鰭都由「肉鰭」這種肉柄連接成為鰭。

骨骼

腔棘魚雖然是硬骨魚類，但是大部分的骨骼都是由軟骨所構成。並未擁有由堅硬的骨骼（硬骨）構成的脊骨（脊椎），而是以柔軟的骨骼（軟骨）構成脊柱。脊柱呈管狀，中間堆積著油脂等液體。此外，也不是由肋骨來保護內臟，而是藉由堅硬的鱗片來保護。由於這些特徵與已經滅絕的古代魚類非常接近，因此腔棘魚才會被稱作是古代魚。

脊柱（軟骨）

擔鰭骨（軟骨）

第2背鰭 腔棘魚會利用胸鰭（2片）與腹鰭（2片）、第2背鰭、第1臀鰭共6片肉鰭來游泳。肉鰭是一種連接著肉柄的魚鰭，可以使魚鰭分別上下左右旋轉活動。

第3背鰭

第1臀鰭

第2臀鰭

尾鰭 雖然可以看到大片的尾鰭，但是幾乎就是第3背鰭與第2臀鰭。實際上腔棘魚的尾鰭只是在尾部前端的一小片魚鰭。

腔棘魚的捕食方式

腔棘魚棲息於水深750m左右的深海，會捕食烏賊、鰻魚、鯊魚等。捕食方式相當獨特，會潛伏等待獵物後再襲擊。

▲ 會以頭朝下的直立魚體狀態潛伏等待，襲擊通過下方的獵物。

已滅絕的腔棘魚

腔棘魚曾經有 40 種以上。然而目前認為還存活於世的只有 2 種（→ P.39），其餘皆已滅絕。

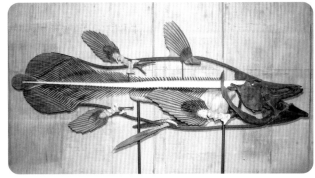

▲ 已經滅絕的一種腔棘日魚類——「莫森氏魚」化石復原骨骼。世界最大，全長 3.8m。

鰻鱺科

魚事TALK 日本人最熟悉的鰻鱺目包含蠕紋裸胸鯙、星康吉鰻、海蛇、寬咽魚等（本書將鰻鱺放在淡水魚頁面中介紹→P.184）。
魚體細長，游泳時會扭動全身。沒有腹鰭、鰓蓋骨，鱗片也退化到消失或是變得非常小。約有820種棲息於全世界各個海域或是河川等處，日本約有160種。

疏斑裸胸鯙 危
頭部呈微黃色，魚體則有網眼狀（波浪狀）的白色斑紋。▢100 ㎝（全長）▢三重縣、高知縣、屋久島、琉球群島等／太平洋、印度洋等 ▢珊瑚礁 ▢小魚、甲殼類 ▢牙齒

◀ 正在襲擊黃高鰭刺尾鯛（→ P.150）的疏斑裸胸鯙。

鯙科

魚事TALK 牠們白天會躲在岩石縫隙或是洞穴，到了晚上才會現身捕食魚類或是小型動物。
沒有腹鰭、胸鰭，背鰭、臀鰭與尾鰭連在一起。沒有鰓蓋，魚體側面有小孔洞。

蠕紋裸胸鯙 危 食
一靠近就會露出尖齒威嚇敵人，但是就算無法使其冷靜下來，也不會被咬。
▢80 ㎝（全長）▢茨城縣・島根縣～屋久島、奄美群島等／東海等 ▢沿岸的岩礁 ▢小魚、章魚、甲殼類 ▢錢鰻、虎鰻 ▢牙齒

大小比一比

爪哇裸胸鯙 180㎝

蠕紋裸胸鯙 80㎝

密點裸胸鯙 60㎝

▢體長 ▢分布區域 ▢棲息環境 ▢食物 ▢別名 ▢危險部位 危危險的魚類 食食用魚類 網瀕危物種

管鼻鯙

幼魚時期的魚體是黑色的，在成長過程中全部都是雌魚，魚體變成藍色。之後，會出現性別轉換現象，從雌性轉換為雄性（→P.85），魚體變成黃色。■120 ㎝（全長）■和歌山縣、高知縣、屋久島、琉球群島等／西・中央太平洋、印度洋■鄰近海域的珊瑚礁■小魚、甲殼類

◀幼魚

▲成魚（雌魚）

▲成魚（雄魚）

※ 此處所介紹的魚皆為鯙科。

頷的前端有肉質突起。
上頷的突起處為鼻孔，
會呈喇叭狀擴張。

豹紋勾吻鯙 危

頷齒細長、彎曲，嘴巴無法完全緊閉。
■90 ㎝（全長）■千葉縣～屋久島、長崎縣、奄美群島等／西・中央太平洋、印度洋■沿岸的岩礁■小魚、甲殼類■牙齒

白口裸胸鯙 危

口腔內全白，魚體上有白點。 ■100 ㎝（全長）
■和歌山縣、屋久島、琉球群島等／西・中央太平洋、印度洋等■鄰近海域的珊瑚礁■小魚、甲殼類■牙齒

斑馬裸鯙

幾乎所有的牙齒都呈臼齒狀，不會尖銳。
■100 ㎝（全長）■屋久島、琉球群島等／太平洋、印度洋等■鄰近海域的珊瑚礁■甲殼類

密點裸胸鯙 危

魚體細長，很像生鏽的感覺，日本方面以此特徵為其命名（錆鯙）。眼白處相當顯眼。
■60 ㎝（全長）■三重縣～高知縣、屋久島、琉球群島等／西・中央太平洋、印度洋■鄰近海域的珊瑚礁■小魚、甲殼類■牙齒

爪哇裸胸鯙 危 食

鰓孔周圍全黑。牠們會捕食具有熱帶性海魚毒（→ P.96）的魚類或是蟹類等，因此也會將該毒素囤積在自己體內。
■180 ㎝（全長）■屋久島、琉球群島等／西・中央太平洋、印度洋等■鄰近海域的珊瑚礁■小魚、甲殼類■牙齒、熱帶性海魚毒

糯鰻科、海鰻科等

🐟魚事TALK 通常會潛伏在沿岸岩石縫隙間，海底砂或泥之中。糯鰻科魚類身上沒有鱗片，體側有明顯的側線。海鰻科的吻部較尖，嘴巴內長有尖銳的牙齒。

星康吉鰻 [糯鰻科] 食

在頭部、背鰭與側線之間，或是沿著側線有白點。夜行性。■100 cm（全長）■北海道～九州等／朝鮮半島、東海等 □沿岸泥砂底 ■小魚、甲殼類 ■繁星糯鰻、穴子鰻、秤目穴子

喬氏糯鰻 [糯鰻科] 食

與星康吉鰻類似，但是魚體上沒有白點。
■140 cm（全長）■青森縣・京都府～屋久島等／東海等 □鄰近海域岩礁 ■魚類、底棲小型動物 ■日本康吉鰻、日本糯鰻

合鰓鰻 [合鰓鰻科] 危 食

鰓蓋在腹側，縱向裂開。
■150 cm（全長）■北海道南部～高知縣、沖繩海槽等／太平洋、印度洋、大西洋 □大陸坡底層帶 ■魚類、底棲小型動物 ■牙齒

星康吉鰻的成長過程

星康吉鰻的仔魚魚體透明且細長，呈柳葉狀（柳葉幼生）。會隨著成長慢慢出現顏色、身體變短，開始有糯鰻的型態。

↓ ▲1 平坦、透明的柳葉幼生。

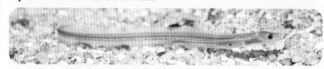

↓ ▲2 體長微縮，骨骼周圍出現顏色。

↓ ▲3 身體變細，表面顏色轉黑。

▲4 型態幾乎近似成魚。

▲哈氏異糯鰻的全貌

哈氏異糯鰻 [糯鰻科]

臉部長得像日本狆，日本方面以此特徵為其命名（狆鰻）。會從砂中露出上半身，捕食在海中漂浮的浮游生物。非常神經質，一有敵人靠近就會隱身到砂中。
□36 cm（全長）■靜岡縣、高知縣、屋久島、琉球群島等／西・中央太平洋、印度洋 □珊瑚礁砂底 ■浮游生物

橫帶園鰻 [糯鰻科]

■38 cm（全長）□奄美群島、伊江島／菲律賓、新幾內亞島東部等 □珊瑚礁砂底 ■浮游生物

▲哈氏異糯鰻（左）與日本狆（右）。

大小比一比

哈氏異糯鰻 36cm

斑竹花蛇鰻 90cm

星康吉鰻 100cm

■體長 ■分布區域 □棲息環境 ■食物 ■別名 ■危險部位 危危險的魚類 食食用魚類 絕瀕危物種

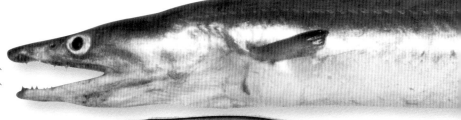

灰海鰻 [海鰻科] 危 食
吻部突出，前端稍微彎曲。擁有尖銳的牙齒。
■ 2.2m（全長）■福島縣・新潟縣～九州等／西太平洋、印度洋等 ■水深至 120m 的泥砂底、岩礁 ■小魚、章魚、甲殼類 ■海鰻、虎鰻 ■牙齒

線鰻 [線鰻科]
外側兩頜彎曲，並且長有許多牙齒，會運用如蝦類的長腳以及觸角綑綁獵物。■ 140 ㎝（全長）■北海道南部～高知縣／世界各地的熱帶・溫帶海域等 ■水深 300～2000m 的中深層帶・深層 ■甲殼類

小頭鴨嘴鰻 [鴨嘴鰻科]
■ 72 ㎝（全長）■青森縣～高知縣、沖繩海槽／西・中央太平洋、非洲東南部等 ■大陸棚・大陸坡 ■魚類、底棲小型動物

蛇鰻科

> **魚事TALK** 蛇鰻科可分為爬蟲類與魚類，在此介紹的為魚類的蛇鰻科。夜行性，白天潛伏於珊瑚礁、岩石或是海底泥砂中，通常僅有臉部露出。

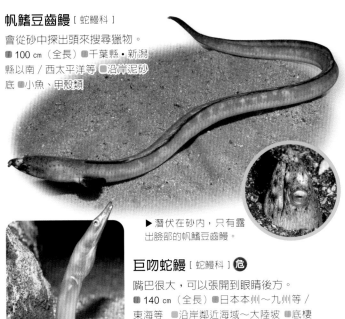

帆鰭豆齒鰻 [蛇鰻科]
會從砂中探出頭來搜尋獵物。
■ 100 ㎝（全長）■千葉縣・新潟縣以南／西太平洋等 ■沿岸泥砂底 ■小魚、甲殼類

▶ 潛伏在砂內，只有露出臉部的帆鰭豆齒鰻。

巨吻蛇鰻 [蛇鰻科] 危
嘴巴很大，可以張開到眼睛後方。
■ 140 ㎝（全長）■日本本州～九州等／東海等 ■沿岸鄰近海域～大陸坡 ■底棲小型動物 ■牙齒

斑竹花蛇鰻 [蛇鰻科]
與爬蟲類的闊帶青斑海蛇（*Laticauda semifasciata*）長得十分相像，但是斑竹花蛇鰻的鼻孔呈管狀突出，可以此作為區分。■ 90 ㎝（全長）■和歌山縣～高知縣、琉球群島等／西・中央太平洋、印度洋 ■珊瑚礁砂底 ■魚類、底棲小型動物

▶ 爬蟲類的闊帶青斑海蛇。因為不是魚類，必須呼吸，所以會浮出海面換氣。

寬咽魚科

> **魚事TALK** 擁有如線條般長尾巴的深海魚。會張開大口吞食魚類、甲殼類、浮游生物等。

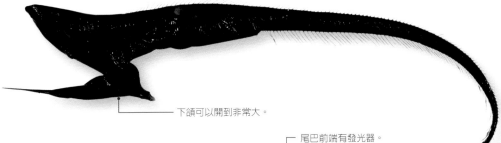

下頜可以開到非常大。

尾巴前端有發光器。

寬咽魚 [寬咽魚科]
占整顆頭大部分位置的一張大嘴巴呈袋狀，能夠自由伸縮。可以利用這種嘴型吞食獵物。
■ 75 ㎝（全長）■青森縣～福島縣、高知縣、宮古島等／世界各地的熱帶・溫帶海域等 ■水深 1500～3000m 的深層帶 ■魚類、甲殼類、浮游生物

海鰱科

🐟 魚事TALK 🐟 大嘴巴內長有尖銳的針狀牙齒。仔魚和糯鰻科等同樣為柳葉幼生（→P.44），有些成為幼魚後會進入汽水域。全世界海域中有8種，日本有2種。

海鰱 [海鰱科]
■75 cm ■日本本州以南／西太平洋、印度洋等 ●沿岸表層帶，亦會現身於河口汽水域（幼魚）
●魚類、甲殼類

大海鰱 [海鰱科]
■80 cm ■日本本州以南／西太平洋、印度洋 ●沿岸表層帶，亦會現身於河口汽水域（幼魚）●小魚 ●海鰱、海菴

大西洋海鰱 [海鰱科]
自古以來體態都沒有改變，是一種原始的魚類。在海釣魚當中非常受到歡迎。■2.5m（全長）□大西洋等 ●沿岸，亦會現身於河口汽水域 □魚類、底棲小型動物 ●泰麗海鰱

背棘魚科、狐鰮科

🐟 魚事TALK 🐟 棘魚科擁有細長的身體，臀鰭和尾鰭連接在一起。狐鰮科只有1個背鰭，嘴巴位於臉的下方。兩種稚魚都是柳葉幼生。

異鱗海蜴魚 [海蜥魚科]
可以藉由扁板狀的吻部在海底泥中挖掘，捕捉獵物。
■55 cm（全長）●岩手縣～宮崎縣、沖繩海槽／西・中央太平洋、印度洋、大西洋 ●大陸坡底層帶 ●底棲小型動物

長吻背棘魚 [背棘魚科]
■20 cm（全長）●青森縣～高知縣、沖繩海槽／西・中央太平洋 ●大陸坡底層帶 ●底棲小型動物

長背魚 [長背魚亞科] 食
■60 cm ●北海道～九州等／東海 ●大陸坡岩礁 ●底棲小型動物 ●深海狐鰮、竹篙頭

圓頜狐鰮 [狐鰮科]
棲息於沿岸鄰近海域，也會進入汽水域。■80 cm ●千葉縣・鳥取縣以南 ●沿岸鄰近海域，亦會現身於河口汽水域 ●底棲小型動物

大小比一比

大西洋海鰱 2.5m
圓頜狐鰮 80 cm
日本鰻鱺 18 cm
虱目魚 150 cm

鯰科

🐟 魚事TALK 🐟 背鰭和胸鰭上有大尖刺，嘴巴長有2～4對鬍鬚。全世界海域以及湖沼等處約有2900種，日本有16種。

斑海鯰 [海鯰科] 危
- 📏 40 cm ■東海等 ■河口、沿岸 ■小魚、底棲小型動物 ■背鰭和胸鰭的尖刺

魚先生的 魚魚 TALK

日本鰻鯰的防禦術！

日本鰻鯰是少數棲息於海洋的一種鰻鯰。牠們擁有美麗的紋路，並且長有8根鬍鬚，臉看起來相當可愛。悠然自得的游泳模樣看起來很開心呢！當日本鰻鯰感受到危險時，會立刻豎起3根帶有劇毒的鬍鬚。夜晚的行動活躍，因此從傍晚到夜間經常可以在防坡堤等處釣到牠們，但是可得注意不要不小心被牠們刺到囉！

日本鰻鯰 [鰻鯰科] 危 食
- 📏 18 cm ■千葉縣～高知縣、石川縣、九州等 ■沿岸的岩礁 ■底棲小型動物 ■背鰭和胸鰭的尖刺有毒

防禦術 1 護身毒刺

日本鰻鯰的背鰭與胸鰭共有 3 根尖刺。刺上帶有劇毒，因此被刺到會出現劇烈疼痛感。日本鰻鯰突然遭到敵人襲擊時，會立刻豎起毒刺，對方就會因為被刺感到疼痛而離開。

毒刺
（胸鰭）　　毒刺
（背鰭）

毒刺

防禦術 2 團結的日本鰻鯰球

為了保護自己，日本鰻鯰會建立群體、緊密地貼在一起行動。牠們會散發出一種所謂的「集合費洛蒙（從體內分泌出的物質，具有能夠快速集結成團的效果）」，可以藉此完美地成功聚集日本鰻鯰。由於該群體長得像一顆球，因此被稱作「日本鰻鯰球」。

▲ 從正面看的日本鰻鯰球。

鼠鱚科

🐟 魚事TALK 🐟 嘴巴小、沒有牙齒。此外，背骨部分變形，具有音感器官，這些特徵近似於鯉形科(→P.185)。全世界海域及河川約有40種，日本有2種。

鼠鱚 [鼠鱚科]
- 📏 27 cm ■茨城縣・新潟縣～九州等 / 東海、南海等 ■沿岸泥砂底 ■甲殼類

虱目魚 [虱目魚科] 食
- 📏 150 cm ■青森縣、千葉縣～高知縣、九州、琉球群島等 / 西・中央・東太平洋、印度洋等 ■沿岸鄰近海域，亦會現身於河口汽水域 ■沉澱的有機物 □國姓魚、牛奶魚

47

鯡科

鯡形目・鮭形目・水珍魚目

🐟魚事TALK　通常是作為食用的重要魚種，世界各地都有人食用。因為容易被海面上的海鳥或是海中的大型魚襲擊，所以魚體背部顏色從上而下俯視會是不容易看清楚的顏色（背部藍色，腹部白色）。此外，即使被敵人咬到，鱗片還會立即脫落，藉此易於逃脫。也有很多鯡科魚類會進入汽水域。全世界海域中約有360種，日本約有30種。

▲會製造出如漩渦般龐大群體的斑點莎瑙魚。

斑點莎瑙魚 [鯡科] 食

■ 25 cm ■北海道～九州／東海～俄羅斯東南部、千島群島等 ■從沿岸到離岸表層帶 ■浮游生物 ■遠東擬沙丁魚、遠東擬沙

▲張開大口吞食浮游生物的斑點莎瑙魚。

太平洋鯡 [鯡科] 食

會在沿岸來回悠游的洄游性魚類。■ 35 cm ■北海道、青森縣、宮城縣、茨城縣等／東海～北太平洋、東太平洋（北部）■沿岸表層帶 ■浮游生物 ■青魚

▼成魚

窩斑鰶 [鯡科] 食

背鰭的最後一根筋條（軟條）延伸呈絲線狀。
■ 26 cm ■宮城縣・新潟縣～九州等／東海、南海等 ■海灣，亦會現身於河口汽水域 ■浮游生物 ■油魚、海鯽仔

▲亞成魚，又稱「青鱗沙丁魚」，被當作是一種壽司材料。

小鱗脂眼鯡 [鯡科] 食

眼睛大，被隱形眼鏡般的薄膜（脂瞼）所覆蓋，看起來很溫潤的樣子，故日本方面以此特徵為其命名（潤眼鯡）。■ 25 cm ■北海道南部、日本本州～九州／太平洋（北部除外）、西印度洋、西大西洋等 ■沿岸表層帶 ■浮游生物 ■脂眼鯡、�仔魚

錘氏小沙丁魚 [鯡科] 食

會用來製作相當知名的「借飯魚壽司（ままかり）」醋漬小菜。■ 13 cm ■北海道～九州／東海、南海等 ■沿岸鄰近海域的泥砂底 ■浮游生物 ■青鱗沙丁魚、扁鰮

太小比一比

太平洋鯡 35cm
斑點莎瑙魚 25cm
毛鱗魚 12cm
美洲胡瓜魚 15cm
半帶水珍魚 20cm

日本銀帶鯡 [鯡科] 食

■ 11 cm ■茨城縣・島根縣以南／西太平洋、印度洋等 ■沿岸表層帶 ■浮游生物 ■丁香魚、銀帶小體鯡

■體長　■分布區域　■棲息環境　■食物　■別名　■危險部位　🐡危險的魚類　食食用魚類　絕瀕危物種

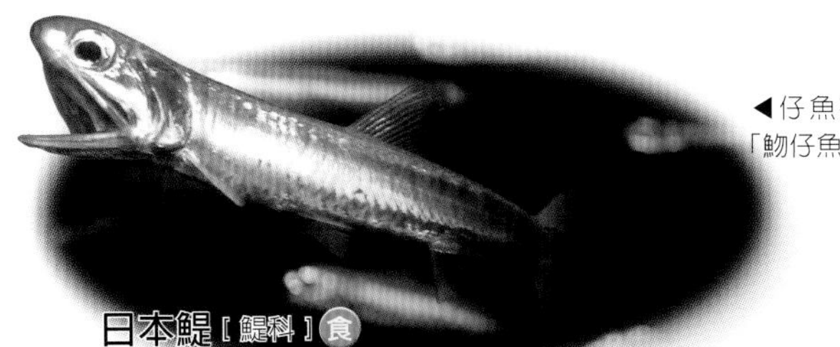

◀仔魚被稱作「魩仔魚」。

日本鯷［鯷科］食

會建立很龐大的群體，張開大口游泳。

■ 15 cm ■北海道～九州／東海、南海、堪察加半島南部等 ■沿岸表層帶 ■浮游生物 ■鰯仔、背黑鰯、片口鰯

刀鱭［鯷科］食 絕

平常棲息在有明海，會溯川而上產卵。

■ 36 cm ■有明海、筑後川等 ■沿岸、河口汽水域，亦會現身於河川中游的淡水域 ■浮游生物

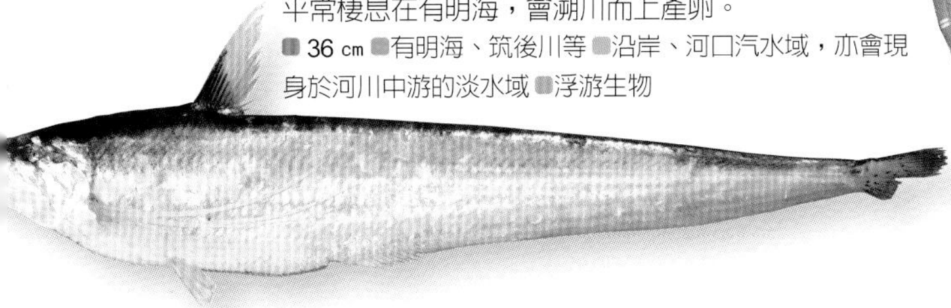

來尋找隱藏版的神祕生物吧！

將日本鯷等仔魚用鹽巴煮熟再烘乾，就成了「乾燥魩仔魚(又稱縮緬雜魚)」。然而，仔細觀察這些乾燥的魩仔魚，還可以從中找到魩仔魚以外的各種神祕生物。

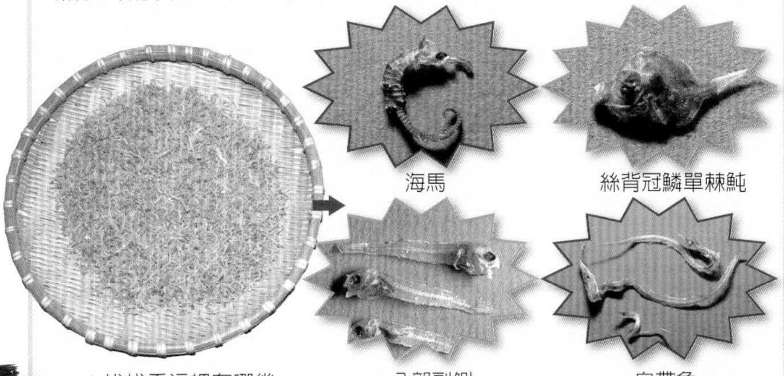
海馬
絲背冠鱗單棘魨
八部副鯯
白帶魚

▲找找看這裡有哪幾種魚參雜在其中呢？

發現隱藏的神祕生物！

胡瓜魚科、水珍魚科

魚事TALK 胡瓜魚科是相當接近鮭形目(→P.200)的一種魚類，棲息於沿岸或河口汽水域、河川等處。水珍魚科通常為深海魚，特徵可用眼睛區分。

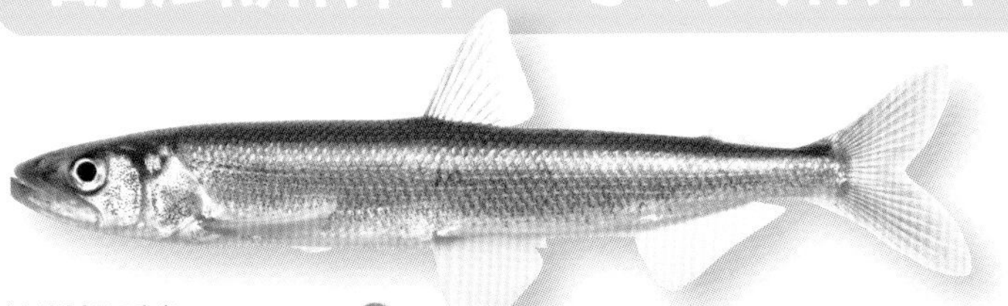

美洲胡瓜魚［胡瓜魚科］食

因魚體帶有近似黃瓜般的氣味而得名。

■ 15 cm ■北海道（西部除外）／朝鮮半島～東太平洋（北部） ■沿岸鄰近海域 ■浮游生物、烏賊 ■胡瓜魚

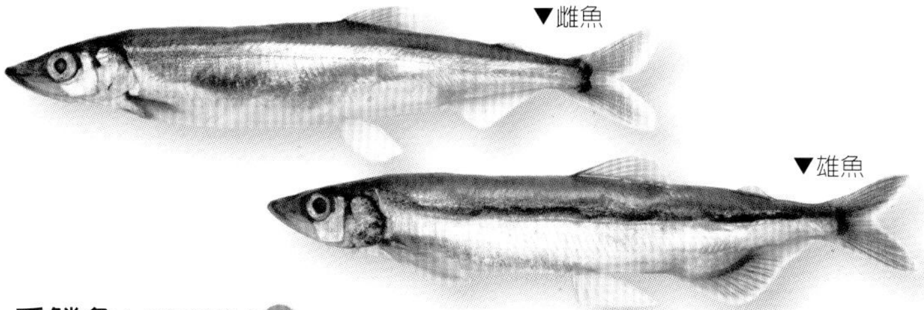
▼雌魚
▼雄魚

毛鱗魚［胡瓜魚科］食

經常會被誤以「柳葉魚」之名在市面上販售，但其實是毛鱗魚或是美洲胡瓜魚。■ 12 cm ■北海道東北部／庫頁島、太平洋 ・ 大西洋寒帶海域、北極海等 ■沿岸鄰近海域 ■浮游生物 ■樺太柳葉魚

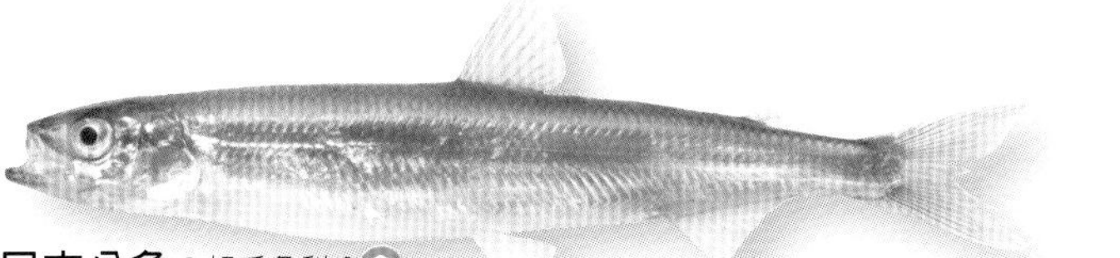

日本公魚［胡瓜魚科］食

因與西太公魚（→ P.199）長相類似，故經常被當作「西太公魚」在市面上販售。■ 15 cm ■北海道、青森縣、岩手縣／朝鮮半島～堪察加半島、庫頁島等 ■沿岸鄰近海域 ■浮游生物 ■若鷺魚、西太公魚

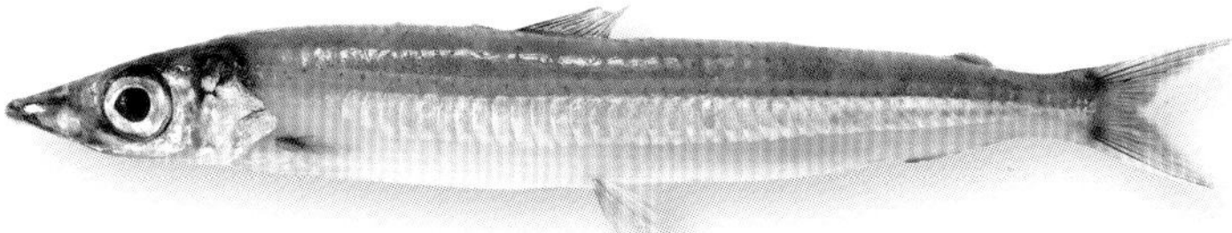

半帶水珍魚［水珍魚科］食

■ 20 cm ■青森縣～高知縣・九州西北部／東海等 ■水深 70 ～ 430m 的泥砂底 ■甲殼類

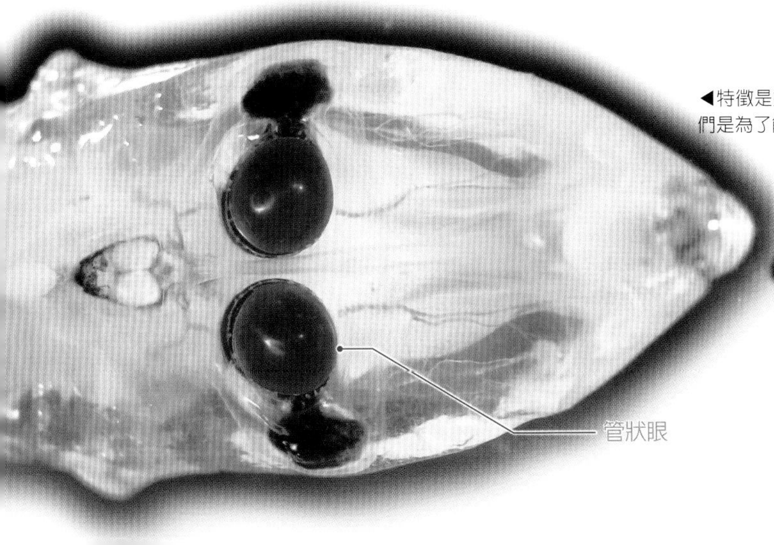
管狀眼

◀特徵是擁有如望遠鏡般、朝上的管狀眼睛（管狀眼）。一般認為牠們是為了能夠在黑暗的深海裡接收到最大限度的太陽光線。

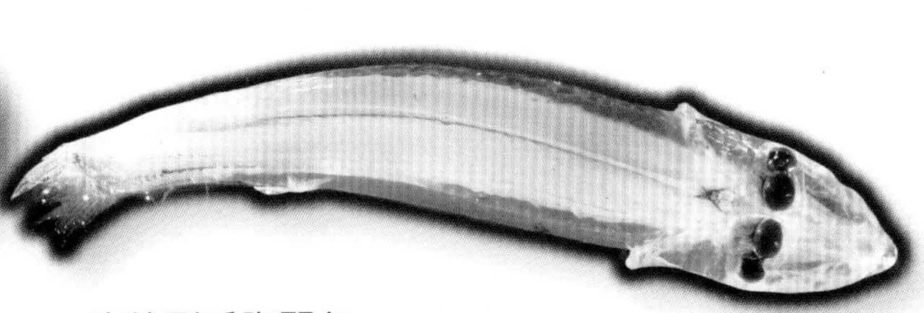

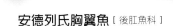

安德列氏胸翼魚［後肛魚科］

魚體通透且細長，擁有長長的腹鰭。

■ 13 cm ■西太平洋 ■中深層帶 ■甲殼類、浮游生物

巨口魚

魚事TALK 通常嘴巴很大，擁有尖銳的長牙。有些魚種的下頜會長鬍鬚。腹部帶有發光器。棲息於深海底，會吃浮游生物或是魚類。全世界海域中約有400種，日本有100種。

蝰魚［巨口魚科］
頭部有圓圓、小小的發光器，從腹部到尾巴也都有發光器。
■35cm ■北海道以南（太平洋側）、沖繩海槽等／太平洋、印度洋、大西洋的熱帶‧亞熱帶海域等 ■水深200～1000m 的中深層帶

長纖鑽光魚［鑽光魚科］
■28cm ■青森縣～高知縣、沖繩海槽等／太平洋、印度洋、大西洋的熱帶‧亞熱帶海域等 ■水深250～1200m 的中深層帶‧深層帶

巨口魚［巨口魚科］
下頜有1根長鬍鬚，上頜前方有1對較大的獠牙狀牙齒。 ■20cm ■日本本州以南（太平洋側）、沖繩海槽等／太平洋、印度洋、大西洋的熱帶‧亞熱帶海域 ■中深層帶

大小比一比

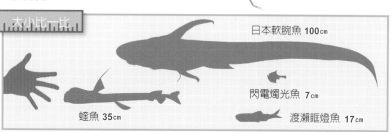

日本軟腕魚 100cm
蝰魚 35cm
閃電燭光魚 7cm
渡瀨眶燈魚 17cm

閃電燭光魚
［褶胸魚科］
■7cm ■青森縣～高知縣、沖繩海槽等／臺灣南部 ■水深100～350m 的大陸棚、大陸坡

50　■體長 ■分布區域 ■棲息環境 ■食物 ■別名 ■危險部位 危危險的魚類 食食用魚類 瀕瀕危物種

深海魚的發光器，是用來做什麼的呢？

巨口魚的腹部會有許多發光器。可以藉由這些光消除自己的影子，以便更容易接近獵物。除此之外，有些魚種的發光器會長在鬍鬚前端。據說這是為了吸引那些可以作為食物的魚類靠近。

發光器

▲排列在腹部的發光器（紫色點）。

發光器

▲臉部及鬍鬚前端的發光器。

◀成魚

眼睛

◀仔魚。擁有長型且突出的眼睛。

穴口奇棘魚 [巨口魚科]
仔魚頭部有一個占體長 1 / 3 的突出物，眼睛位於該突出物的前端。日本方面以此獨特的姿態為其命名（三つ又）。■ 50 cm ■北海道南部～高知縣、福岡縣等 / 太平洋（北半球）的溫帶海域 ■水深 400 ～ 800m 的中深層帶

🗨 魚事TALK 🐟 尾鰭特別長，游泳時會讓尾部捲曲。骨骼為軟骨性，嘴巴位於柔軟的吻部下方。會以捕食靠近海底的底棲小型動物等維生。全世界海域中有13種，日本有6種。

軟腕魚科

日本軟腕魚 [軟腕魚科]
只有上頜排列著小巧的牙齒，下頜沒有牙齒。■ 100 cm（全長）■茨城縣～高知縣、新潟縣～山口縣、沖繩海槽等 ■水深 150 ～ 500m 的泥砂底

田邊軟腕魚 [軟腕魚科]
和日本軟腕魚不同，下頜長有小巧的牙齒。■ 55 cm（全長）■宮城縣～高知縣 ■水深 100 ～ 500m 的泥砂底

🗨 魚事TALK 🐟 通常棲息於深海，頭部或魚體帶有發光器。有些魚種夜晚會浮到鄰近海面的地方捕食浮游生物，到了凌晨才又回到深海。全世界海域中約有250種，日本約有90種。

燈籠魚科

渡瀨眶燈魚 [燈籠魚科]
鱗片容易剝落，體側、腹部、眼睛前方都有發光器。■ 17 cm ■青森縣～高知縣、島根縣、山口縣等 / 西太平洋、印度洋 ■水深 100 ～ 2000m 的表層帶、中深層帶、深層帶

粗鱗燈籠魚 [燈籠魚科]
和渡瀨眶燈魚不同，擁有不容易剝落的鱗片。■ 7 cm ■北海道南部～高知縣等 / 太平洋、印度洋、大西洋 ■水深 430 ～ 750m 的中深層帶

短鰭新燈籠魚 [燈籠魚科]
從腹部到臀鰭都排列著發光器。■ 17 cm ■北海道南部～高知縣、沖繩海槽 / 西太平洋、西印度洋、西大西洋等 ■水深 180 ～ 740m 的大陸棚、大陸坡

小知識 渡瀨眶燈魚被捕捉到時，鱗片會不停地脫落，變得好像裸體一般，日本方面以此特徵為其命名（裸鰯）。

仙女魚科

🐟 魚事TALK 🐟　擁有尖銳牙齒的大嘴巴可以直接吞食其他魚類等生物。通常擁有脂鰭（背鰭和尾鰭之間的小魚鰭）。全世界海域中約有240種，日本約有90種。

脂鰭

大鱗蛇鯔 [仙女魚科] 食
大嘴巴內有細小且尖銳的牙齒。會潛伏在砂中，一旦有獵物靠近就會把對方整個吞食。■ 35 cm ■千葉縣・福井縣～九州等／西太平洋、印度洋 ■水深至100m 的泥砂底 ■魚類

赤虎鱚 [仙女魚科] 食
會以腹鰭支撐身體。背鰭上帶有水珠斑紋。
■ 18 cm ■茨城縣・青森縣～九州／西・中央太平洋 ■水深至510m 的砂礫底 ■魚類 ■日本姬魚、花狗母海

準大頭狗母魚 [合齒魚科] 食
■ 30 cm ■岩手縣・新潟縣以南／世界各地的熱帶、溫帶海域（東太平洋除外）■鄰近海域的砂底・泥砂底 ■魚類

伊豆擬毛背魚 [擬毛背魚科]
腹鰭的一部分會延伸成線狀。
■ 9 cm ■神奈川縣、靜岡縣、高知縣等／東海 ■水深 30～50 m 的岩礁砂底 ■魚類

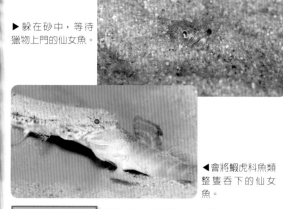

紅斑狗母魚 [仙女魚科] 食
■ 30 cm ■千葉縣・島根縣～九州、吐噶喇群島、奄美群島等／臺灣、夏威夷群島 ■鄰近海域岩礁或珊瑚礁砂底 ■魚類、甲殼類

▶ 正在吞食斑鰭光鰓雀鯛的紅斑狗母魚。

仙女魚猙獰的狩獵行為

狩獵行為非常猙獰的仙女魚，小型魚就不用多說，他們還可以咬住體型比自己大的魚類。狩獵方法就是蟄伏等待。平常會將身體隱藏在砂中，當獵物靠近時，再從砂中跳出來威嚇對方。

▶ 躲在砂中，等待獵物上門的仙女魚。

◀ 會將鰕虎科魚類整隻吞下的仙女魚。

大小比一比

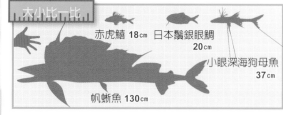

赤虎鱚 18cm　日本鬚銀眼鯛 20cm

小眼深海狗母魚 37cm

帆蜥魚 130cm

　□體長　□分布區域　□棲息環境　□食物　□別名　□危險部位　🐡危險的魚類　🍴食用魚類　🌀瀕危物種

◀判斷牠們一直靜靜待在海底是為了在魚類稀少的深海裡不要耗費多餘體力等待獵物。

黑蓑蛛魚
[爐眼魚科]

雌雄同體。◧26 cm ◧靜岡縣～高知縣、沖繩海槽／東海、南海、印度洋 ◧水深 550 ～ 1200m 的泥砂底 ◧小型動物 ◧三腳魚

小眼深海狗母魚
[爐眼魚科]

會利用腹鰭、尾鰭的筋條（軟條）等 3 個點來支撐身體，因為會一直待在海底，又被稱作「三腳魚」。雌雄同體。◧37 cm ◧高知縣、琉球群島／中央太平洋、印度洋、大西洋等 ◧水深 900 ～ 4700m 的泥砂底 ◧小型動物 ◧三腳魚

雌+雄=雌雄同體？

棲息於深海的仙女魚身體裡同時擁有雄性的精囊與雌性的卵巢，可以說是雌雄同體。與性別無關，只要將2隻放在一起，魚卵就可以受精。判斷這應該是在較少機會遇到異性的深海裡，用來繁衍後代的方式。

尾鰭的筋條

腹鰭的筋條

北域青眼魚 [青眼魚科] 食

肛門周圍有發光器。雌雄同體。◧15 cm ◧青森縣～千葉縣 ◧水深 50 ～ 600m 的大陸棚‧大陸坡 ◧魚類 ◧北青眼魚

長身裸蜥魚 [裸蜥魚科]

魚體呈半透明狀、皮膚薄、側線以外沒有鱗片。腹部有發光器。雌雄同體。◧27 cm ◧茨城縣～九州南部、兵庫縣、沖繩海槽 ◧水深 200 ～ 620m 的中深層帶

加拿大法老魚 [裸蜥魚科]

和帆蜥魚不同，沒有背鰭。◧100 cm ◧北海道（西部除外）、岩手縣、千葉縣、靜岡縣等／東海、北太平洋 ◧表層帶～深層帶 ◧魚類、烏賊

鬚鰃科

🐟魚事TALK🐟 下頜有1對肉質的鬚鬚。巨大的眼睛在陽光折射下會發出藍色的光。全世界海域中有10種，日本有4種。

帆蜥魚 [帆蜥魚科]

肌肉內富含水分與脂肪，日本方面以此特徵為其命名（水魚）。擁有很大的背鰭，下頜長有尖銳的巨齒。雌雄同體。◧130 cm ◧北海道（西部除外）、青森縣～高知縣／太平洋、印度洋、大西洋等 ◧表層帶～至水深 1830m 的深層帶 ◧魚類、烏賊

管狀眼

▲管狀像望遠鏡形狀的眼睛（管狀眼）會朝向前方。

印度巨尾魚 [巨尾魚科]

幾乎無法在日本近海看到其蹤跡，是非常罕見的魚。◧22 cm ◧千葉縣、九州東南部等／太平洋、印度洋、大西洋 ◧中深層帶、深層帶

日本鬚銀眼鯛 [鬚鰃科] 食

◧20 cm ◧福島縣～高知縣、九州等／臺灣、夏威夷群島等 ◧水深 150 ～ 650m 的砂礫底 ◧小魚、烏賊、甲殼類

月魚

🐟 魚事TALK 🐟　大多棲息於深海，生態與行動等皆成謎。體型各異，有的平坦如圓盤狀，也有些細長如緞帶狀。全世界海域中約有20種，日本約有10種。

胸鰭

斑點月魚 [月魚科] 食

胸鰭如鮪魚等呈水平狀，長且發達。魚鰓周圍具有能讓全身溫熱的特殊血管結構。
■180 cm ■日本各地 / 世界各地的溫暖海域
■遠洋表層帶 ■魚類、烏賊、甲殼類 ■紅翻車魚

粗鰭魚 [粗鰭魚科]

■160 cm ■千葉縣～高知縣 / 西 · 中央太平洋、南非、地中海 ■離岸

凹鰭冠帶魚 [冠帶魚科]

遇到外敵威脅時會從肛門噴出如烏賊般的黑色液體，企圖威嚇對方，並且趁機逃跑。■2m ■北海道南部～九州等 / 北太平洋 ■離岸 ■魚類、烏賊

中深層帶是怎樣的世界？

月魚通常會棲息在水深200～1000m的中深層帶海域。據說太陽光線只能照射到海水深度200m為止。因此，更深海的中深層帶幾乎沒有光線，可以說是一個昏暗的世界。

筋條（軟條）

▲亞成魚

多斑扇尾魚 [粗鰭魚科]

擁有與長背鰭分離的筋條（軟條）。■100 cm ■日本各地 / 世界各地的溫暖海域 ■離岸 ■小魚、蝦蛄

大小比一比

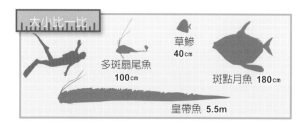

草鯵 40cm

多斑扇尾魚 100cm

斑點月魚 180cm

皇帶魚 5.5m

筋條(軟條)

腹鰭

皇帶魚 [皇帶魚科]
背鰭從頭部延伸至尾鰭肉柄部位,沒有臀鰭。背鰭前方有長長的筋條(軟條)。腹鰭為線狀,前端則呈杓狀。■5.5m ■日本各地／西‧中央太平洋、印度洋、南非等 ●離岸的中深層帶 ●浮游生物 ○龍宮使者

▲現身在鄰近海域的皇帶魚。其活生生的樣貌非常難得一見。

草鰺 [草鰺科]
背鰭與臀鰭會大幅度地張開。沒有牙齒,吻部會稍微朝下方延伸。■40 cm ■日本本州～九州等／東海、印度洋等 ●大陸棚

引領世界的日本深海探測活動

全世界約有7成是海洋,人類僅認識其中微乎其微的一部分。特別是超過水深200m,被稱作「深海」的海域,那裡棲息著我們無法想像的、不可思議的生物。日本透過領先全球的技術能力,每天都在挑戰深海的謎團。

▲「深海6500號」是一艘可以載人的潛水調查船。可以潛入水深6500m的地方。

◀最新的無人探測機「かいこう Mk-IV」可潛入水深7000m處。未來的目標是潛至水深10000m。擁有能夠抓取250kg重量的強力機械手臂,可抓起深海底的東西。

 小知識 一般來說魚類是變溫動物,然而根據近年來的研究得知斑點月魚卻是一種可以維持比水溫高 5℃的恆溫動物。

鼬魚科

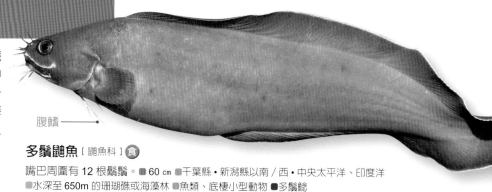

🐟魚事TALK🐟 腹鰭有如鬍鬚般纖細，位於喉嚨下方。背鰭與臀鰭會延伸到尾巴附近，通常會與尾鰭連接在一起。從鄰近海域到深海，整個廣闊的海域都是其棲息地點，也有些魚種會進入汽水域或是淡水域。全世界海域、河川等地約有390種，日本約有60種。

腹鰭 ——

多鬚鼬魚 [鼬魚科] 食

嘴巴周圍有 12 根鬍鬚。■ 60 cm ■千葉縣・新潟縣以南 / 西・中央太平洋、印度洋 ■水深至 650m 的珊瑚礁或海藻林 ■魚類、底棲小型動物 ●多鬚鯰

仙鼬魚 [鼬魚科]

■ 20 cm ■千葉縣・新潟縣～九州 / 西太平洋等 ■水深 100～200m 的泥砂底 ■底棲小型動物

隱魚 [隱魚科]

一感覺到危險就會從海參的肛門躲入海參體內。由於其胸鰭較小，所以（潛入海參肛門內時）完全不會受到阻礙。■ 19 cm（全長）■千葉縣～高知縣、富山縣、山口縣等 ■水深 30～100m 的砂礫底 ■甲殼類

隱魚

棘鼬魚 [鼬鳚科] 食

鰓蓋處長有尖刺。■ 70 cm ■日本本州～九州 / 西太平洋等 ■水深 70～440m 的泥底・泥砂底 ■魚類、底棲小型動物 ●海鯰

魚先生的 魚魚 TALK

嚇一跳！與隱魚的初次相遇

魚先生第一次遇到「隱魚」是過去還在學習水族館相關事務的時候。當時在海星與海參接觸體驗館服務，某位男子一摸到海參，海參身體裡就衝出一條白色且細長的東西。那正是躲在海參體內的隱魚。速度相當快，讓人著實嚇了一大跳！明明是自己跑出來的隱魚，一找到海參後卻又用迅雷不及掩耳的速度回到海參體內。簡直就是一魚一會。

深海鼬魚 [深海鼬魚科]

鼬魚科幾乎都是卵生，只有深海鼬魚科是胎生。■ 13 cm ■靜岡縣～高知縣 / 菲律賓 ■水深 100～400m 的底層帶

大小比一比

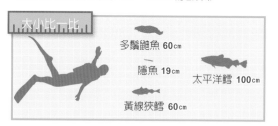

多鬚鼬魚 60cm

隱魚 19cm

太平洋鱈 100cm

黃線狹鱈 60cm

▶從海參體內跑出來說 HELLO ♪

■體長　■分布區域　■棲息環境　■食物　■別名　■危險部位　危危險的魚類　食食用魚類　瀕瀕危物種

鱈形科

●魚事TALK● 通常擁有3個背鰭、下顎前端長有鬍鬚。幾乎都棲息於深海海底。鱈魚（大頭鱈）以及黃線狹鱈等皆是重要食用魚種。全世界海域、河川等地約有530種，日本約有100種。

澳洲無鬚鱈 [無鬚鱈科] 食
會用尖銳的牙齒捕食獵物。■ 71 cm ■茨城縣／紐西蘭、阿根廷、智利等 ■水深 120 ～ 960m 的大陸棚‧大陸坡 ■魚類、烏賊 ■無鬚鱈、紐西蘭無鬚鱈

日本小褐鱈 [稚鱈科] 食
腹部帶有發光器。■ 35 cm ■北海道～高知縣‧山口縣等／東海等 ■水深 75 ～ 1000m 的泥砂底 ■魚類、底棲小型動物
▶ 稚魚

明太子究竟是誰的孩子？
明太子經常被認為是鱈魚（太平洋鱈）的孩子，實際上幾乎沒有用到鱈魚。市售的明太子幾乎都是使用黃線狹鱈的卵巢。
▼染色前的黃線狹鱈卵巢。

太平洋鱈 [鱈形科] 食
1 隻多產的鱈魚（大頭鱈）可產出 400 萬顆以上的魚卵。■ 100 cm（全長）■北海道～茨城縣‧山口縣／東海（北部）～北太平洋、東太平洋（北部）■水深至 1280m 的大陸棚‧大陸坡 ■魚類、甲殼類、章魚 ■大頭鱈

日本海鰗鰍 [海鰗鰍科]
頭上的魚鰭是第 1 背鰭。■ 13 cm ■宮城縣～鹿兒島縣／東海 ■水深 600 ～ 1000m 的中深層帶 ■浮游生物
— 第 1 背鰭

黃線狹鱈 [鱈形科] 食
■ 60 cm（全長）■北海道～和歌山縣‧山口縣／朝鮮半島東部～北太平洋、東太平洋（北部）■表層帶～水深至 2000m 的深層帶 ■魚類、甲殼類 ■阿拉斯加鱈、明太魚

卵首鱈 [鼠尾鱈科]
頭部鼓得像一顆氣球，相當柔軟。
■ 36 cm（全長）■北海道東北部、青森縣～高知縣、大分縣／西太平洋、墨西哥灣等 ■水深 700 ～ 2100m 的大陸坡

日本腔吻鱈 [鼠尾鱈科] 食
鱗片表面長有許多小刺。■ 67 cm（全長）■岩手縣～高知縣、富山縣～長崎縣、沖繩海槽／東海等 ■水深 240 ～ 1000m 的泥砂底 ■底棲小型動物、甲殼類 ■日本鬚鱈

小知識 鱈形科基本上都棲息在海裡，僅有江鱈（→ P.199）1 種棲息在淡水域。

蟾魚科

🐟魚事TALK🐟 嘴巴大、頭部幅度寬且平坦。腹鰭位於喉嚨下方,會利用魚鰾發出很大的聲音。通常會棲息於沿岸海底等處,也有些會棲息在汽水域或是淡水域。全世界海域或河川等處約有80種,日本沒有。

蟾魚 [蟾魚科]

■57 cm（全長）■宏都拉斯～巴西東北部 ■河口附近汽水域的泥砂底 ■魚類、甲殼類

鮟鱇科

🐟魚事TALK🐟 背鰭的其中一部分通常會有一根長得像釣竿的器官。前端會長出一個形狀很像可以當作食物的小型動物誘餌器官,用來吸引小魚等其他生物靠近。身體好像被輾過一樣平坦,呈卵形。全世界海域中約有320種,日本約有90種。

誘餌器官
形狀類似環節動物等小魚的食物。

釣竿器官
長度會因為個體而有所差異,又稱吻觸手。

▶一直靜靜地待在砂底,等待小魚靠近的鮟鱇魚。會配合周遭的環境變換身體顏色。

▼游泳中的鮟鱇魚。

腹鰭

胸鰭

鮟鱇 [鮟鱇科] 食
一旦有魚類靠近釣竿器官,就會被吞食。■70 cm ■北海道～九州／西太平洋、印度洋等 ■水深30～510m的大陸棚·大陸坡的泥砂底 ■底棲小型動物 ■黑口鮟鱇

▶稚魚。魚鰭大,會在海中漂動悠游。

▼黃鮟鱇的稚魚。與鮟鱇稚魚非常相似。

黃鮟鱇 [鮟鱇科] 食
□100 cm ■北海道～九州／東海、南海等 ■水深30～560m 的大陸棚·大陸坡的泥砂底 ■魚類、底棲小型動物 □蛤蟆魚

▶正在捕捉斑點莎瑙魚（→P.48）的黃鮟鱇成魚。

大小比一比

蟾魚 57cm

鮟鱇 70cm

棘茄魚 30cm

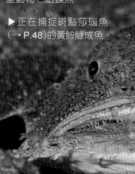

■體長 ■分布區域 ■棲息環境 ■食物 ■別名 ■危險部位 🔴危險的魚 🔵食用魚類 🟢瀕危物種

長瓣擬鮟鱇 [鮟鱇科]

幼魚的皮膚上會長出相對全身比例而言非常長的變異突起物（皮質毛狀突起）。看起來好像穿著蓑衣一樣，日本方面以此特徵為其命名（蓑衣鮟鱇）。■15 cm ■和歌山縣、慶良間列島／東海 ■水深至90m的底層帶

▶幼魚。長瓣擬鮟鱇非常難得一見，幾乎沒有什麼記載資料。

魚先生的魚魚TALK

單棘躄魚的剝製標本製作

下方是單棘躄魚的照片。事實上這是魚先生所製作的剝製標本！先從大大的嘴巴取出魚骨、魚肉、內臟，再將脫脂棉放入堅硬的魚皮內，並且好好地塑形。乾燥過後塗上保護漆，再裝上眼睛就完成了！取出的魚肉、內臟等可以煮成火鍋。滋味美味得令人感動～！！

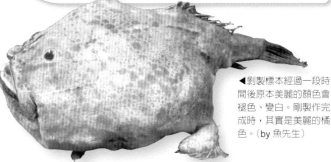

◀剝製標本經過一段時間後原本美麗的顏色會褪色、變白。剛製作完成時，其實是美麗的橘色。（by 魚先生）

棘茄魚 [棘茄魚科]

圓盤狀的魚體表面長有許多刺。會藉由腹鰭與胸鰭如同步行般在海底移動。■30 cm ■日本本州～九州／西太平洋、印度洋 ■水深50～400m的砂底 ■底棲小型動物

腹鰭　胸鰭

胸鰭

◀從側面觀察的棘茄魚。會利用腹鰭與胸鰭支撐身體。

單棘躄魚 [單棘躄魚科]

魚體長有鬍鬚狀的突起物（皮質毛狀突起）。釣竿器官短，前端的誘餌器官也小。■23 cm ■千葉縣～高知縣等／東海、南海等 ■水深30～590m的泥砂底 ■魚類 ■海蟑螂

阿部氏單棘躄魚 [單棘躄魚科] 食

為了威嚇敵人，會吞入水或是空氣，讓身體膨脹。■30 cm ■千葉縣～高知縣、富山縣、九州等／東海等 ■水深80～510m的泥砂底 ■底棲小型動物 ■五腳虎

▼在船上吸飽空氣、鼓起的單棘躄魚。

環紋海蝠魚 [棘茄魚科]

■9 cm ■千葉縣～宮崎縣、島根縣～九州西北部等／西太平洋等 ■水深90～740m的泥砂底 ■甲殼類、貝類

▶背面

▶腹面

腹鰭

胸鰭

▶從正面觀察的環紋海蝠魚模樣。像棘茄魚一樣，會用腹鰭與胸鰭支撐身體。

達氏蝠蝠魚 [棘茄魚科]

特徵是嘴巴周圍呈紅色，看起來好像有嘴唇。■20 cm ■科隆群島南部～祕魯 ■珊瑚礁砂底 ■底棲小型動物

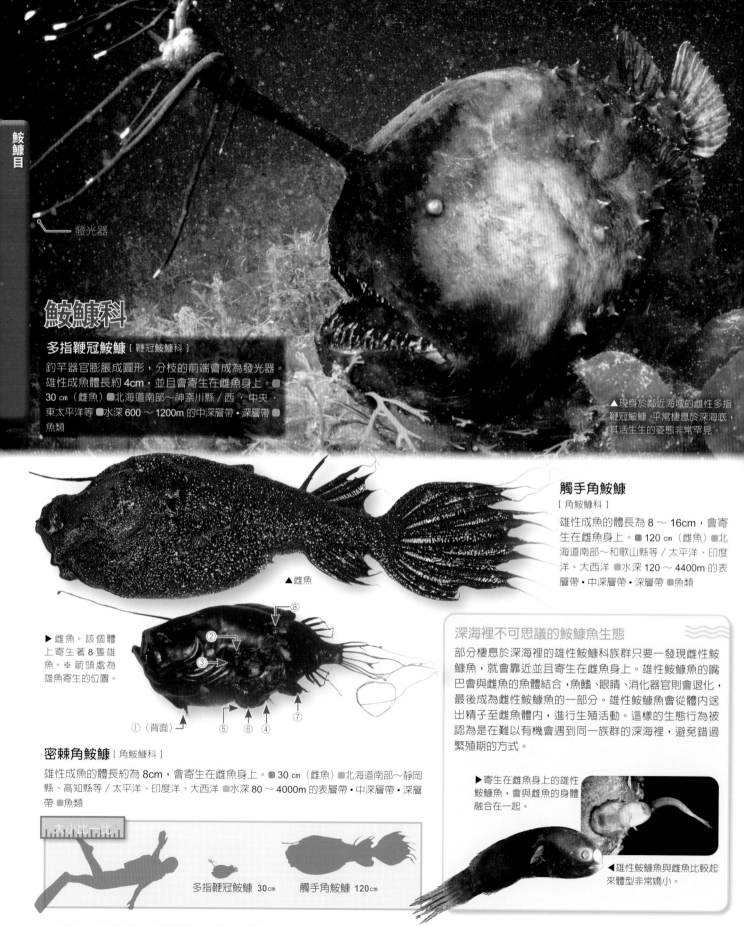

發光器

鮟鱇科

多指鞭冠鮟鱇 [鞭冠鮟鱇科]

釣竿器官膨脹成圓形，分枝的前端會成為發光器。雄性成魚體長約 4cm，並且會寄生在雌魚身上。■30 ㎝（雌魚）●北海道南部～神奈川縣／西·中央東太平洋等●水深 600～1200m 的中深層帶·深層帶●魚類

▲現身於鄰近海域的雌性多指鞭冠鮟鱇 平常棲息於深海底，其活生生的姿態非常罕見。

觸手角鮟鱇

[角鮟鱇科]

雄性成魚的體長為 8～16cm，會寄生在雌魚身上。■120 ㎝（雌魚）●北海道南部～和歌山縣等／太平洋、印度洋、大西洋●水深 120～4400m 的表層帶·中深層帶·深層帶●魚類

▲雌魚

▶雌魚。該個體上寄生著 8 隻雄魚。※箭頭處為雄魚寄生的位置。

② ⑧
③
①（背面）⑤ ⑥ ④ ⑦

深海裡不可思議的鮟鱇魚生態

部分棲息於深海裡的雄性鮟鱇科族群只要一發現雌性鮟鱇魚，就會靠近並且寄生在雌魚身上。雄性鮟鱇魚的嘴巴會與雌魚的魚體結合，魚鰭、眼睛、消化器官則會退化，最後成為雌性鮟鱇魚的一部分。雄性鮟鱇魚會從體內送出精子至雌魚體內，進行生殖活動。這樣的生態行為被認為是在難以有機會遇到同一族群的深海裡，避免錯過繁殖期的方式。

密棘角鮟鱇 [角鮟鱇科]

雄性成魚的體長約為 8cm，會寄生在雌魚身上。■30 ㎝（雌魚）●北海道南部～靜岡縣、高知縣等／太平洋、印度洋、大西洋●水深 80～4000m 的表層帶·中深層帶·深層帶●魚類

▶寄生在雌魚身上的雄性鮟鱇魚，會與雌魚的身體融合在一起。

大小比一比

多指鞭冠鮟鱇 30㎝　　觸手角鮟鱇 120㎝

◀雄性鮟鱇魚與雌魚比較起來體型非常嬌小。

■體長　■分布區域　■棲息環境　■食物　●別名　■危險部位　危危險的魚類　食食用魚類　瀕瀕危物種

深海魚們不可思議的奇妙樣貌

在那些被稱作深海魚的魚類當中，有許多與我們平常看到的魚類不同、樣貌各異的魚類。在此就來介紹一些臉部看起來特別不可思議的深海魚吧！

發光巨口魚 [巨口魚科]

鬍鬚可以晃動，能夠利用鬍鬚前端的誘餌器官吸引獵物靠近。

後鰭尖吻銀鮫

[長吻銀鮫科]

擁有如日本神話天狗鼻子般延伸拉長的吻部。

腔蝠魚屬的一種 [棘茄魚科]

稚魚時期，小巧的身體周圍會包裹著形狀如氣球般的凝膠狀物質。

短柄黑鮟鱇

[黑鮟鱇科]

會用尖銳的長牙刺入獵物身體，對方一旦被咬到就無法脫身。

▲稚魚。

波面黃魴鮄 [黃魴鮄科]

擁有非常堅硬的鱗片，全身彷彿被盔甲所包裹住。

裸鼬魚屬的一種

[裸鼬魚科]

擁有凝膠狀Q彈的身體，眼睛的功能幾乎不發達。

躄魚科

🐟魚事TALK🐟　不擅長游泳，會一直待在岩石與海綿之間。移動時會利用如手腳般的胸鰭與腹鰭在海底步行。與鮟鱇科族群一樣，會利用釣竿器官捕食靠近的魚類。

▼搖晃著釣竿器官、
捕食小魚中的網紋躄魚。

條紋躄魚

◗ 16 cm ◗日本各地／西‧中央太平洋、印度洋、大西洋等 ◗沿岸的砂底‧泥砂底 ◗魚類

條紋躄魚是釣魚達人

不擅長游泳的條紋躄魚幾乎不會移動身體去搜尋獵物。只會晃動釣竿器官，靜靜等待小魚靠近，並且快速把小魚整隻吞進肚裡。

▼幼魚
◀成魚

大斑躄魚

身體的斑紋會長到眼睛附近，看起來很像是化妝成歌舞伎演員「隈取」的感覺，故日本方面以此特徵為其命名（隈取躄魚）。各個魚鰭上也有看起來像描邊的斑紋。◗ 9 cm ◗靜岡縣～高知縣、屋久島、琉球群島／西‧中央太平洋、印度洋 ◗沿岸的岩礁‧珊瑚礁 ◗魚類

大小比一比

16cm
條紋躄魚

康氏躄魚
29cm

釣竿器官

眼斑躄魚

釣竿器官短，從魚體側面看起來有一些長得像眼睛的斑紋。◗ 9 cm ◗千葉縣～九州南部、山口縣、長崎縣等／西‧中央太平洋、印度洋等 ◗沿岸的岩礁 ◗魚類

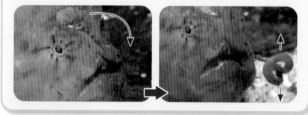

釣竿器官

網紋躄魚

釣竿器官前端沒有誘餌器官。◗ 5 cm ◗奄美群島／菲律賓 ◗珊瑚礁 ◗魚類

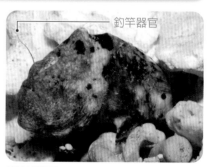

◗體長　◗分布區域　◗棲息環境　◗食物　◗別名　◗危險部位　危危險的魚類　食食用魚類　瀕瀕危物種

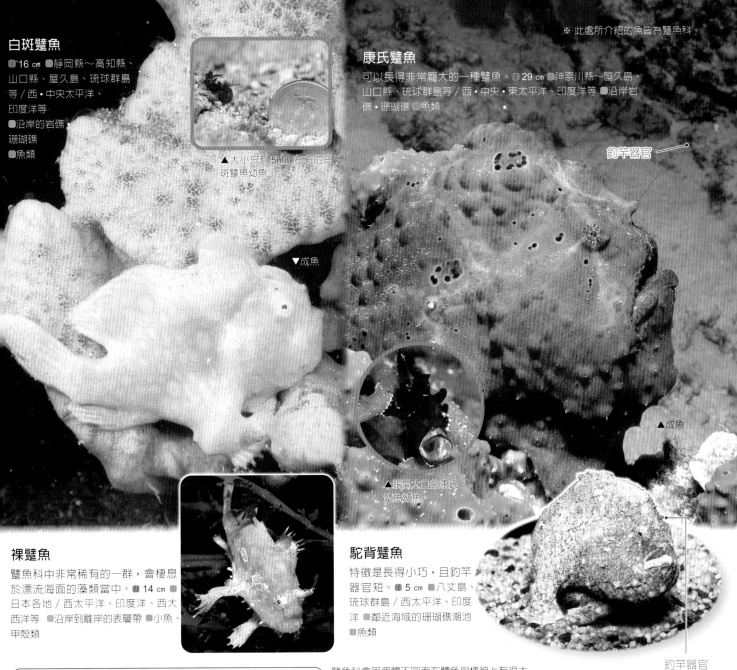

※ 此處所介紹的魚皆為躄魚科。

白斑躄魚

■16 ㎝ ■靜岡縣～高知縣、山口縣、屋久島、琉球群島等／西・中央太平洋、印度洋等 ●沿岸的岩礁珊瑚礁 ■魚類

▲大小只有 5mm 左右的白斑躄魚幼魚。

▼成魚

康氏躄魚

可以長得非常龐大的一種躄魚。■29 ㎝ ■神奈川縣～屋久島、山口縣、琉球群島等／西・中央・東太平洋、印度洋等 ●沿岸岩礁・珊瑚礁 ■魚類

釣竿器官

▲成魚

▲張開大口的康氏躄魚幼魚。

裸躄魚

躄魚科中非常稀有的一群，會棲息於漂流海面的藻類當中。■14 ㎝ ■日本各地／西太平洋、印度洋、西大西洋等 ●沿岸到離岸的表層帶 ●小魚、甲殼類

駝背躄魚

特徵是長得小巧，且釣竿器官短。■5 ㎝ ■八丈島、琉球群島／西太平洋、印度洋 ●鄰近海域的珊瑚礁潮池 ■魚類

釣竿器官

來看看各式各樣的躄魚科魚類吧！

躄魚科會因個體不同而在體色與樣貌上有很大的差異，因此作為觀賞魚也非常受到歡迎。

◀魚體斑紋長得像斑馬的條紋躄魚。

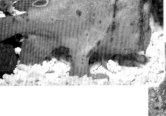

◀棲息於汽水域，背鰭形狀很有特色的雙斑躄魚。

▶容貌平坦的隱刺薄躄魚。

▶全身像是畫滿迷宮的迷幻躄魚。

鶴鱵科

🐟魚事TALK🐟 鶴鱵科的種類可以區分為在海洋表層集結成群的圓尾鶴鱵、沙氏下鱵、秋刀魚、阿戈鬚唇飛魚等，以及棲息於河川的種類(→P.208)。魚體通常呈細長狀。全世界海域或是河川等處約有300種，日本約有50種。

圓尾鶴鱵[鶴鱵科]危食
嘴巴內長有尖銳的牙齒，吻部稍微有些彎曲，因此嘴巴無法完全緊閉。會突然對小魚身上的鱗片反光有所反應而發動攻擊，因此也會攻擊人類所發出的燈光。■100cm（全長）■北海道～九州／南海～俄羅斯東南部■沿岸表層帶■魚類□吻部

吻部

▲成魚

扁鶴鱵[鶴鱵科]危食
■120cm（全長）■日本各地／太平洋・印度洋・大西洋熱帶・溫帶海域■沿岸表層帶■魚類■吻部

▲稚魚

沙氏下鱵[鶴鱵科]食
下頜會延伸拉長。■30cm■北海道～九州／朝鮮半島等■沿岸表層帶■浮游生物、掉落在水面的昆蟲

秋刀魚[秋刀魚科]食
會沿著日本群島進行季節性的洄游。夏天往北、冬天往南移動。■35cm■北海道～九州等／朝鮮半島東部～北太平洋、東太平洋（北部）■遠洋表層帶■浮游生物■山瑪魚

沙氏下鱵的產卵方式

從春天到夏天會在沿岸海藻林產卵。鶴鱵科的魚卵表面有一根細細的線，可以纏住藻類等。

大小比一比

圓尾鶴鱵 100cm
阿戈鬚唇飛魚 35cm　秋刀魚 35cm
凡氏下銀漢魚 15cm　　鱰 34cm

▲在海藻林產卵的沙氏下鱵。

▲纏在藻類上的沙氏下鱵魚卵。

■體長 ■分布區域 ■棲息環境 ■食物 ■別名 ■危險部位 危危險的魚類 食食用魚類 瀕瀕危物種

▼成魚

▲滑翔於海面的飛魚科類群。1次滑翔可以飛越300m。

阿戈鬚唇飛魚 [飛魚科] 食
張開如翅膀般發達的胸鰭與腹鰭,即可躍出水面、低空滑翔。
■35 cm(全長)■日本各地/東海等 ■沿岸表層帶 ■浮游生物 ■白翅仔

▲稚魚

異尾鬚唇飛魚
[飛魚科] 食
■35 cm(全長)■北海道~九州/朝鮮半島南部等 ■遠洋表層帶 ■浮游生物

鯔科

🐟魚事TALK🐟　會建立群體,來回悠游於從沿岸到汽水‧淡水域。鱗片上帶有能夠感受到水流等的孔洞〔感覺芽(sensory bud)〕。全世界海域或河川等約有70種,日本約有20種。

粒唇鯔 [鯔科] 食

■34 cm ■千葉縣~屋久島、山口縣、琉球群島等/西‧中央太平洋、印度洋等 ■鄰近海域的珊瑚礁 ■海底有機物、藻類

▼成魚

鯔 [鯔科] 食
■34 cm ■日本各地/世界各地的熱帶‧溫帶海域(非洲大西洋側除外) ■沿岸鄰近海域,亦會現身於河川的汽水域‧淡水域 ■海底有機物、藻類 ■奇目仔(成魚)、烏魚、青頭仔(幼魚)

▲幼魚。有時會游入河川。

龜鮻 [鯔科] 食
■38 cm ■北海道~九州/南海~俄羅斯東南部、千島群島南部等 ■鄰近海域海灣,亦會現身於河川的汽水域 ■海底有機物、藻類

銀漢魚科

🐟魚事TALK🐟　會在沿岸岩礁或是堤防海面附近集結成龐大的群體。該族群大多數會棲息於淡水域或汽水域。全世界海域或河川等約有310種,日本約有10種。

◀躲在沙灘裡的雌魚,以及環繞著雌魚的雄魚。

凡氏下銀漢魚
[銀漢魚科]

■15 cm ■青森縣‧新潟縣~屋久島等/西太平洋、印度洋等 ■沿岸鄰近海域 ■浮游生物

加州滑銀漢魚
[銀漢魚科]
迎接產卵期時,會有上千隻以群體方式爬上沙灘。雌魚會鑽入砂中產卵,雄性則會捲繞住雌魚的身體後排精。魚卵會直接留在沙灘上,等待漲潮時孵化後,仔魚才隨波回歸海洋。■19 cm(全長)■加州南部、墨西哥西北部等 ■沿岸 ■浮游生物 ⊏滑銀漢魚

金眼鯛科

金眼鯛目・奇金眼鯛目・海魴目

紅金眼鯛 [金眼鯛科] 食

會先在沿岸生長，隨著成長逐漸移動至遠洋海域（深場）。■50 cm ■北海道南部～高知縣、新潟縣、富山縣等 / 太平洋、印度洋、大西洋 ■水深 100～800m 的岩礁 ■魚類、烏賊、章魚、甲殼類 ■紅魚、紅大目仔

伯特氏鋸鱗魚 [金鱗魚科]

■24 cm ■屋久島、琉球群島等 / 西・中央太平洋、印度洋等 ■珊瑚礁 ■魚類、甲殼類

日本橋燧鯛 [燧鯛科] 食

■20 cm ■青森縣、茨城縣～高知縣、長崎縣 / 東海、南海 ■水深 150～700m 的底層帶 ■小型動物 ■燧鯛、厚殼魚、燄孔

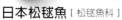

日本松毬魚 [松毬魚科]

全身布滿帶尖刺、大且堅硬的鱗片，狀似松毬（毬花），日本方面以此特徵為其命名（松毬魚）。■14 cm ■日本各地 / 西太平洋、印度洋等 ■鄰近海域的岩礁 ■甲殼類 ■厚殼魚

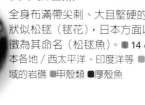

燈眼魚
[燈眼魚科]

■17 cm ■千葉縣、八丈島、琉球群島 / 西・中央太平洋 ■深海岩礁 ■小型動物

發光器

大小比一比

日本的鯛 30cm
紅金眼鯛 50cm
日本松毬魚 14cm
裂鯨口魚 13cm

🐟魚事TALK🐟 擁有大頭與眼睛，還有許多帶有尖刺、摸起來刺手的鱗片。棲息於沿岸鄰近海域到深海，有些魚種擁有發光器或是遇到光線會發出金色光線的眼睛。全世界海域中約有140種，日本約有60種。

刺金鱗魚
[金鱗魚科] 食

■17 cm ■神奈川縣～屋久島等 / 西・中央太平洋 ■岩礁 ■底棲小型動物 ■刺棘鱗魚

尖吻棘鱗魚 [金鱗魚科]

大型，鰓蓋處有尖刺。■36 cm ■和歌山縣、屋久島、琉球群島等 / 西・中央太平洋、印度洋等 ■岩礁、珊瑚礁 ■小型動物 ■金鱗甲、鐵甲兵

日本松毬魚的發光器為何會發光？

日本松毬魚與燈眼魚等所擁有的發光器並不是本身會發光，而是發光器中的發光細菌在發光（與細菌共生）。該細菌並不是日本松毬魚與生俱來的物質，而是在成長過程中逐漸與其共生在一起。

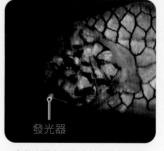

發光器

▲會發出藍光的日本松毬魚發光器。

角高體金眼鯛 [高體金眼鯛科]

上下頜有尖銳的牙齒，嘴巴無法完全閉合。■9 cm ■北海道南部～福島縣 / 太平洋・印度洋・大西洋的溫帶海域 ■深海的中層帶・底層帶 ■魚類、甲殼類

■體長 ■分布區域 ■棲息環境 ■食物 ■別名 ■危險部位 危危險的魚類 食食用魚類 絕瀕危物種

奇金眼鯛科

魚事TALK 大多棲息於距離陸地遙遠的遠洋深海處，有些魚種的眼睛會退化。

側線

▲雌魚

裂鯨口魚 [仿鯨魚科]

會棲息並悠游於深海中層帶。呈粗管狀的側線從頭貫穿至魚體，側線上有大孔洞。這些孔洞可以在退化的眼周旁幫助其感覺水流，掌握其他生物的動態。◼13 cm ◼日本海溝（宮城縣近海）、九州・帛琉海嶺（九州東南部近海）／塔斯曼海、南莫三比克海峽（印度洋）、開普敦海盆（大西洋）◼遠洋 ◼甲殼類

這3科其實應該是同一家族！？

仿鯨魚科（Cetomimidae）、巨鼻魚科（Megalomycteridae）、奇鰭魚科（Mirapinnidae）原本被視為三種不同種類的魚。然而，卻發現有些雌魚被分類在仿鯨魚科，雄魚被分類在巨鼻魚科，仔魚又被分類在奇鰭魚科的情形。經過調查，雖然牠們彼此的外型不同，但是3科應該都屬於仿鯨魚科。

▲仿鯨魚科的雄魚（原本分類在巨鼻魚科）。

▲仿鯨魚科的仔魚（原本分類在奇鰭魚科）。

多鱗孔頭鯛 [孔頭鯛科]

棲息、悠游於中層帶。◼7 cm ◼宮城縣、茨城縣、小笠原群島、九州・帛琉海嶺（九州東南部近海）／太平洋・印度洋・大西洋的熱帶・亞熱帶海域 ◼水深 400 ～ 1500m 的中深層帶・深層帶 ◼浮游生物

的鯛科

魚事TALK 魚體高且平坦。上頜可以張得非常大。全世界海域中有32種，日本約有10種。

▼成魚

◀幼魚。出生後會暫時棲息於鄰近海域，長大後才會移動至遠洋海域。

▶幼魚

▼成魚

▲筒狀延伸的嘴巴，可以用吸的方式將魚或是蝦整個吞食。

日本的鯛 [的鯛科] 食

魚體上有個如標靶靶心般的黑斑，日本方面以此特徵為其命名（靶心鯛）。◼30 cm ◼北海道～九州／西太平洋、印度洋、東大西洋等 ◼水深 30 ～ 400m 的大陸棚・大陸坡 ◼魚類、甲殼類、烏賊 ◼的鯛、日本海魴

太平洋準的鯛 [準的鯛科]

◼25 cm ◼千葉縣～九州南部等／西・中央太平洋、西印度洋等 ◼水深 140 ～ 510m 的表層帶・中深層帶 ◼魚類

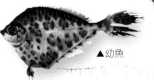

▲幼魚

斑線菱鯛 [線菱鯛科]

◼32 cm ◼靜岡縣～高知縣／西・中央太平洋、大西洋等 ◼水深 400 ～ 1000m 的中深層帶

雲紋雨印鯛 [的鯛科] 食

◼50 cm ◼北海道～九州等／西・中央太平洋等 ◼水深 40 ～ 800m 的砂礫底 ◼魚類、甲殼類 ◼雨印鯛、鏡鯛、雨的鯛

刺魚科

🐟 魚事TALK 體型各異，有些會讓人覺得長得不像魚。通常具有長長的吻部，會利用前端小小的、像滴管頭一樣的嘴巴吸食浮游生物等。有些會在海洋與汽水域之間來去自如。全世界海域以及河川等處約有280種，日本約有80種。

◀幼魚

▲成魚

三斑海馬 絕
會棲息在布滿藻類等的海藻林。有些會附著在流動海藻上。◾10㎝（高度）◾青森縣～和歌山縣·九州西部等／朝鮮半島南部等／沿岸鄰近海域的海藻林◾浮游生物◻水馬、海馬、龍落子

◀側面

海龍科

🐟 魚事TALK 魚體被堅硬的板狀骨骼(骨板)所覆蓋。尾巴如鞭子般延伸拉長，沒有尾鰭。尾巴可以捲在藻類等物體上，直立式地游泳。因被人們捕捉(→P.72)製作成中藥，而有滅絕的危機。

克氏海馬 絕
◾25㎝（高度）◾神奈川縣～屋久島、石川縣、島根縣、山口縣等／西太平洋、印度洋等◾水深至40m的岩礁◻小魚、小型甲殼類

▶正面

刺海馬 絕
魚體上有尖刺般的突起物。◾13㎝（高度）◾神奈川縣～屋久島等／西·中央太平洋、印度洋◾水深至40m的岩礁◾浮游生物

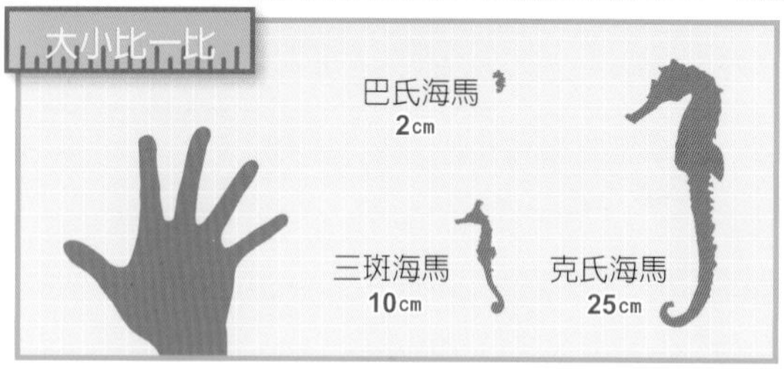

花海馬 絕
身上長有分歧的突起物（皮質毛狀突起）。◾8㎝（高度）◾神奈川縣～和歌山縣、山口縣◾水深至30m的岩礁◾浮游生物

大小比一比

巴氏海馬
2cm

三斑海馬
10cm

克氏海馬
25cm

◾體長 ◾分布區域 ◾棲息環境 ◾食物 ◾別名 ◾危險部位 🐟危險的魚類 🐟食用魚類 ◾瀕危物種

▶雌魚　◀雄魚

短頭海馬 絕

■15 cm（全長）■澳洲南部・西部 ■岩礁海藻林 ■浮游生物

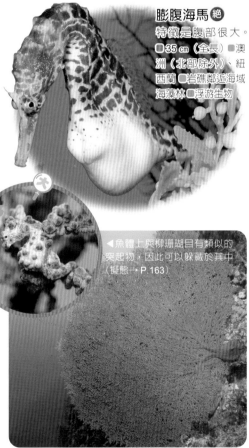

膨腹海馬 絕

特徵是腹部很大。■35 cm（全長）■澳洲（北部除外）、紐西蘭 ■岩礁鄰近海域海藻林 ■浮游生物

◀魚體上與柳珊瑚目有類似的突起物，因此可以躲藏於其中（擬態→ P.163）

巴氏海馬 絕

僅能成長到 2cm 左右，是小型的海龍科。會棲息在生長於潮通量良好的岩礁或是珊瑚礁〔柳珊瑚目（Gorgonacea）〕上。■2 cm（全長）■八丈島、和歌山縣、高知縣、屋久島、琉球群島、小笠原群島等／西太平洋、印度洋 ■水深 16 ～ 40m 的岩礁・珊瑚礁 ■浮游生物

三斑海馬的生產過程

三斑海馬的雄魚腹部有一個稱作「育兒囊」的袋子。雌魚會在該處產卵，雄魚會照顧直到卵孵化。

短頭海馬的生產

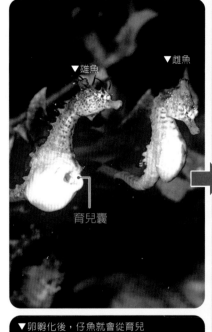

▼雄魚　▼雌魚

育兒囊

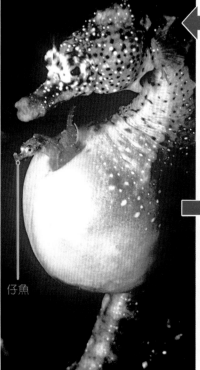

▼卵孵化後，仔魚就會從育兒囊中游出。

仔魚

▼雌魚會將魚卵產在雄魚的育兒囊裡。

▼雌魚

魚卵

▲雄魚

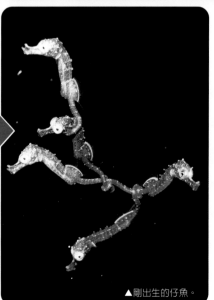

▲剛出生的仔魚。

海龍魚科

🐟 魚事TALK 🐟　魚體細長，被堅硬的骨骼(骨板)所覆蓋。魚卵會從雄魚的育兒囊或是腹部直接產出，並由雄魚持續守護至孵化。

▲成魚
魚卵

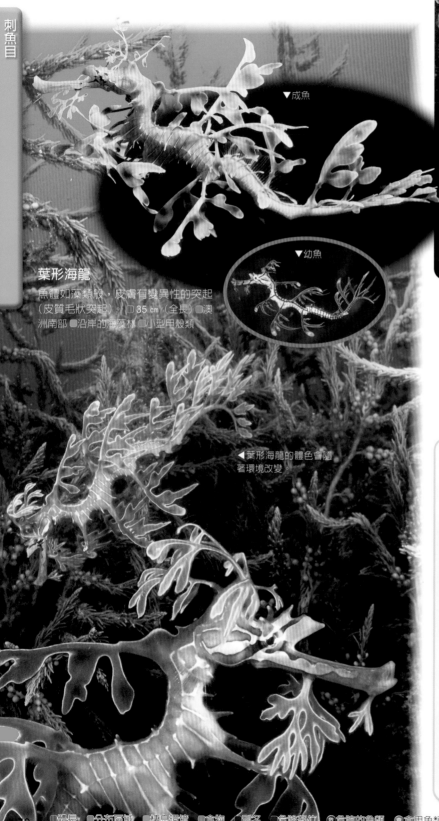
▼成魚

葉形海龍
魚體如藻類般，皮膚有變異性的突起(皮質毛狀突起)。□ 35 ㎝（全長）□澳洲南部 ●沿岸的海藻林 □小型甲殼類

▼幼魚

◀葉形海龍的體色會隨著環境改變。

▲幼魚

草海龍
■ 46 ㎝（全長）●澳洲南部、塔斯馬尼亞島 ●沿岸的海藻林‧珊瑚礁 ●小型甲殼類

葉形海龍的產卵與育兒
葉形海龍會將數百顆卵掛在尾部(腹側)，並且持續守護牠們2個月。

▶正在守護魚卵的雄魚。
魚卵

▲開始孵化的魚卵。

▲剛出生的仔魚。

薛氏海龍

◨ 29 cm ◨北海道～九州等／東海、
南海等 ◨海灣的海藻林、河川的汽水
域 ◨小型甲殼類 ◨竹馬、舒氏海龍

▶海龍魚科會利用管狀的
吻部前端嘴巴吸取小型甲
殼類來食用。

吻部

紅鰭冠海龍

◨ 20 cm ◨神奈川縣～屋久島、新潟縣、山口縣、琉球群島／
西太平洋、印度洋 ◨鄰近海域的珊瑚礁・岩礁 ◨小型甲殼類

黑環海龍

會悠游在岩壁、珊瑚礁周圍。 ◨ 18 cm
◨靜岡縣、和歌山縣、山口縣、屋久島、
琉球群島／西太平洋等 ◨岩礁、珊瑚礁 ◨
小型甲殼類

藍帶矛吻海龍

會捕食其他魚類或是寄生蟲，是海洋中的
清道夫。 ◨ 7 cm ◨靜岡縣、高知縣、山口縣、
屋久島、琉球群島等／太平洋、印度洋 ◨岩礁、
珊瑚礁 ◨小型甲殼類

短體豬海龍

◨ 4 cm ◨沖繩群島／西・中央太平
洋、印度洋等 ◨鄰近海域的珊瑚
礁 ◨小型甲殼類

大吻海蠋魚

枝節狀的皮膚上有突起物（皮質毛狀突起）以及魚體整體模樣會讓人
誤以為是藻類（擬態→ P.163）。 ◨ 10 cm ◨靜岡縣、山口縣、琉球群島
／西太平洋等 ◨珊瑚礁的海藻林・砂礫底 ◨小型甲殼類

細尾海馬

會將尾巴捲曲，棲息在藻類
上。 ◨ 10 cm（全長）◨神奈川
縣～高知縣、山口縣、長崎縣、
琉球群島等／西太平洋 ◨岩
礁、砂底 ◨小型甲殼類

帶紋鬚海龍

會將尾巴捲曲，棲息在藻類上
◨ 15 cm ◨日本本州～九州等／朝鮮
半島南部、中國大陸東北部 ◨海灣
的海藻林 ◨小型甲殼類

大小比一比

葉形海龍
35cm

黑環海龍 18cm

薛氏海龍 29cm

剃刀魚科

◁雄魚

◁雌魚

細吻剃刀魚
[剃刀魚科]
頭部朝下游泳，會假扮成海百合（*Ptilometra australis*）類或是海雞冠類等藻類（擬態、→P.163）。■12 cm（全長）●神奈川縣～高知縣 長崎縣、屋久島、琉球群島／西太平洋、印度洋等●沿岸的岩礁●浮游生物

🐟魚事TALK🐟 通常會成雙成對出現，雌魚體型比雄魚來得大。和海龍科不同，剃刀魚科的雌魚會將很大的腹鰭當作育兒囊（→P.69），以此保護魚卵。

▲全身通透的幼魚。

魚卵——

▲充滿魚卵的雌魚育兒囊。

藍鰭剃刀魚 [剃刀魚科]
會假扮成藻類或是枯葉等（擬態）。■ 11 cm（全長）●神奈川縣～屋久島、琉球群島等／西太平洋、印度洋等●沿岸的岩礁、砂底、珊瑚礁砂底、海藻林●浮游生物

▼雄魚

▲雌魚

海蛾魚科

🐟魚事TALK🐟 魚體覆蓋著堅硬的板狀骨骼（骨板），皮膚會像脫皮般脫落。吻部扁平、延伸拉長。會以細小的腹鰭當作足部，在海底爬行移動。

吻

寬海蛾魚
[海蛾魚科]
■ 8 cm ●神奈川縣～屋久島、山口縣、長崎縣、琉球群島等／西•中央太平洋、印度洋等●沿岸鄰近海域砂底●小型動物●扁嘴海雀

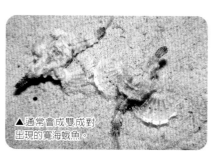

▲通常會成雙成對出現的寬海蛾魚。

▲幼魚。剛出生時的吻部較短。

大小比一比

寬海蛾魚 8cm	藍鰭剃刀魚 11cm	條紋蝦魚 15cm

中華管口魚 80cm

也能成為藥材的海龍科魚類
中國大陸方面會將海龍科、薛氏海龍魚科或是海蛾魚科等魚類乾燥後磨成粉，並且製作成中藥材。據說有消除疲勞、提升腎臟功能等各種功效。

剌魚目

■體長 ●分布區域 ●棲息環境 ●食物 ■別名 ■危險部位 危危險的魚類 食食用魚類 絕瀕危物種

玻甲魚科、鷸嘴魚科

🐟 魚事TALK 🐟 魚體扁平，全身覆蓋著小小的鱗片與板狀骨骼（骨板）。平時會以倒立或是頭朝下的姿勢緩慢地悠游，感覺到危險時才會轉成橫向並且快速游走。

◀成魚

條紋蝦魚會成群結隊，以頭朝下的方式游泳。

▲稚魚

鷸嘴魚 [鷸嘴魚科]

身體會稍微傾斜、緩慢地游泳。■ 15 cm ■北海道南部～九州南部・兵庫縣 / 東海等 ■水深至 500m 的砂底 ■底棲小型動物 ■長吻魚

條紋蝦魚 [玻甲魚科]

■ 15 cm（全長）■神奈川縣～屋久島、琉球群島 / 西・中央太平洋、印度洋 ■珊瑚礁砂底 ■浮游生物

管口魚科等

🐟 魚事TALK 🐟 管口魚科的魚體通常很長，會以管狀的吻部吞食其他魚類。中華管口魚一到產卵期就會在躲到海鞘（Sea squirt）體內產卵。裸玉筋魚則會在沿岸藻類中產卵，並由雄魚守護魚卵。

中華管口魚 [管口魚科]

會在藻類之間或是岩壁邊以倒立的姿勢靜止不動，並且具有會貼近其他大魚、一起游泳的習性。■ 80 cm □神奈川縣～屋久島、福井縣、琉球群島等 / 太平洋、印度洋 □珊瑚礁 □小魚、甲殼類 ■海龍鬚、龍之子、潛水艦魚

▲黃色個體

▲吻部張開有如樂器的小號，可以將魚類整個吞食。

▲為了不要被鎖定的獵物發現其靠近，會躲在其他魚類的背上。

裸玉筋魚 [裸玉筋魚科]

■ 9 cm ■北海道～神奈川縣・新潟縣等 / 朝鮮半島東部～俄羅斯東南部等 ■沿岸鄰近海域的海藻林 ■甲殼類 ■日本赤魚、裸玉褶魚科

棘煙管魚 [管口魚科]

□ 100 cm □日本各地 / 太平洋、印度洋等 ■沿岸鄰近海域 □小魚 ■笛子魚

管吻刺魚 [管吻刺魚科]

■ 13 cm ■北海道～三重縣・長崎縣等 / 朝鮮半島南部等 ■沿岸鄰近海域的海藻林 ■甲殼類 ■日本管刺魚

最佳魚主角 鱸形目的身體架構

硬骨魚類會藉由優異的運動能力穿梭於海洋或是河川等處，成為大多數的魚類代表。在此以鱸形目為主，讓我們來一窺硬骨魚類的身體架構吧！

能夠支援優異運動能力的身體

鱸形目的魚類擁有強健的骨骼、能夠產生推動力的魚鰭、輕薄的鱗片等。這些優勢組合在一起能讓魚類在水中快速游泳、有效率地追捕獵物。

骨骼
由許多骨頭建立起來的骨架，主要包含堅硬的脊椎（背骨）以及肋骨，能夠進行強而有力的動作。

魚鰾

肝臟

胃

嘴巴
為了能夠有效率地捕捉各種獵物，嘴巴的形狀相當多樣化。

心臟

魚鰓、鰓蓋
魚體上的魚鰓會由一塊板狀骨骼所形成的鰓蓋所覆蓋。

幽門垂
只有硬骨魚類才擁有的消化器官，位於胃與腸之間。

六斑二齒魨
（→ P.166）

◀鱸形目當中有些魚類的鱗片非櫛鱗，也非圓鱗。魨形目的六斑二齒魨身上的細長尖刺即是由鱗片變化而來的東西（棘鱗）。

鱗片

鱗片所扮演的角色是用來保護魚體表面不要受傷，保護不受寄生蟲傷害。鱸形目輕薄的鱗片（櫛鱗或是圓鱗）能夠降低水的阻力，有助於提升運動能力。

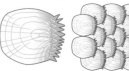
櫛鱗 部分鱗片上帶有細尖刺。

圓鱗 表面滑順的圓形鱗片。

太平洋黑鮪
(→ P.156)

側線
由細小的管子集結在一起，彷彿是
在身體側邊連成一條線。管子中間
有連接神經的凝膠狀器官，可以藉
此感受到水流與水壓的變化，有助
於得知敵人位置、取得身體平衡
等。

腸
進行食物的消化與吸收。
腸的長度會依攝取的食物而有
所不同。

為什麼要有那麼多的魚鰭呢？

魚鰭的名稱與功用

魚體各個位置會有不同的魚鰭。魚鰭所處的位置不同，也會有不同的
功用，完美組合在一起運作即可幫助魚類快速游泳。雖然會因為魚的
種類而有所不同，但是大多數的鱸形目具有如下圖所示的功能。

第 1 背鰭
第 2 背鰭
尾鰭
胸鰭
日本花鱸（→ P.81）
腹鰭
臀鰭

背鰭・臀鰭
具有決定游泳方向的船舵功能。

胸鰭・腹鰭
具有取得身體平衡，確保平衡的功能。

尾鰭
具有產生前進力量的功能。

石狗公

魚事TALK 原本被分類為石狗公，後來因為分類有所調整，而被加入鱸形目。特徵是頭部覆有板狀骨骼(骨板)，魚鰭上有尖刺(棘條)等。

鱸形目

平魨科、鮋鮋科

魚事TALK 平魨科是除了鯊魚、鮋科以外鮮少會先在魚卵中孵化後再產出稚魚的胎生魚，常被作為食用魚

紅鱸魨 [平魨科] 食
眼睛很大並且向外突出，日本方面以此特徵為其命名（眼張魚）。
■18 cm ■北海道西部、日本本州～九州／朝鮮半島東南部等 ■沿岸的海藻林 ■小魚、甲殼類 □無備平魨、金鱸魨

3種顏色的鱸魨
長久以來日本都將鱸魨作為食用魚，因而廣為人知。過去認為鱸魨會因為棲息環境而改變體色。然而，不僅是顏色，身體特徵上也會有些許差異。現今被區分為紅鱸魨、黑鱸魨、白鱸魨等3種。

▲黑鱸魨

▲白鱸魨

許氏平魨 [平魨科] 食
■40 cm ■北海道～高知縣・九州西部等／東海～俄羅斯東南部、庫頁島等 ■岩礁 ■魚類、甲殼類、烏賊

橢圓平魨 [平魨科] 食
■35 cm ■北海道～高知縣・九州西部／朝鮮半島南部・東部等 ■鄰近海域岩礁 ■魚類、小型動物 ■平魨

松原平魨 [平魨科] 食
■51 cm ■北海道西部、青森縣～高知縣、新潟縣、富山縣等／千島群島等 ■大陸坡上方的岩礁 ■貝類、甲殼類 ■平魨、凸眼魚

被釣上岸時眼睛會突出

焦氏平魨 [平魨科] 食
■15 cm ■北海道南部～高知縣・九州西北部等／南海等 ■岩礁 ■浮游生物、小魚 ■大目鱸

突眼代表什麼意思？
松原平魨或是怒平魨等原本棲息於深海的魚類，若突然被自深海中釣上岸，魚體會因為無法承受水壓的變化，使得眼睛突出，這也是突眼魚這個別名的由來。

怒平魨 [平魨科] 食
■60 cm ■北海道（西部除外）～千葉縣／千島群島等 ■水深200～1300m 的大陸坡岩礁 ■魚類、烏賊 ■怒鱸魨

■體長 ■分布區域 ■棲息環境 ■食物 ■別名 ■危險部位 食危險的魚類 食食用魚類 瀕瀕危物種

石狗公 [平鮋科] 食
越是棲息在深海裡的魚體顏色會變得越紅。◼ 25 cm ◼北海道～九州等／東海、南海等 ◼岩礁、珊瑚礁、泥砂底 ◼小魚、甲殼類 ◼褐菖鮋

大翅鮶鮋 [鮶鮋科] 食
長相類似平鮋科，但其實是不同種類的魚。卵生。◼ 30 cm ◼北海道（西部除外）、青森縣～三重縣等／北太平洋（西部）等 ◼水深 100 ～ 1500m 的大陸棚‧大陸坡 ◼小魚、甲殼類 ◼金吉魚、喜知次魚

鮋科

🐟魚事TALK🐟 魚鰭上的尖刺（棘條）通常有毒。此科包含會張開魚鰭游泳的環紋簑鮋，以及會墊伏在海底等待獵物的鬚擬鮋。

環紋簑鮋 [鮋科] 危
依地方習慣不同，有時會被當作食用魚。◼ 20 cm ◼北海道西部、日本本州～九州等／西太平洋等 ◼岩礁、砂底、泥砂底 ◼小魚 ◼龍鬚簑鮋 ◼魚鰭上的尖刺有毒

▶幼魚

觸角簑鮋 [鮋科] 危
胸鰭上的尖刺會呈線狀延伸。◼ 15 cm ◼千葉縣‧山口縣以南／西‧中央太平洋、印度洋等 ◼岩礁、珊瑚礁 ◼小魚 ◼魚鰭上的尖刺有毒

魔鬼簑鮋 [鮋科] 危
眼睛上方有皮膚變異的突起（皮質毛狀突起），看起來像突出的角。◼ 29 cm ◼千葉縣‧富山縣以南／西‧中央太平洋、東印度洋等 ◼岩礁、珊瑚礁 ◼小魚 ◼魚鰭上的尖刺有毒

大小比一比
| 環紋簑鮋 20cm | 松原平鮋 51cm |
| 許氏平鮋 40cm | 紅𩽾鮋 18cm |

77

鮋科

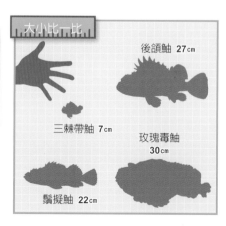

有毒的魚類

很多魚身體的某部分會帶有毒素。推測應該是為了避免被大魚吞食(自我防衛)。

🐟 尖刺有毒

除了石狗公、毒鮋科外,日本鰻鯰、褐藍子魚、鰭等魚類的魚鰭或是尾巴上的尖刺有毒。如果是遇到毒性較強的玫瑰毒鮋,一旦被刺到會感覺劇烈疼痛,被刺到的位置也會腫起來。甚至還出現呼吸困難、痙攣、死亡的案例。

鬚擬鮋的毒刺位置

背鰭

腹鰭　　臀鰭

※ 依種類不同,有些魚的臉部尖刺也有毒。

🐟 體內有毒

鮋科〔河豚毒素(Tetrodotoxin, TTX)〕的毒性非常強烈,一旦進入人體很可能會導致身體麻痺、意識不清而死亡。除此之外,還有熱帶魚等特有的熱帶性海魚毒(雪卡毒素)等(→ P.96)。

🐟 覆蓋在魚體上的黏液有毒

覆蓋在魚體表面的黏液有時也帶有毒性。可藉此打消敵人想吃掉自己的念頭,有助於保護自己。此外,一旦被人吞進肚裡也是可能造成食物中毒的原因。擁有這種類型毒素的魚有無斑箱鮋、牛舌魚(鰈形目)等。

鬚擬鮋 [鮋科] 危 食

身體顏色以及樣貌是牠的保護色,當牠靜止不動時,實在難以將牠和岩石區分。■22 cm ■千葉縣～鹿兒島縣等 / 東海、南海 ■岩礁、珊瑚礁 ■魚類、甲殼類 ■魚鰭上的尖刺有毒

魔擬鮋 [鮋科] 危

身體顏色會變成類似岩石或小石頭的保護色。■18 cm ■千葉縣・山口縣以南 / 西太平洋、東印度洋 ■岩礁、砂底 ■小魚、小型動物 ■魚鰭上的尖刺有毒

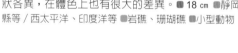

前鰭吻鮋 [鮋科]

依個體不同,皮膚上的變異突起(皮質毛狀突起)數量與形狀各異,在體色上也有很大的差異。■18 cm ■靜岡縣～高知縣等 / 西太平洋、印度洋等 ■岩礁、珊瑚礁 ■小型動物

後頜鮋 [鮋科]

■27 cm ■北海道西部、日本本州～九州等 / 西太平洋等 ■水深 30 ～ 1000m 的岩礁・砂底 ■小魚、甲殼類

斑點頰棘鮋 [鮋科]

會棲息在珊瑚枝枒中間。魚體上長有毛髮般的突起物。■4 cm ■高知縣、吐噶喇群島、宮古群島等 / 西・中央太平洋等 ■珊瑚礁 ■小型動物

大小比一比

後頜鮋 27cm

三棘帶鮋 7cm

玫瑰毒鮋 30cm

鬚擬鮋 22cm

■體長　■分布區域　■棲息環境　■食物　■別名　■危險部位　危危險的魚類　食食用魚類　瀕瀕危物種

三棘帶鮋 [鮋科] 危
依個體不同，魚體會有不同的顏色。有些皮膚會像脫皮一樣剝落。
■7 cm ■高知縣、屋久島、琉球群島／西•中央太平洋、印度洋等 ■岩礁、珊瑚礁、砂底 ■小型動物 ■魚鰭上的尖刺有毒

毒鮋科

魚事TALK 魚體上沒有鱗片，背鰭的尖刺（棘條）上有劇毒。其中有些是會藉由身體形狀或動作變化成為枯葉或是岩石的擬態高手（→P.163）。

背帶帆鰭鮋 危
[真裸皮鮋科]
身體會隨著海浪波動而左右搖晃，假扮成枯葉或是藻類的樣子（擬態）。■8 cm ■靜岡縣～高知縣、屋久島、琉球群島等／西太平洋、印度洋 ■岩礁、珊瑚礁 ■底棲小型動物 ■魚鰭上的尖刺有毒

紅鰭擬鱗鮋 危
[真裸皮鮋科]
依個體不同，魚體會有不同的顏色。■9 cm ■日本本州～九州／東海等 ■鄰近海域海藻林•岩礁 ■底棲小型動物、葉虎魚 ■魚鰭上的尖刺有毒

玫瑰毒鮋 [毒鮋科] 危
僅會露出朝上的眼睛與嘴巴，躲在砂石裡等待獵物。■30 cm ■屋久島、琉球群島等／西•中央太平洋、印度洋等 ■鄰近海域岩礁•珊瑚礁 ■魚類、小型動物 ■腫瘤毒鮋 ■魚鰭上的尖刺有劇毒

雙指鬼鮋 [毒鮋科] 危 食
會利用長得像手指一樣的部分胸鰭與尾鰭，在海底爬行。會假扮成是在岩石上的藻類（擬態），等待獵物上門。■15 cm ■琉球群島／西太平洋等 ■沿岸的砂底•泥砂底•岩礁 ■魚類、小型動物 ■魚鰭上的尖刺有劇毒

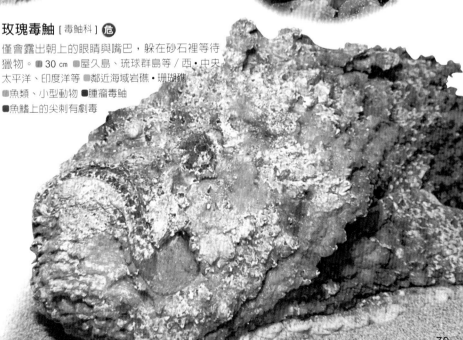

角魚科、飛角魚科

🐟 魚事TALK 🐟 頭部被板狀骨骼(骨板)所覆蓋，胸鰭大。角魚科胸鰭的一部分會分離成筋條(軟條)並且長成手指的模樣。飛角魚科則是擁有很大的胸鰭，可以像地毯般張開，如滑行般在海底游泳。

▶稚魚

▲從正上方看棘黑角魚的模樣。胸鰭上有藍色、綠色的鮮豔斑紋。

◀成魚

棘黑角魚 [角魚科] 食
從胸鰭分離出的筋條(軟條)上有感覺器官，可以藉此搜尋、捕食砂石中的小型動物。會利用體內的魚鰾發出「剝一剝」的聲音。■40cm ■北海道～九州／東海、南海等 ■泥砂底 ■底棲小型動物 ■水中蝴蝶

軟條

東方飛角魚 [飛角魚科]
名稱中雖然帶有「角魚」一詞，但是與角魚科不同，其實是另一個族群的魚。
■35cm ■北海道西部、日本本州～九州、沖繩島等／西・中央太平洋、印度洋等 ■泥砂底 ■底棲小型動物

牛尾魚科

🐟 魚事TALK 🐟 頭部與身體好像是輾壓過般平坦，尾部長。下頜比上頜更往前突出。有些會隨著成長出現性別轉換(→P.85)現象，而從雄性轉為雌性。

印度牛尾魚 [牛尾魚科] 食
魚體上有細小的斑駁花紋。會潛伏在砂石裡，獵捕靠近的魚。■35cm ■日本本州～九州 ■水深至30m的砂底 ■魚類 ■印度鯒、黑鯒

落合氏眼眶牛尾魚
[牛尾魚科] 食
■50cm ■千葉縣～九州南部等／東海、南海 ■水深至35m的泥砂底 ■底棲小型動物

博氏孔牛尾魚 [牛尾魚科]
■50cm ■山口縣、琉球群島等／南海等 ■鄰近海域海藻林、珊瑚礁砂底、亦會現身於汽水域 ■魚類、底棲小型動物

大小比一比

多氏堅鱗鱸 2m

日本發光鯛 14cm
印度牛尾魚 35cm
棘黑角魚 40cm
日本花鱸 80cm

■體長 ■分布區域 ■棲息環境 ■食物 ■別名 ■危險部位 ⚠危險的魚類 ●食用魚類 ●瀕危物種

魚事TALK 狼鱸科擁有堅硬且強壯的骨骼，魚體稍微纖細，有2個背鰭。此外，上頜突出延伸，這些特徵都常見於鱸形目的魚類。

日本花鱸 [狼鱸科] 食

亞成魚會進入汽水域或是河川。■80cm ■北海道～九州／朝鮮半島南部 ●沿岸的岩礁、海灣 ●魚類、甲殼類

上頜突出延伸，方便用來叼住獵物。

第1背鰭

第1背鰭是由堅硬的尖刺（棘條）所組成，第2背鰭則是由柔軟的筋條（軟條）所組成。

第2背鰭

尾鰭 由柔軟的筋條（軟條）組成。

▼日本花鱸（成魚）

日本花鱸是會一直升官的魚！

在日本會隨著成長而變更名稱的魚，被稱作「出世魚」（官位晉升）。也會因地區不同而有不同的別名，關東地方將尺寸未達20cm的稱作コッパ，25cm左右的稱作セイゴ，35cm左右的稱作フッコ，60cm以上的才稱作日本花鱸。

◀フッコ（亞成魚）

寬花鱸 [狼鱸科] 食

■80cm ■茨城縣・石川縣～屋久島等 ●沿岸的岩礁 ●魚類、甲殼類

日本真鱸 [狼鱸科] 食

魚體有一些比鱗片來得大的斑點。在日本會養殖作為食用魚。■80cm ■東海、南海等 ●沿岸鄰近海域，亦會現身於汽水域或是河川 ●魚類、甲殼類 ■七星鱸

日本發光鯛 [發光鯛科] 食

腹部有發光器。■14cm ■千葉縣～高知縣、九州等／西太平洋、印度洋等 ●大陸棚 ●小魚、蝦類、烏賊

赤䲁 [發光鯛科] 食

擁有容易剝落、大片的鱗片。嘴巴內是黑色的，故日本方面又將其稱作黑喉。■20cm ■北海道南部、日本本州～九州等／西太平洋等 ●水深60～600m的大陸棚・大陸坡 ●魚類、蝦類 ■紅喉

多氏堅鱗鱸 [多鋸鱸科] 危 食

會隨著成長而往深海移動，為了迎接產卵期才會回到鄰近海域。■2m ■北海道～九州等／朝鮮半島南部・東部等 ●水深400～600m的岩礁 ●魚類、烏賊 ■堅鱗鱸 ■肝臟富含維生素A（食用會有中毒危險）

鮨科

🐟魚事TALK🐟 有全長可以超過2m的巨大魚種，也有再怎麼長也只能長到3cm左右的魚種。通常會進行性別轉換，從雌魚轉為雄魚(→P.85)。全世界海域中約有480種，日本約有140種。

🐟魚事TALK🐟 據說是肉食性且壽命長，因此經常可見巨大的成年老魚。幾乎皆可食用。

七帶石斑魚 食
●90㎝ ●北海道西部、日本本州～九州等／東海、南海 ●沿岸的岩礁 ●魚類、甲殼類、烏賊 ●石斑

藍身大斑石斑魚 食
特徵是魚體上有很大的黑色斑點。在澳洲有許多非常親人的個體存在。●120㎝ ●和歌山縣、高知縣、鹿兒島縣、沖繩群島／西太平洋、印度洋 ●沿岸的岩礁・珊瑚礁 ●魚類、甲殼類 ●金錢斑

瑪拉巴石斑魚 食
可在汽水域看見其幼魚。●82㎝ ●神奈川縣～高知縣、島根縣、屋久島、琉球群島等／西太平洋、印度洋 ●沿岸的岩礁 ●魚類、甲殼類

褐帶石斑魚 食
經常作為火鍋料理而廣為人知的高級魚種。
●80㎝ ●青森縣、千葉縣・新潟縣～屋久島、琉球群島等／東海、南海 ●沿岸的岩礁・海藻林・砂底 ●魚類、甲殼類 ●東海鱸、土鱠

鞍帶石斑魚 食
可以長到非常巨大的鮨科。體重可達400kg。●2m ●和歌山縣、山口縣、鹿兒島縣等／西・中央太平洋、印度洋等 ●沿岸的岩礁・珊瑚礁 ●魚類、甲殼類、烏賊或章魚 ●龍膽石斑

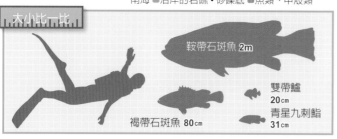

東海鱸 食
●80㎝ ●北海道南部、日本本州～九州／東海、南海 ●沿岸的岩礁・砂礫底 ●魚類、甲殼類

大小比一比

鞍帶石斑魚 2m

雙帶鱸 20㎝

青星九刺鮨 31㎝

褐帶石斑魚 80㎝

●體長 ●分布區域 ●棲息環境 ●食物 ●別名 ●危險部位 ●危險的魚類 ●食用魚類 ●瀕危物種

青星九刺鮨 食

身上有藍色的斑點，會隨著成長而增加。 ◩ 31 cm ◩靜岡縣～屋久島、琉球群島等／西‧中央太平洋、印度洋 ◩沿岸的岩礁‧珊瑚礁 ◩魚類、小型動物

宋氏九刺鮨 食

體色會因個體而有差異，有橘色、紅色、紅紫色等。 ◩ 41 cm ◩琉球群島等／西‧中央太平洋、印度洋 ◩沿岸的岩礁‧珊瑚礁 ◩魚類、小型動物

駝背鱸 食

◩ 47 cm ◩神奈川縣～高知縣、山口縣、沖繩群島等／西太平洋、東印度洋 ◩珊瑚礁 ◩魚類、小型動物

▼幼魚

斑點鬚鮨

下頜處有皮膚變異的突起（皮質毛狀突起）。 ◩ 30 cm ◩和歌山縣、高知縣、鹿耳島縣、琉球群島等／西‧中央太平洋、東印度洋 ◩沿岸的岩礁‧珊瑚礁 ◩魚類、小型動物

特氏紫鱸

◩ 25 cm ◩神奈川縣～高知縣、長崎縣等／西‧中央太平洋、印度洋 ◩沿岸的岩礁 ◩魚類、小型動物

網紋石斑魚

◩ 25 cm ◩神奈川縣～屋久島、琉球群島等／西‧中央太平洋、印度洋 ◩珊瑚礁 ◩魚類、小型動物

▼跟著鞍帶石斑魚一起游泳的無齒鰺（→ P.97）

▼幼魚

六線黑鱸

◩ 25 cm ◩岩手縣、神奈川縣～高知縣、屋久島、琉球群島等／西‧中央太平洋、印度洋 ◩沿岸的岩礁‧珊瑚礁 ◩魚類、小型動物

雙帶鱸

◩ 20 cm ◩神奈川縣～高知縣、九州、琉球群島等／西太平洋、東印度洋 ◩沿岸的岩礁‧珊瑚礁 ◩魚類、小型動物

小知識 六線黑鱸、特氏紫鱸等為了保護自己會從皮膚分泌出毒液。

花鮨亞科

魚事TALK 魚體擁有如寶石般鮮豔的顏色，相當美麗。雄魚與雌魚的體色與斑紋各異。會在珊瑚礁處建立龐大的群體。

絲鰭擬花鮨 [鮨科]
雄魚的部分背鰭延伸拉長，胸鰭上有粉紅色的水滴狀斑紋。■ 11 cm ■神奈川縣・山口縣以南／西太平洋、印度洋 ■沿岸的岩礁・珊瑚礁 ■浮游生物

刺蓋擬花鱸 [鮨科]
雄魚有鮮豔的紅色背鰭與長長的腹鰭。■ 7 cm ■久米島、宮古群島、八重山群島／西・中央太平洋等 ■珊瑚礁 ■浮游生物

◀雄魚

▲雄魚　▶雌魚

厚唇擬花鱸 [鮨科]
雄魚的吻部尖，背鰭上有紅色斑紋。■ 12 cm ■神奈川縣～高知縣、屋久島、琉球群島等／西・中央太平洋 ■沿岸的岩礁・珊瑚礁 ■浮游生物

◀雄魚

▲雄魚

▲雌魚

側帶擬花鮨 [鮨科]
雄魚身體中央會有個四邊形的斑紋。雌魚全身都是黃色。■ 9 cm ■靜岡縣～高知縣、屋久島、琉球群島等／西・中央太平洋 ■沿岸的岩礁・珊瑚礁 ■浮游生物

紅帶擬花鮨 [鮨科]
雄魚身上有一條紅色寬帶斑紋。■ 7 cm ■神奈川縣～高知縣、鹿兒島縣等／西太平洋 ■沿岸的岩礁・珊瑚礁 ■浮游生物

▲雄魚

◀經常可在陡峭的岩壁附近，看見牠們仰泳的模樣。

寬身花鱸 [鮨科]
■ 8 cm ■靜岡縣～高知縣、琉球群島等／西太平洋 ■沿岸的岩礁・珊瑚礁 ■浮游生物

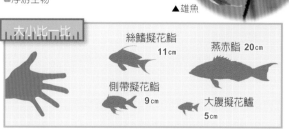

大小比一比
絲鰭擬花鮨 11cm
燕赤鮨 20cm
側帶擬花鮨 9cm
大腹擬花鱸 5cm

■體長 ■分布區域 ■棲息環境 ■食物 ■別名 ■危險部位 ⚠危險的魚類 🍴食用魚類 🐢瀕危物種

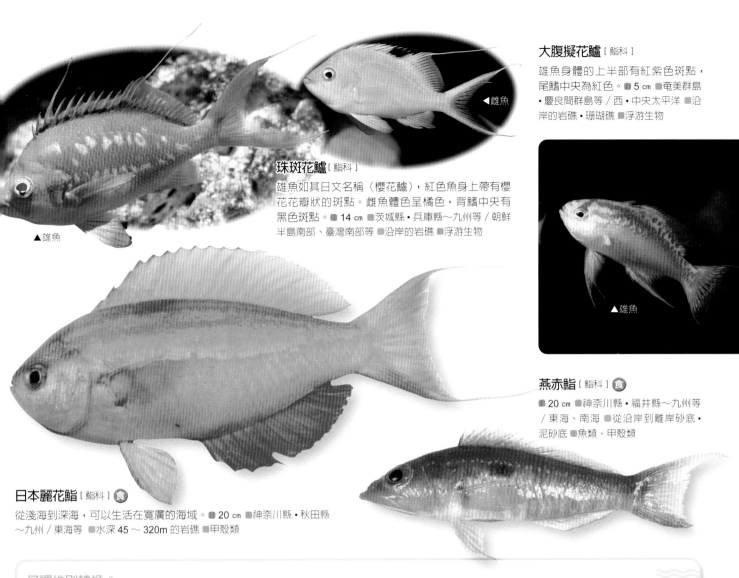

大腹擬花鱸 [鮨科]

雄魚身體的上半部有紅紫色斑點，尾鰭中央為紅色。■5 cm ■奄美群島・慶良間群島等／西・中央太平洋 ■沿岸的岩礁・珊瑚礁 ■浮游生物

◀雌魚

珠斑花鱸 [鮨科]

雄魚如其日文名稱（櫻花鱸），紅色魚身上帶有櫻花花瓣狀的斑點。雌魚體色呈橘色，背鰭中央有黑色斑點。■14 cm ■茨城縣・兵庫縣〜九州等／朝鮮半島南部、臺灣南部等 ■沿岸的岩礁 ■浮游生物

▲雄魚

▲雄魚

燕赤鮨 [鮨科] 食

■20 cm ■神奈川縣・福井縣〜九州等／東海、南海 ■從沿岸到離岸砂底・泥砂底 ■魚類、甲殼類

日本麗花鮨 [鮨科] 食

從淺海到深海，可以生活在寬廣的海域。■20 cm ■神奈川縣・秋田縣〜九州／東海等 ■水深 45 〜 320m 的岩礁 ■甲殼類

何謂性別轉換？

性別轉換是指雄性變雌性，或是雌性變雄性這種性別上的轉換。並不會突然就轉變，而是魚體會隨著時間慢慢地有所變化。在魚類世界裡，這並不是什麼稀奇的事情。性別轉換的理由是為了讓群體中比較強壯的個體孕育後代。因此，當性別轉換後的個體死亡時，就會由下一個強大的個體進行性別轉換。

🐟 雌性變雄性的性別轉換

出生時皆為雌性，部分會轉變成雄性。除了石斑與日本真鯛外，隆頭魚（→ P.124）、日本絢鸚嘴魚（→ P.128）等都有這種類型的魚存在。

🐟 雄性變雌性的性別轉換

以雄性姿態成長，體型較大者會變成雌性並產卵。克氏雙鋸魚（→ P.118）、印度牛尾魚（→ P.80）、管鼻鯙（→ P.43）等都是此類型。

🐟 雄性或雌性皆可進行轉換

蝦虎魚（→ P.144）可以從雄性變雌性，或是從雌性變雄性。

▲性別轉換中的側帶擬花鮨。雌魚會從魚體開始出現雄性的特徵。

▲同樣居住在海葵的群體中，較大的個體是已變成雌魚的克氏雙鋸魚。

▲可以變成雄性也可以變成雌性的沖繩磨塘鱧。

擬雀鯛科、七夕魚科等

魚事TALK 會躲在珊瑚礁的珊瑚下方、鄰近海域的石頭下方或是岩壁。擬雀鯛科與七夕魚科的體型相似，七夕魚科背鰭上的尖刺(棘條)數量較多，可以藉此進行區分。

▶雄魚

圓眼戴氏魚 [擬雀鯛科]

■12 cm ■琉球群島／西太平洋 ■鄰近海域的珊瑚礁 ■魚類、底棲小型動物

紫繡雀鯛 [擬雀鯛科]

■5 cm ■琉球群島／西・中央太平洋 ■鄰近海域的珊瑚礁 ■浮游生物

紅黃擬雀鯛 [擬雀鯛科]

■7 cm（全長）■西太平洋 ■珊瑚礁、岩礁 ■浮游生物

藍線七夕魚

[七夕魚科]

■7 cm ■靜岡縣、高知縣、大分縣、屋久島、琉球群島等／西・中央太平洋、印度洋等 ■珊瑚礁、潮池 ■小型甲殼類

蘭氏燕尾七夕魚 [七夕魚科]

經常看到牠們在陡峭的岩壁或是岩穴中仰泳。

■5 cm ■琉球群島／臺灣南部 ■珊瑚礁 ■浮游生物

扁棘鯛

[扁棘鯛科]

棲息在接近海底處。會鼓起魚鰾，發出聲音。■20 cm ■千葉縣・新潟縣～九州／西太平洋等 ■水深 30～400 m的泥砂底 ■底棲小型動物 ■打鐵婆

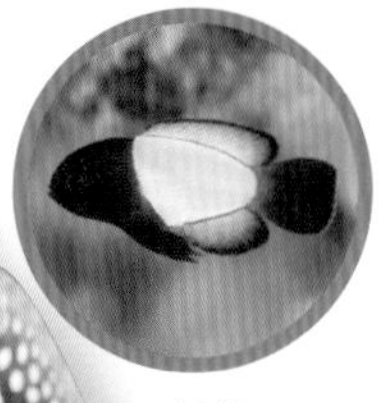
▲幼魚

珍珠麗七夕魚 [七夕魚科]

■14 cm ■和歌山縣、琉球群島等／西・中央太平洋、印度洋等 ■珊瑚礁 ■小魚、甲殼類

變身為強大的鱓科？

珍珠麗七夕魚會把頭朝向岩穴，讓尾巴朝外隨波飄搖。這時的魚體模樣往往被認為是在擬態(→P.163)長相非常類似的白口裸胸鱓(→P.43)。會假扮成比自己更強大的魚類，藉此避免被敵人騷擾。

▲珍珠麗七夕魚

▲白口裸胸鱓

▲興奮時身體顏色會從銀色轉變成紅色，再從紅色轉變成銀色。

大眼鯛科

🐟魚事TALK🐟 魚體呈蛋形且平坦，擁有大顆的眼睛，在光線下會折射出金色或是紅色。紅金眼鯛(→P.66)不同的地方在於背鰭較長，可以以此特徵進行區別。全世界海域中約有20種，日本約有10種。

大棘大眼鯛 [大眼鯛科] 食
■25 cm ■日本本州～九州／西太平洋、東印度洋 ■水深 30～370m 的底層帶 ■甲殼類

寶石大眼鯛 [大眼鯛科] 食
會在珊瑚礁建立龐大的群體。■25 cm ■神奈川縣～高知縣、九州、琉球群島等／西•中央太平洋、印度洋等 ■岩礁、珊瑚礁 ■魚類、小型動物 ■紅目鱸

▼亞成魚

日本大鱗大眼鯛
[大眼鯛科] 食
■18 cm ■神奈川縣•新潟縣～九州／西•中央太平洋等 ■水深 80～230m 的砂底 ■小魚、甲殼類

日本牛目鯛 [大眼鯛科] 食
■25 cm ■北海道南部、日本本州～九州等／西太平洋、印度洋 ■水深 80～340m 的底層帶 ■魚類、甲殼類、烏賊或章魚 ■日本紅目大眼鯛

鮻科、深海天竺鯛科等

🐟魚事TALK🐟 魚體略顯修長，大嘴巴內有長得像獠牙的牙齒。幼魚時期會現身於鄰近場域，但是會隨著成長而往深海移動。

牛眼鮻 [鮻科] 食
■50 cm ■北海道～九州等／東海、南非等 ■沿岸鄰近海域、大陸坡上部的岩礁 ■魚類、甲殼類、烏賊

蜂巢後竺鯛 [深海天竺鯛科]
鱗片非常容易剝落。■12 cm ■靜岡縣、三重縣、宮崎縣、沖繩海槽／塔斯曼海、加勒比海等 ■水深 100～750m 的底層帶 ■浮游生物

▼幼魚。很難得看到牠們現身。成魚會躲在深海裡，幾乎看不見牠們的身影。

長鰭金眼鯛 [鬚魚科]
會在深海的中深層帶來回悠游。■30 cm ■北海道南部～九州南部、福井縣、京都府／北太平洋、東太平洋（北部）等 ■遠洋的水深 500～1420m

大小比一比

牛眼鮻 50cm
大棘大眼鯛 25cm
圓眼戴氏魚 12cm
珍珠麗七夕魚 14cm

後頜魚科

鱸形目

🐟魚事TALK🐟 會利用大大的嘴巴撥動砂土或是小石頭等，在砂礫底挖出巢穴後棲息於其中。頭部尺寸小至拇指，大至拳頭，各有不同。經常把頭露出巢穴，雙眼咕嚕地打轉、觀察四周。

紅海叉棘魚 [後頜魚科]

會依個體而有不同的體色與紋路。特徵是眼睛很大。■5 cm ■和歌山縣、愛媛縣、長崎縣／西太平洋 ■鄰近海域的砂礫底 ■浮游生物

▼黃色的個體

黃斑後頜魚 [後頜魚科]

特徵是眼睛有一部分是金色的。■10 cm ■菲律賓、印尼等 ■鄰近海域的砂礫底 ■浮游生物

▼從巢穴一躍而出，捕食游經的浮游生物。

伊氏後頜魚
[後頜魚科]

■7 cm ■千葉縣、神奈川縣、三重縣、高知縣、新潟縣、兵庫縣、山口縣、長崎縣等 ■鄰近海域的砂礫底 ■浮游生物

壯體後頜魚 [後頜魚科]

頭部尺寸約等於成人拳頭大小，算是後頜魚科中較巨大的族群。■51 cm（全長）■加州灣～哥斯大黎加西北部等 ■砂礫底 ■底棲小型動物、浮游生物

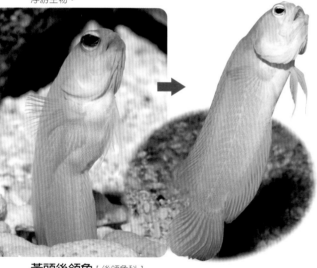

黃頭後頜魚 [後頜魚科]

■10 cm（全長）■墨西哥灣、加勒比海等 ■鄰近海域的砂礫底 ■浮游生物

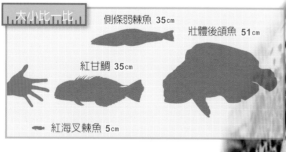
大小比一比

側條弱棘魚 35cm
壯體後頜魚 51cm
紅甘鯛 35cm
紅海叉棘魚 5cm

■體長 ■分布區域 ■棲息環境 ■食物 ■別名 ●危險部位 危危險的魚類 食食用魚類 瀕瀕危物種

馬頭魚科、弱棘魚科

魚事TALK 馬頭魚科的魚體扁平且細長，額頭突出。通常會在海底挖掘巢穴、棲息。弱棘魚科擁有細長圓筒狀的魚體，會在岩石底下等處挖掘巢穴，並躲藏在其中。

口腔孵化～守護魚卵的密技～

魚卵在出生的瞬間就會被眾多敵人所覬覦。部分魚類擁有一種絕對不讓魚卵被吃掉的密技，那就是「口腔孵化(mouth brooding)」。雌魚產卵後，雄魚就會立刻將魚卵放入口中，然後就一直在口腔內守護魚卵，直到魚卵成功孵化。

黃斑後頜魚的口腔孵化

後頜魚科所建的巢穴開口都非常狹窄，但是內部很開闊。雌魚會在巢穴中產卵，雄魚授精後再將魚卵放入口中。許多進行口腔孵化的魚類，在魚卵孵化之前都不會進食。然而，後頜魚科因擁有安全的巢穴，所以偶爾會看到牠們把魚卵放在巢穴內，然後捕食浮游生物的畫面。

▼口中含著魚卵的雄魚。當需要捕食浮游生物或是回到巢穴時，就會把魚卵暫放在巢穴中。

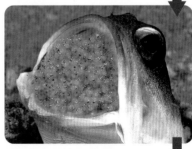

▼在雄魚嘴巴內成長的魚卵。已經可以看到眼睛。

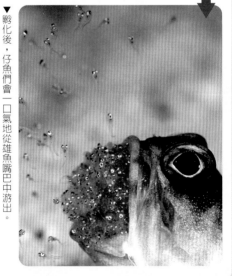

▼孵化後，仔魚們會一口氣地從雄魚嘴巴中游出。

紅甘鯛 [馬頭魚科] 食

■ 35 cm ■茨城縣・青森縣～九州等／東海 ■大陸棚的泥砂底 ■底棲小型動物、烏賊 ■日本馬頭魚

白甘鯛 [馬頭魚科] 食

■ 40 cm ■茨城縣・福井縣～九州等／東海、南海等 ■大陸棚的泥砂底 ■底棲小型動物、烏賊 ■日本馬頭魚

▼成魚

▼幼魚

側條弱棘魚 [弱棘魚科]

上頜處擁有長得像獠牙的牙齒。■ 35 cm ■神奈川縣～高知縣、屋久島、琉球群島／西・中央太平洋、印度洋 ■珊瑚礁的砂礫底 ■底棲小型動物

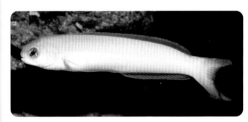

似弱棘魚
[弱棘魚科]

■ 13 cm ■屋久島、琉球群島等／西・中央太平洋、西印度洋 ■水深 30 ～ 55m 的珊瑚礁砂礫底 ■底棲小型動物

馬氏似弱棘魚
[弱棘魚科]

■ 10 cm ■沖繩島／西太平洋 ■水深 50 ～ 70m 的珊瑚礁・岩礁的泥砂底 ■浮游生物

小知識 根據其特徵，後頜魚科的英文名稱被稱作「jawfish（大顎魚）」。

天竺鯛科

🐟魚事TALK🐟 體積小，容易被肉食性魚類襲擊。通常會在珊瑚礁或是岩礁集結成一個大群體，接近產卵期時會進行配對。雄魚會在雌魚產卵後進行口腔孵化(→P.89)。全世界海域中約有270種，日本約有100種。

▼雄魚
▲雌魚

箭天竺鯛

魚體透明，可以完全看到其體內結構，日本方面以此特徵為其命名(透明天竺魚)。■5cm ■三重縣、和歌山縣、九州南部、琉球群島等／西·中央太平洋、印度洋 ■珊瑚礁、海灣岩礁 ■浮游生物

條紋銀口天竺鯛 食

魚體有黑色的橫條紋，會因為所處的地區不同而有條紋數量或是粗細的差異。■8cm ■茨城縣·新潟縣～九州、八重山群島等／西太平洋 ■水深至100m的泥砂底 ■小型甲殼類

半線天竺鯛

■11cm ■日本本州～九州、慶良間群島、宮古島／西太平洋等 ■海灣岩礁 ■小型甲殼類

五線巨齒天竺鯛

兩頜處有尖銳且長得像獠牙的牙齒。■9cm ■靜岡縣～高知縣、屋久島、琉球群島等／西·中央太平洋、印度洋等 ■珊瑚礁、岩礁 ■小型甲殼類

稻氏鸚天竺鯛

不會建立龐大的群體。夜行性。■11cm ■茨城縣·島根縣以南／西太平洋等 ■沿岸的岩礁 ■小型甲殼類

大小比一比

 條紋銀口天竺鯛 8cm

箭天竺鯛 5cm

 黃帶鸚天竺鯛 6cm

考氏鰭竺鯛 9cm

黑帶天竺鯛

會在珊瑚枝條之間，建立起龐大的群體。■6cm ■琉球群島／西太平洋等 ■珊瑚礁 ■浮游生物

■體長 ■分布區域 ■棲息環境 ■食物 ■別名 ■危險部位 🐡危險的魚類 🐟食用魚類 🔴瀕危物種

黃帶鸚天竺鯛的口腔孵化

許多天竺鯛科會進行口腔孵化的行為。雄魚會在口腔內守護魚卵約1週。快要孵化時，魚卵會變大，大到使得雄魚臉部形狀變形。

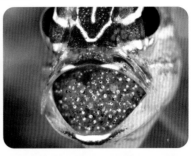

▲雌魚快要產卵時，雄魚會數次開闔嘴巴，做好隨時將魚卵放入口腔內的準備。

▲進行口腔孵化行為時，完全不能進食。必須經常張開嘴巴，將新鮮的氧氣運送給魚卵。

黃帶鸚天竺鯛
■6 cm ■神奈川縣～高知縣、屋久島、琉球群島等／西・中央太平洋、印度洋 ■沿岸的岩礁・珊瑚礁 ■小型甲殼類

▼可以完全看到雄性小鸚天竺鯛把魚卵放在口中的樣子。

▼雄魚

▼雌魚

小鸚天竺鯛
■4 cm ■屋久島、琉球群島／西太平洋 ■海灣岩礁 ■浮游生物

絲鰭圓天竺鯛
會在珊瑚枝條之間集結成群。■6 cm ■琉球群島／西太平洋、東印度洋 ■珊瑚礁 ■浮游生物

▼成魚

▲幼魚。天竺鯛科的幼魚為了避免肉食魚類襲擊，通常會在擁有尖刺的刺冠海膽（*Diadema setosum*）或是有毒的海葵附近成長。

考氏鰭竺鯛
會在珊瑚枝條之間、刺冠海膽（海膽科）或是海葵附近集結成群。■9 cm（全長）■邦蓋群島（印尼）等 ■珊瑚礁、砂底的海藻林 ■浮游生物 ■泗水玫瑰

◀成魚

湯加管天竺鯛
會躲藏、棲息於刺冠海膽的尖刺之間。■4 cm ■屋久島、琉球群島等／西・中央太平洋、印度洋 ■珊瑚礁、岩礁 ■浮游生物

小棘狸天竺鯛
會在珊瑚枝條之間集結成一大群。一部分的背鰭尖刺（棘條）會延伸呈絲線狀。■5 cm ■琉球群島／西・中央太平洋、印度洋等 ■珊瑚礁 ■浮游生物

▼幼魚

海裡的魚都吃些什麼呢？

棲息於廣大海洋裡的魚類，為了生存什麼都吃。
讓我們來看看魚類都會吃些什麼東西吧！

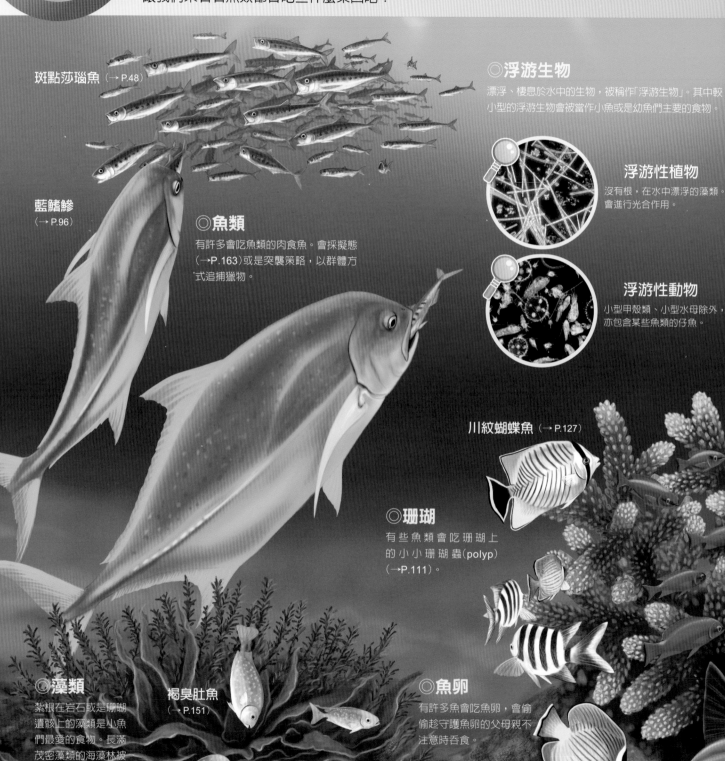

斑點莎瑙魚（→ P.48）

藍鰭鰺
（→ P.96）

◎浮游生物
漂浮、棲息於水中的生物，被稱作「浮游生物」。其中較小型的浮游生物會被當作小魚或是幼魚們主要的食物。

浮游性植物
沒有根，在水中漂浮的藻類。會進行光合作用。

◎魚類
有許多會吃魚類的肉食魚。會採擬態（→P.163）或是突襲策略，以群體方式追捕獵物。

浮游性動物
小型甲殼類、小型水母除外，亦包含某些魚類的仔魚。

川紋蝴蝶魚（→ P.127）

◎珊瑚
有些魚類會吃珊瑚上的小小珊瑚蟲(polyp)（→P.111）。

◎藻類
紮根在岩石或是珊瑚遺骸上的藻類是小魚們最愛的食物。長滿茂密藻類的海藻林被稱為「海洋的搖籃」。

褐臭肚魚
（→ P.151）

◎魚卵
有許多魚會吃魚卵，會偷偷趁守護魚卵的父母親不注意時吞食。

耳帶蝴蝶魚
（→ P.110）

魚兒既然是生物， 當然什麼都吃

海中的任何東西都是魚類可以吃的食物，當然
自己也會成為其他魚類的食物。在吃與被吃之
間，形成了海洋的生態系統。

食人鯊（→ P.28）

◎海龜・海洋哺乳類

有些魚類會襲擊海龜或是海洋哺乳類動
物，例如食人鯊等。

◎水母

有些魚類會捕食觸角有毒的水
母。

短角單棘魨
（→ P.165）

◎烏賊

在海中以群體方式來回
悠游的烏賊是洄游性魚
類的最愛。

正鰹（→ P156）

◎底棲小型動物

棲息在海底的魚類喜歡捕食躲藏
在砂底的甲殼類（蝦或蟹類群）或
是環節動物等。

赤魟（→ P.36）

蠕紋裸胸鯙（→ P.42）

◎章魚

蠕紋裸胸鯙等魚類會找
出、捕食隱藏在海底岩
石下的章魚。

◎寄生蟲

有些魚類會捕食附著在魚類
皮膚或是口腔中的寄生蟲。

裂唇魚
（→ P.126）

鰺科

五條鰤、斐氏鯧鰺等

🐟**魚事TALK**🐟　五條鰤會以群聚方式隨著季節變化更換棲息地，是一種洄游性魚類。斐氏鯧鰺經常可見於岸邊。

🐟**魚事TALK**🐟　通常為肉食性魚類，經常可見其聚集成群並且用極快的速度攻擊較小的魚群。魚體平坦，卻又擁有飽滿且具流線形的身體。是重要的食用魚，也有很多養殖的魚種。全世界約有140種，日本約有60種。

胸鰭

腹鰭

五條鰤 食
會隨著季節變化在日本沿海南北洄游。上頜的兩端突出，胸鰭與腹鰭長度相同。■ 100 cm ■北海道～九州等 / 朝鮮半島等 ■沿岸中層帶・底層帶 ■魚類

黃尾鰤 食
與五條鰤相似，但上頜兩端飽滿，腹鰭比胸鰭來得長，可以此作為區分。■ 100 cm ■北海道～九州等 / 太平洋、印度洋、大西洋（南部）■沿岸中層帶・底層帶 ■魚類、烏賊

各地不同，五條鰤的升官之路！

五條鰤和日本花鱸（→P.81）同樣都是會一直向上晉升官位的魚（出世魚）。各地的別名很多，光是在日本就有各種不同的名稱。此外，也有人會在漂流海藻上收集五條鰤的稚魚（モジャコ），再進行大量養殖。養殖的五條鰤方面，關西地方會以ハマチ這種尺寸出貨，因此通常會將五條鰤稱作ハマチ。

◀不到 10cm モジャコ（MOZAKO）〔關西〕

◀不到 20cm ワカシ（WAKASHI ）〔關東〕、ツバス（TSUBASU）〔關西〕

◀不到 30cm イナダ（INADA）〔關東〕、ハマチ（HAMACHI）〔關西〕

◀不到 60cm ワラサ（WARASA）〔關東〕、メジロ（MECHIRO）〔關西〕

◀70cm 以上 ブリ（BULI）〔關東、關西〕

※ 此處僅提出較具代表性的別名與尺寸。同一地方亦可能會有不同的名稱。

雙帶鰺 食
■ 100 cm ■日本本州以南 / 世界各地的熱帶・溫帶海域等 ■從沿岸到離岸表層帶 ■魚類、甲殼類

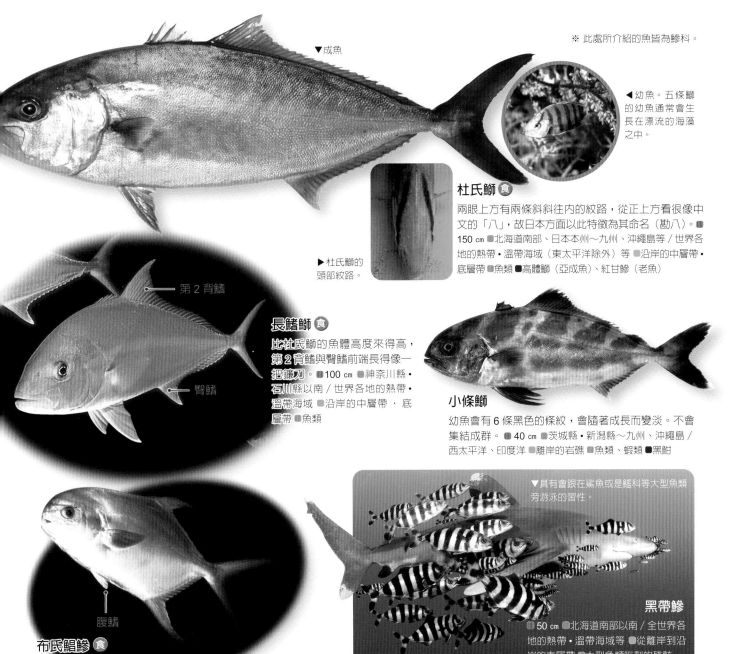

※ 此處所介紹的魚皆為鰺科。

▼成魚

◀幼魚。五條鰤的幼魚通常會生長在漂流的海藻之中。

杜氏鰤 食

兩眼上方有兩條斜斜往內的紋路，從正上方看很像中文的「八」，故日本方面以此特徵為其命名（勘八）。 150 cm 北海道南部、日本本州～九州、沖繩島等／世界各地的熱帶‧溫帶海域（東太平洋除外）等 沿岸的中層帶‧底層帶 魚類 高體鰤（亞成魚）、紅甘鰺（老魚）

▶杜氏鰤的頭部紋路。

第2背鰭

長鰭鰤 食

比杜氏鰤的魚體高度來得高，第2背鰭與臀鰭前端長得像一把鐮刀。 100 cm 神奈川縣‧石川縣以南／世界各地的熱帶‧溫帶海域 沿岸的中層帶‧底層帶 魚類

臀鰭

小條鰤

幼魚會有6條黑色的條紋，會隨著成長而變淡。不會集結成群。 40 cm 茨城縣‧新潟縣～九州、沖繩島／西太平洋、印度洋 離岸的岩礁 魚類、蝦類 黑鮋

▼具有會跟在鯊魚或是鰩科等大型魚類旁游泳的習性。

黑帶鰺

50 cm 北海道南部以南／全世界各地的熱帶‧溫帶海域等 從離岸到沿岸的表層帶 大型魚類吃剩的殘骸

腹鰭

布氏鯧鰺 食

長得和北鯧（→P.123）很相似，可以從腹鰭的有無來區分。 50 cm 屋久島、沖繩島等／西‧中央太平洋、印度洋 沿岸鄰近海域底層帶 魚類、甲殼類

逆鉤鰺 食

皮膚下方有個槍頭狀的鱗片。幼魚有時會出現在汽水域。 50 cm 茨城縣‧石川縣以南／西‧中央太平洋、印度洋 從沿岸到離岸表層帶 魚類

斐氏鯧鰺 食

30 cm 神奈川縣～高知縣、九州、琉球群島等／西‧中央太平洋、印度洋 沿岸鄰近海域砂底 魚類、甲殼類

大小比一比

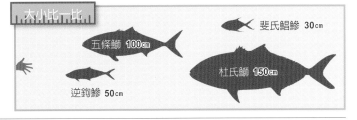

斐氏鯧鰺 30 cm
五條鰤 100 cm
逆鉤鰺 50 cm
杜氏鰤 150 cm

小知識 逆鉤鰺的日文名稱中有カツオ（正鰹）等字彙，但是與正鰹（→P.156）其實是完全不同的族群。逆鉤鰺具有會先剝除獵物鱗片再食用的習性。

鰺科

🐟魚事TALK　側線上方的部分鱗片，或是全部鱗片覆有被稱作「稜鱗」的尖刺狀鱗片。大型鰺科為肉食性，魚體平坦、體型(高度)較高大。有些棲息於南方海域的魚種具有熱帶性海魚毒。小型鰺科擁有細長的身體，會聚集成非常大的群體。

▲老成的大型魚，體色變得較黑。

▼稚魚

浪人鰺 食

在鰺科中是會長到非常大型的一種魚。幼魚會在海灣或是河口處聚集成群，但是成魚則會移往珊瑚礁處，單獨生活。■100cm ■茨城縣～高知縣、九州、琉球群島等／西・中央太平洋、印度洋 ■沿岸珊瑚礁、海灣 ■魚類、甲殼類 ■珍鰺（GT）

▲成魚

稜鱗

要注意熱帶性海魚毒！

熱帶性海魚毒(雪卡毒素；ciguatoxin, CTX)是指持續攝取含有毒素的藻類而囤積在體內的一種毒素。棲息在熱帶海域的部分肉食性魚類會將攝取藻類的小魚當作食物，所以毒素也會隨之累積在魚體內，因而帶有強烈的熱帶性海魚毒。熱帶性海魚毒進入人體也會產生劇烈的中毒症狀，必須特別注意。

藍鰭鰺 危 食

■50cm ■神奈川縣～高知縣、九州、琉球群島等／太平洋、印度洋 ■沿岸珊瑚礁、海灣 ■魚類 ■有時會帶有熱帶性海魚毒

閣步鰺 食

■50cm ■琉球群島等／世界各地的熱帶海域 ■珊瑚礁 ■小魚

▲▶有些體色深黑，有些明亮。

大小比一比

浪人鰺 100cm

六帶鰺 50cm

絲鰺 100cm

■體長　■分布區域　■棲息環境　■食物　■別名　■危險部位　危危險的魚類　食食用魚類　瀕瀕危物種

※ 此處所介紹的魚皆為鰺科。

◀會在沿岸表層帶聚集成為龐大的群體。

▶雌魚

▶雄魚

▲六帶鰺情侶檔。一到繁殖期就會出現婚姻色（→ P.127），魚體變黑。

▶幼魚

六帶鰺 食
幼魚會棲息在海灣或是汽水域，偶爾也會進入河川。■ 50 cm ■青森縣・福井縣以南／太平洋、印度洋 ■沿岸珊瑚礁、海灣 ■魚類、甲殼類 ■甘仔魚

▼亞成魚

高體若鰺 食
■ 25 cm ■北海道～九州／西・中央太平洋、印度洋等 ■沿岸底層帶 ■甲殼類、魚類。

▲亞成魚時期，會有跟著其他魚一起游泳的習性。

◀成魚

無齒鰺
黑色的橫條紋會隨著成長而逐漸變淡。■ 100 cm ■鹿兒島縣、琉球群島等／太平洋、印度洋 ■沿岸珊瑚礁、海灣 ■魚類、小型動物

▲幼魚。魚體呈金色，具有會跟著大型魚一起游泳的習性。

絲鰺 食
幼魚時期，背鰭與臀鰭會如一條線般延伸，故以此特徵為其命名。■ 100 cm ■日本各地／全世界各地的熱帶海域等 ■沿岸、海灣 ■魚類、烏賊、甲殼類

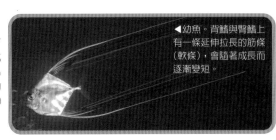

◀幼魚。背鰭與臀鰭上有一條延伸拉長的筋條（軟條），會隨著成長而逐漸變短。

▲成魚

鰺科

鱸形目

真鰺 [鰺科] 食
有些會棲息在沿岸（黃色部位較明顯，魚體高度較高），有些會在離岸處洄游（體色較黑，身體細長）。 ◼30 cm ◼日本各地／東海、南海等 ◼從沿岸到離岸的中層帶・底層帶 ◼小魚、甲殼類、烏賊 ◻日本竹筴魚

魚先生的 魚魚TALK

從各個角度來觀察鰺科族群吧！
觀察魚的時候，我們通常都會從側面來看吧？在大快朵頤從魚店買來的真鰺之前，讓我們先從各個角度來觀察他們吧！他們擁有大顆的眼睛，並且眼睛位於可以看清楚四周的位置。也可以動手拉拉他們的嘴巴與魚鰭，仔細觀察一下吧！

試著讓真鰺翻轉一下！

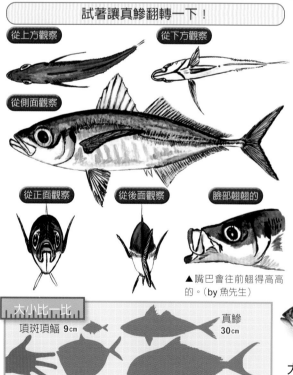

從上方觀察　從下方觀察
從側面觀察
從正面觀察　從後面觀察　臉部翹翹的

▲ 嘴巴會往前翹得高高的。（by 魚先生）

大小比一比
頂斑項鰭 9cm
眼眶魚 20cm
真鰺 30cm
日本烏魴 40cm

黃帶擬鰺 [鰺科] 食
魚體有黃色條紋，故以此特徵為其命名。會用嘴巴挖掘海底的砂，尋找環節動物或甲殼類來食用。 ◼60 cm ◼青森縣・新潟縣以南／世界各地的溫帶海域（東太平洋除外）◼沿岸的中層帶・底層帶 ◼底棲小型動物、甲殼類 ◼縱帶鰺（老魚）

穆氏圓鰺 [鰺科] 食
背鰭與臀鰭後方有一個小小分離的魚鰭（小離鰭）。 ◼40 cm ◼日本各地／太平洋（北部除外）、東印度洋等 ◼沿岸 ◼浮游生物

泰勃圓鰺 [鰺科] 食
有小離鰭。 ◼35 cm ◼北海道南部～九州、奄美群島、沖繩島等／西・中央太平洋、印度洋、西大西洋等 ◼從沿岸到遠洋 ◼甲殼類、魚類

小離鰭

大甲鰺 [鰺科] 食
有許多小離鰭。 ◼30 cm ◼日本本州～九州／西太平洋、印度洋 ◼沿岸表層帶 ◼小魚

脂眼凹肩鰺 [鰺科] 食
◼25 cm ◼日本本州以南／世界各地的熱帶・亞熱帶海域 ◼沿岸中層帶・底層帶 ◼浮游生物

◼體長　◼分布區域　◼棲息環境　◼食物　◻別名　◼危險部位　危 危險的魚類　食 食用魚類　絕 瀕危物種

鰏科、烏魴科

魚事TALK 鰏科鮮少出現在於鄰近海域,食道周圍有發光器。烏魴科的魚體非常平坦,從遠洋海域表層帶到深海等廣大的區域都是其棲息之處。

▲吻部稍微向下,呈管狀延伸,可以藉此捕食棲息於海底的生物。

項斑項鰏 [鰏科] 食
鱗片非常小,魚體覆蓋著黏液。 ■9 cm ■日本本州～九州、沖繩島 / 東海、南海等 ■沿岸鄰近海域,亦會現身於河川汽水域 ■底棲小型動物 ●頸斑項鰏

日本烏魴 [烏魴科] 食
擁有容易剝落的鱗片,背鰭與臀鰭上也覆蓋著鱗片。到了夜晚會從遠洋海域浮上表層帶。 ■40 cm ■北海道～高知縣、山口縣、九州西北部等 / 東海、北・東太平洋等 ■從離岸到遠洋的表層帶・中深層帶 ■魚類、甲殼類、烏賊 ●深海三角仔

條馬鰏 [鰏科] 食
■7 cm ■茨城縣・秋田縣～九州 / 東海 ■沿岸鄰近海域 ■底棲小型動物 ●金錢仔

長身馬鰏 [鰏科]
臉頰有鱗片。 ■9 cm ■神奈川縣・石川縣～九州 / 西太平洋、印度洋 ■沿岸鄰近海域 ■底棲小型動物

◀活著時體色為銀白色,被釣上岸後就會變成黑色。

斯氏長鰭烏魴 [烏魴科]
■60 cm ■北海道西部、日本本州、四國、沖繩海槽等 / 西・中央・東太平洋、印度洋 ■從離岸到遠洋的表層帶・中深層帶 ■魚類、烏賊

尾鰭邊緣呈白色,日本方面以此特徵為其命名(鰭白萬歲魚)。

鱗片呈關閉狀態。背部與腹部具有可收納魚鰭的溝槽。

背鰭

臀鰭

帆鰭魴 [烏魴科]
擁有巨大且全黑的背鰭與臀鰭,可以包覆住全身。 ■45 cm ■岩手縣～琉球群島、新潟縣～山口縣 / 中央・東太平洋等 ■水深至 100m 的表層帶

吻部可以往前延伸。

眼眶魚 [眼眶魚科] 食
魚體非常單薄,沒有鱗片。幼魚有時會進入汽水域。 ■20 cm ■茨城縣・青森縣～九州、琉球群島 / 西太平洋、印度洋 ■沿岸鄰近海域、海灣

烏尾鮗科、諧魚科

🐟魚事TALK　魚體大多細長，上頜可以延伸。會建立起很龐大的群體，棲息在沿岸珊瑚礁或岩石周圍。通常被釣上岸後，體色會有所改變。

▼水中的雙帶鱗鰭烏尾鮗。

▲被釣上岸後的雙帶鱗鰭烏尾鮗。體色會變成紅紫色。

雙帶鱗鰭烏尾鮗 [烏尾鮗科] 食

■ 30 cm ■神奈川縣～高知縣、九州、琉球群島等／西太平洋、東印度洋 ■岩礁、珊瑚礁 ■浮游生物 ■ Gurukun（沖繩方言）

烏尾鮗 [烏尾鮗科] 食

■ 35 cm ■神奈川縣～屋久島、琉球群島等／西・中央太平洋、印度洋 ■岩礁、珊瑚礁 ■浮游生物

黃藍背烏尾鮗 [烏尾鮗科] 食

與黃擬烏尾鮗（→ P.107）相似，但是黃藍背烏尾鮗的背鰭與臀鰭根部較接近，且全身覆蓋著鱗片，可以此特徵進行區分。■ 35 cm ■神奈川縣～高知縣、屋久島、琉球群島等／西・中央太平洋、印度洋 ■岩礁、珊瑚礁 ■浮游生物

▲黃藍背烏尾鮗的群體。

蒂爾鱗鰭烏尾鮗 [烏尾鮗科] 食

■ 25 cm ■三重縣～屋久島、琉球群島等 / 西・中央太平洋、印度洋 ■岩礁、珊瑚礁 ■浮游生物

黃尾烏尾鮗 [烏尾鮗科] 食

與黃藍背烏尾鮗相似，但是高度較高，眼睛顏色呈紅色，可以此作為區分。■ 35 cm ■島根縣、琉球群島等 / 西太平洋、東印度洋 ■岩礁、珊瑚礁 ■浮游生物

▲ 被釣上岸後的史氏紅諧魚，體色會變成紅紫色（腹部根部則為白色）。

史氏紅諧魚 [諧魚科] 食

與烏尾鮗科長類相似，但其實是不同族群。棲息於遠洋海域。■ 37 cm ■日本本州以南 / 東海、南海、西印度洋等 ■水深 100 ～ 350m 的岩礁 ■浮游生物

烏尾鮗科是沖繩縣的魚

好比縣花或縣鳥，日本的都道府縣通常還會各自訂定所謂的「縣魚」。烏尾鮗在沖繩被稱作「Gurukun」，自古以來就因為被當作食用魚而廣為人們所熟悉，因而被訂定為縣魚（日本最早的縣魚）。除了所謂的縣魚，由於每個季節都會有不同的當季美味魚種，有些都道府縣還會另外選定「季節魚」。

▲青森縣 · 茨城縣的縣魚「牙鮃」（→ P.160）

▲高知縣的縣魚「正鰹」（→ P.156）

大小比一比

雙帶鱗鰭烏尾鮗 30cm

黃藍背烏尾鮗 35cm

史氏紅諧魚 37cm

▶蒂爾鱗鰭烏尾鮗的群體。

花尾烏尾鮗 [烏尾鮗科]

■ 35 cm ■琉球群島等 / 西太平洋、印度洋 ■岩礁 ■小型動物、浮游生物 ■新月梅鯛

石鱸科、鑽嘴魚科

🔊魚事TALK🐟 隨著成長，顏色與模樣都會有很大的變化。幼魚與成魚看起來像是完全不同的魚種。石鱸科的鱗片上會有細小的尖刺（櫛鱗），觸感粗糙。全世界約有 150 種，日本有 20 種。

▲下頜長有肉質鬍鬚

▼成魚

三線磯鱸 [石鱸科]（食）

喜好藻類較多的岩礁，會聚集成一大群，棲息在一起。■40 ㎝ ■宮城縣・新潟縣～屋久島等 / 東海、南海 ■鄰近海域岩礁 ■小魚、浮游生物 ■三線雞魚

◀幼魚。常見於海藻林。

日本髭鯛 [石鱸科]（食）

■40 ㎝ ■福島縣・山形縣～九州、奄美群島等 ■大陸棚的泥砂底 ■底棲小型動物

▶成魚

密點少棘胡椒鯛 [石鱸科]（食）

體色與斑紋會隨著成長而有大幅度的變化。■60 ㎝ ■茨城縣・新潟縣以南 / 西太平洋、印度洋 ■鄰近海域的岩礁・珊瑚礁・砂底 ■甲殼類

▲稚魚　▲幼魚

為什麼會扭來扭去地跳舞呢！？

密點少棘胡椒鯛與花尾胡椒鯛的幼魚游泳時經常會扭動魚體，這樣的行為被認為是在模仿海扁蟲這種海中生物（擬態，→P.163）。由於海扁蟲與魨科同樣具有河豚毒素，恐怕這些幼魚就是想要藉由模仿這些有毒生物來保護自己。

▲海扁蟲

▲幼魚。頭部會朝下，扭動著身體游泳。

斑胡椒鯛 [石鱸科]（食）

■35 ㎝ ■九州南部～琉球群島等 / 西太平洋、印度洋 ■鄰近海域岩礁・珊瑚礁 ■底棲小型動物

▼幼魚

花尾胡椒鯛 [石鱸科]（食）

■50 ㎝ ■日本本州～九州等 / 東海、南海、印度洋 ■鄰近海域岩礁・砂底 ■底棲小型動物

條斑胡椒鯛 [石鱸科]

■40 ㎝ ■和歌山縣～高知縣、九州南部、琉球群島等 / 西・中央太平洋、印度洋 ■鄰近海域岩礁・珊瑚礁 ■底棲小型動物

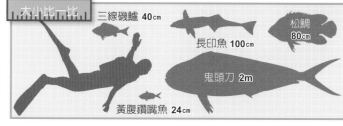

大小比一比

三線磯鱸 40cm

松鯛 80cm

長印魚 100cm

鬼頭刀 2m

黃腹鑽嘴魚 24cm

■體長　■分布區域　■棲息環境　■食物　■別名　■危險部位　危危險的魚類　食食用魚類　瀕瀕危物種

▲幼魚。會偽裝成
枯葉狀（擬態），
棲息、漂浮在表層
帶。

黃腹鑽嘴魚[鑽嘴魚科] 食
可以藉由向下延伸的吻部抓取砂中的小型動物
來食用。幼魚也會進入汽水域。 24 cm 千葉
縣・新潟縣～屋久島／朝鮮半島南部 沿岸的砂底
底棲小型動物 黃腹銀鱸

松鯛[松鯛科] 食
會潛伏在漂流物附近，捕捉靠
近的小魚來食用。 80 cm 日
本各地／太平洋、印度洋・大西
洋的熱帶・溫熱帶（東太平洋除外）
等 海灣、遠洋表層帶，亦會現
身於汽水域 小魚

鮣科等

長印魚[鮣科]
魚體還小時，就會利用頭上的吸盤，吸附在大型魚身上（片
利共生，→ P.148）。隨著成長，有些也會自己游泳。 100
cm 日本各地／世界各地的溫暖海域（東太平洋除外）等 沿岸
鄰近海域 小魚、甲殼類、烏賊

魚事TALK　鮣科魚類的頭上有一個金幣形狀的吸盤，用以
吸附在大型魚或是鯨、海龜等身上。不僅是為了保護自己，也是
為了撿拾大型魚等吃剩下來的食物。海鱺科雖然沒有吸盤，但是
也有很多魚種跟著大型魚等一起游泳。

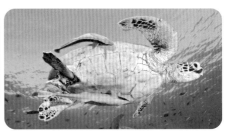

▲長印魚的吸盤。是從第 1
背鰭變形而來。

▲吸附在綠蠵龜身上的長印魚。

▲吸附在雙吻前口蝠鱝
（→ P.34）腹部的短臂短印魚。

短臂短印魚[鮣科]
26 cm 北海道～九州／世界各地的
溫暖海域等 遠洋 小魚、甲殼類

海鱺[海鱺科] 食
150 cm 日本各地／西太平洋、印度洋、大
西洋等 從沿岸到離岸表層帶 小魚、甲殼
類 軍曹魚、海䱛仔

魚事TALK　魚體像板子一樣平坦、細長。背鰭會從頭頂延
伸到尾鰭附近。幼魚會有聚集在流動藻類下的習性；成魚會有聚
集在漂流木下的習性。會成群結隊地捕魚覓食。

鱰科

▼成魚（雌魚）

▼跳躍出海面的鬼頭
刀（雄魚）。

▼幼魚

鬼頭刀[鱰科] 食
雄性成魚的頭部會向前突出。 2m 日本各地／太平洋、印度洋、大西洋
從沿岸到離岸表層帶 魚類 麒鰍、萬魚

鯛科

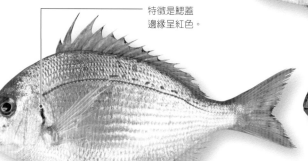

▼天然的真鯛（雌魚）。
體色是鮮豔的紅色。

🐟魚事TALK🐟 　姿態優美又美味，因此自古以來廣受人們歡迎。兩頜上有臼齒（用來研磨食物的平坦牙齒），可以咬碎貝類或是蝦類等外殼後，食用其肉身。是會進行性別轉換的魚類（→P.85），通常會從雄性轉變為雌性（有部分真鯛等會從雌性轉為雄性）。全世界海域中約有120種，日本有13種。

▼幼魚

▼養殖的真鯛（雄魚）。因為培育在鄰近海域中，體色會因為日曬而稍微變黑。

▼老魚。頭上突出一塊，頭部會變黑。

真鯛 [鯛科] 食

■ 100 cm ■日本各地／東海、南海等 ■水深30～200m 的岩礁・砂礫底・砂底 ■甲殼類、貝類、魚類、烏賊

特徵是鰓蓋邊緣呈紅色。

平鯛 [鯛科] 食

■ 35 cm ■北海道西部、宮城縣・新潟縣以南／東海、南海、印度洋等 ■沿岸的岩礁、海灣 ■甲殼類、貝類、魚類、烏賊

日本血鯛 [鯛科] 食

有 2 條延伸拉長的背鰭尖刺（棘條）。■ 40 cm ■北海道西南部、日本本州～九州／朝鮮半島 ■大陸棚的岩礁・砂礫底・砂底 ■甲殼類、貝類、魚類、烏賊 ■紅鋤齒鯛

▲成魚

◀幼魚。有 6 條橫帶，背鰭上只有 1 條延伸拉長的尖刺（棘條）。

布氏長棘鯛 [鯛科] 食

會棲息在較遠的海域。背鰭上的 5 條尖刺（棘條）呈柔軟延伸拉長的線狀。■ 40 cm ■高知縣、琉球群島／西太平洋等 ■珊瑚礁、離岸岩礁的泥砂底 ■甲殼類、小型動物

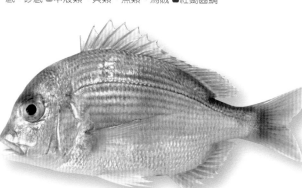

黃背牙鯛 [鯛科] 食

比起真鯛與日本血鯛，黃背牙鯛會棲息在更溫暖的海域。沒有臼齒。■ 35 cm ■福島縣・青森縣～屋久島／西太平洋等 ■大陸棚砂底 ■甲殼類、貝類、魚類、烏賊 ■赤鯮

大小比一比

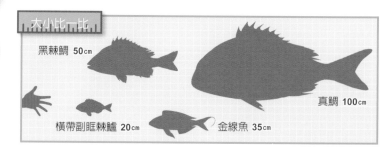

黑棘鯛 50 cm

真鯛 100 cm

橫帶副眶棘鱸 20 cm

金線魚 35 cm

▼成魚

▶幼魚

黑棘鯛[鯛科] 🍽
■ 50 cm ■北海道～九州／東海、南海等 ■沿岸的岩礁、海灣，亦會現身於汽水域 ■甲殼類、貝類、魚類、烏賊 ■黑鯛

為什麼魚鰾會突出呢？

魚鰾是一種可以幫助魚類在水中順利運動的器官，氣體可以進入魚鰾之中。由於魚類身體的密度比水高（重），所以在水中必須藉由調節魚鰾中的氣體（增、減），讓魚體的密度與水差不多。然而，魚鰾的調節並不是立即見效的，如果從深海處突然上升，就會因為壓力無法消除而使魚鰾內充滿氣體。魚鰾就會從嘴巴中突出。

▶魚鰾與眼睛突出的黃背牙鯛（→左頁）。原本是位於深海處的魚，被釣上岸後眼睛與魚鰾有時會突出。

金線魚科

🐟魚事TALK🐟 金線魚科的生態相當特別，游泳時會突然停止，又再次開始游泳，就這樣一直反覆。全世界海域中約有70種，日本約有20種。

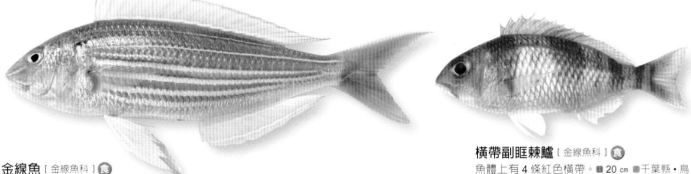

金線魚[金線魚科] 🍽
分成兩瓣的尾鰭前端有一條延伸拉長的絲線。■ 35 cm ■茨城縣・新潟縣～九州等／西太平洋 ■水深 40～250m 的泥砂底 ■底棲小型動物 ■金線鱸

橫帶副睚棘鱸[金線魚科] 🍽
魚體上有 4 條紅色橫帶。■ 20 cm ■千葉縣・鳥取縣～九州、沖繩島／西太平洋、東印度洋 ■岩礁、砂礫底 ■小型動物

犬牙錐齒鯛[金線魚科] 🍽
■ 18 cm ■屋久島、琉球群島／西太平洋等 ■珊瑚礁 ■底棲小型動物、浮游生物

◀幼魚。有 3 條黑色縱紋，會隨著成長變成斜紋。

雙帶睚棘鱸
[金線魚科] 🍽
■ 16 cm ■靜岡縣～高知縣、屋久島、琉球群島等／西太平洋、印度洋 ■珊瑚礁的砂礫底 ■小魚、底棲小型動物 ■雙帶赤尾冬

▲成魚

◀幼魚。體色為藍色，上有黃色紋路，會隨著成長而變淡。

黃帶錐齒鯛
[金線魚科]
■ 22 cm ■和歌山縣、高知縣、屋久島、琉球群島等／西太平洋等 ■珊瑚礁砂底 ■底棲小型動物、浮游生物

▲成魚

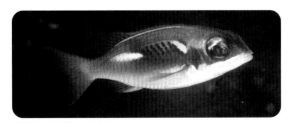

欖斑睚棘鱸[金線魚科]
■ 17 cm ■琉球群島／西太平洋、印度洋 ■珊瑚礁 ■甲殼類

笛鯛科

🐟魚事TALK　兩頜上有尖銳的牙齒，肉食性，只要有小型動物進入嘴巴內一律吞食。是熱帶地區的重要食用魚，其中有些帶有熱帶性海魚毒（→P.96）。全世界海域中約有100種，日本約有50種。

笛鯛 [笛鯛科] 食
■ 35 cm ■茨城縣～九州南部、琉球群島等／南海等 ■岩礁、珊瑚礁 ■魚類、小型動物 ■星點笛鯛

四線笛鯛 [笛鯛科] 食
會在珊瑚礁或是岩礁處聚集成群。■ 30 cm ■神奈川縣～屋久島、富山縣、琉球群島等／西‧中央太平洋、印度洋 ■岩礁、珊瑚礁 ■魚類、小型動物 ■四線赤筆、四帶笛鯛

白斑笛鯛 [笛鯛科] 危 食
■ 100 cm ■和歌山縣～屋久島、琉球群島等／西‧中央太平洋、印度洋 ■岩礁、珊瑚礁 ■魚類、小型動物 ■有時帶有熱帶性海魚毒

一邊保護自己，一邊餵飽肚子！？

白斑笛鯛的幼魚會混雜棲息（擬態、→P.163）在與其長相非常類似的斑鰭光鰓雀鯛（→P.120）等群體之中。因為混雜在其中可以降低被大魚鎖定的機率。此外，一旦混入群體中，就不會特別被警戒，還可以繼承斑鰭光鰓雀鯛的一切。像這樣擬態成為一些比較弱小的魚，通常是肉食魚的幼魚。

▲白斑笛鯛的幼魚

▲長得很像的斑鰭光鰓雀鯛。

▼成魚

◀幼魚。背鰭與腹鰭延伸拉長。白與黑的斑紋會隨著成長而消失。

斑點羽鰓笛鯛 [笛鯛科]
■ 60 cm ■琉球群島等／西‧中央太平洋、印度洋 ■岩礁、珊瑚礁 ■魚類、小型動物

▶亞成魚。白色魚體上有 3 條紅色橫帶紋路，會隨著成長而全身變紅，橫帶就會變得不明顯。

▼成魚

川紋笛鯛 [笛鯛科] 食
■ 70 cm ■和歌山縣～高知縣、兵庫縣、屋久島、琉球群島等／西‧中央太平洋、印度洋等 ■岩礁、珊瑚礁 ■魚類、小型動物

大小比一比

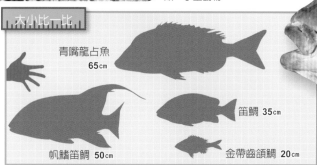

青嘴龍占魚 65cm
帆鰭笛鯛 50cm
笛鯛 35cm
金帶齒頜鯛 20cm

■體長　■分布區域　■棲息環境　■食物　■別名　■危險部位　危危險的魚類　食食用魚類　瀕瀕危物種

◀成魚

黃擬烏尾鮗 [笛鯛科] 食

會在遠洋海域的岩礁，建立很龐大的群體。
◾40 cm ◾神奈川縣・山口縣～屋久島、琉球群島等 / 西・中央太平洋、印度洋 ◾岩礁 ◾魚類、小型動物 ◾黃背若梅鯛

帆鰭笛鯛 [笛鯛科]

隨著成長，魚體會出現藍色與黃色的縱紋，臉部則會出現像燒焦的咖啡色橫紋。◾50 cm ◾琉球群島 / 西太平洋、東印度洋 ◾岩礁、珊瑚礁 ◾魚類、小型動物

◀幼魚。魚體呈白色，臉部到身體有一條橫線斑紋。

長尾濱鯛 [笛鯛科] 食

◾70 cm ◾茨城縣～高知縣、屋久島、琉球群島等 / 西・中央太平洋、印度洋 ◾水深超過 200m 的岩礁 ◾魚類、甲殼類、烏賊或章魚 ◾長尾鳥

希氏姬鯛 [笛鯛科] 食

◾50 cm ◾神奈川縣～高知縣、九州、琉球群島等 / 西・中央太平洋、印度洋 ◾水深 100m 的岩礁 ◾魚類、甲殼類、烏賊或章魚 ◾西氏紫魚

龍占魚科

🐟魚事TALK 如同其日文名稱（吹笛），長長的吻部通常會往前延伸。模樣與笛鯛科類似，區別方式是龍占魚科嘴巴內有尖銳的牙齒，兩頰沒有鱗片。有些帶有熱帶性海魚毒。全世界海域中約有40種，日本約有30種。

▼成魚

▲ 幼魚。有 3 條橫紋，會隨著成長而消失。

青嘴龍占魚 [龍占魚科] 食

會進行性別轉換（→ P.85），從雌性轉換為雄性。◾65 cm ◾神奈川縣・新潟縣以南 / 西太平洋、印度洋 ◾岩礁、珊瑚礁、砂礫底 ◾魚類、甲殼類、烏賊或章魚 ◾龍尖、星斑裸頰鯛、青嘴

單列齒鯛 [龍占魚科] 危 食

◾45 cm ◾和歌山縣、屋久島、琉球群島等 / 西・中央太平洋、印度洋 ◾鄰近海域岩礁・珊瑚礁・砂礫底 ◾海膽、貝類、甲殼類、魚類 ◾有時會帶有熱帶性海魚毒

▲出現斑紋的尖吻龍占魚

尖吻龍占魚 [龍占魚科] 危 食

平常的魚體是灰色，興奮的瞬間魚體會出現斑紋。◾80 cm ◾屋久島、琉球群島 / 西・中央太平洋、印度洋 ◾岩礁、珊瑚礁 ◾魚類、甲殼類、烏賊或章魚 ◾青嘴鳥 ◾有時會帶有熱帶性海魚毒

金帶齒頜鯛 [龍占魚科] 食

◻20 cm ◻茨城縣～高知縣、屋久島、琉球群島等 / 西・中央太平洋、印度洋 ◻沿岸的岩礁・珊瑚礁 ◻小型動物

鬚鯛科

🐟魚事TALK🐟 特徵是下頜有一對鬚鬚，鬚鬚上具有可以探知食物氣味等的細胞，還可以將鬚鬚插入砂中或是岩石縫隙之間，找出躲藏在其中的甲殼類等食用。全世界海域中約有60種，日本約有20種。

左頁邊框直排：鱸形目

日本緋鯉 [鬚鯛科]食
■18 cm ■日本各地／東海、南海等 ■沿岸泥砂底
■底棲小型動物

金帶擬鬚鯛 [鬚鯛科]食
一被釣上岸，魚體就會變紅，故日本方面以此特徵為其命名（紅鬚鯛）。■38 cm ■千葉縣～屋久島、山口縣、琉球群島等／西‧中央太平洋、印度洋 ■珊瑚礁 ■底棲小型動物

可以自由擺動。

多帶海緋鯉 [鬚鯛科]食
■20 cm ■千葉縣‧山口縣以南／西‧中央太平洋、東印度洋
■珊瑚礁 ■底棲小型動物

會將鬚鬚插入砂中，尋找食物。

鬚海緋鯉 [鬚鯛科]食
■25 cm ■千葉縣～高知縣、山口縣、屋久島、琉球群島等／西‧中央太平洋等 ■珊瑚礁的砂礫底、海藻林 ■底棲小型動物

圓口海緋鯉 [鬚鯛科]食
會與日本竹筴魚等聚集在一起，以集體方式襲擊小魚。■50 cm ■靜岡縣～高知縣、屋久島、琉球群島等／西‧中央太平洋、印度洋 ■珊瑚礁 ■魚類

石首魚科、沙鮻科等

🐟魚事TALK🐟 石首魚科擁有很大的耳石（頭骨的一部分，可以用來維持身體平衡），因此日本方面亦將其稱作「石持（イシモチ）」。沙鮻科對於聲音非常敏感，一旦感知到危險就會潛入砂中。據說銀鱗鯧與青葉鯛在日本僅有1種。

白姑魚 [石首魚科]食
會利用成長得非常發達的魚鰾，發出咕～咕～的巨大聲響。
■30 cm ■日本本州～九州／東海、南海等 ■沿岸泥砂底 ■魚類、甲殼類 ■石持、白口

箕作氏黃姑魚 [石首魚科]食
■40 cm ■岩手縣～九州南部、新潟縣～島根縣等／朝鮮半島南部等 ■沿岸泥砂底 ■環節動物、甲殼類、貝類

日本銀身鰔 [石首魚科]食
■150 cm ■神奈川縣、高知縣～九州南部等／西太平洋、印度洋 ■岩礁、砂底，亦會現身於河口 ■魚類、甲殼類

日本沙鮻 [沙鮻科] 食
■27 cm ■北海道～九州 /
東海、南海等 ■沿岸的砂
底 ■環節動物、甲殼類 ■
少鱗鱚

▼幼魚。有些會在河川
向上逆游。

銀鱗鯧
[銀鱗鯧科]
日文名稱（ヒメツバメウオ）
當中雖然有ツバメウオ，但
是與ツバメウオ（尖翅燕魚）
（→ P.149）是完全不同的科別。
■14 cm ■屋久島、琉球群島 / 西・
中央太平洋、印度洋等 ■海灣泥砂
底，亦會現身於河川汽水域・淡水
域 ■浮游生物

小鱗沙鮻 [沙鮻科] 食 絕
曾經出沒於東京灣以及伊勢灣，目前僅見於極少
部分區域。■30 cm ■山口縣、福岡縣、大分縣等 /
朝鮮半島南部、臺灣 ■海灣 ■環節動物、甲殼類

青葉鯛 [葉鯛科] 食
棲息在稍微遙遠的遠洋海域岩礁。■37 cm ■鳥取
縣、島根縣、愛媛縣、高知縣、九州等 / 西太平洋等
■離岸的岩礁 ■魚類、甲殼類、烏賊或章魚

擬金眼鯛科

🐟 **魚事TALK** 　夜行性，白天會躲在岩壁。眼睛很大，有1個
背鰭，臀鰭長。有些會利用魚鰾發出聲音，有些擁有發光腺體。
全世界海域中約有30種，日本有5種。

日本擬金眼鯛 [擬金眼鯛科]
不太會聚集成一個大群體。背
鰭、臀鰭前端會變黑。■15 cm
■茨城縣～高知縣、九州等 / 東海
等 ■鄰近海域岩礁 ■浮游生物 ■
日本單鰭魚、三角仔

南方擬金眼鯛 [擬金眼鯛科]
數千隻亞成魚會聚集成為一
個大群體。■13 cm ■福島縣
～高知縣、九州、琉球群島等
/ 西太平洋、印度洋 ■沿岸的
岩礁 ■浮游生物

雷氏充金眼鯛 [擬金眼鯛科]
會在岩石或是珊瑚的背面聚集成為一
個龐大的群體。胸部與腹部擁有細細
的發光腺體。■6 cm ■千葉縣～高知縣、
九州、琉球群島 / 西・中央太平洋、印
度洋 ■鄰近海域岩礁、珊瑚礁 ■浮游生
物 ■紅海副單鰭魚

大小比一比

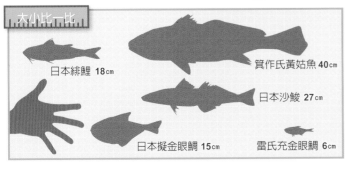

日本緋鯉 18cm
箕作氏黃姑魚 40cm
日本沙鮻 27cm
日本擬金眼鯛 15cm
雷氏充金眼鯛 6cm

蝴蝶魚科

🐟魚事TALK🐟 分布於世界各地的溫暖海域，魚體有鮮豔的顏色或是斑紋，是相當受到歡迎的觀賞魚之一。魚體呈扁平的圓形狀，突出的小巧嘴巴內並沒有牙齒，只有絨毯般的短毛。許多魚種會以成雙成對或是成群結隊的形式生活。全世界海域中約有120種，日本約有50種。

繡蝴蝶魚

身體顏色鮮豔好像日本的友禪染（日本和服等染織品），日本方面以此特徵為其命名（友禪）。■ 15 cm ■伊豆群島、神奈川縣、和歌山縣、高知縣、沖繩島、小笠原群島等 ■岩礁、珊瑚礁 ■底棲小型動物

耳帶蝴蝶魚

▶成魚

由於在較低的水溫內也能夠生活，因此日本有許多地方都可以看見其蹤跡。■ 20 cm ■日本本州以南／東海、南海 ■岩礁、珊瑚礁 ■底棲小型動物、珊瑚上的珊瑚蟲、魚卵

◀幼魚。蝴蝶魚科的幼魚通常帶有黑色斑點（眼狀斑，→ P.121）。

揚旛蝴蝶魚

■ 23cm ■愛知縣～屋久島、琉球群島等／西‧中央太平洋、印度洋等 ■岩礁、珊瑚礁 ■珊瑚上的珊瑚蟲、海葵、環節動物

▼成魚

飄浮蝴蝶魚

▶幼魚

■ 20 cm ■神奈川縣～屋久島、琉球群島等／西‧中央太平洋、印度洋 ■岩礁、珊瑚礁 ■珊瑚上的珊瑚蟲、底棲小型動物

網紋蝴蝶魚

■ 16 cm ■高知縣、屋久島、琉球群島等／西‧中央太平洋 ■岩礁、珊瑚礁 ■珊瑚上的珊瑚蟲

月斑蝴蝶魚

■ 25 cm ■和歌山縣～屋久島、琉球群島等／西‧中央太平洋、印度洋等 ■岩礁、珊瑚礁 ■底棲小型動物

麥氏蝴蝶魚

■ 18 cm ■屋久島、琉球群島等／西‧中央太平洋、印度洋等 ■珊瑚礁 ■珊瑚上的珊瑚蟲

八帶蝴蝶魚

■ 12 cm ■高知縣、奄美群島／西太平洋、東印度洋 ■海灣岩礁、珊瑚礁 ■珊瑚上的珊瑚蟲

◀有些體色為鮮黃色。

大小比一比

默氏蝴蝶魚
12cm

耳帶蝴蝶魚
20cm

鞍斑蝴蝶魚
30cm

■體長 ■分布區域 ■棲息環境 ■食物 ■別名 ■危險部位 危危險的魚類 食食用魚類 綱瀕危物種

本氏蝴蝶魚
■ 18 cm ■神奈川縣、和歌山縣、宮崎縣、屋久島、琉球群島等／西·中央太平洋、印度洋 ■岩礁、珊瑚礁 ■珊瑚上的珊瑚蟲、底棲小型動物

鞍斑蝴蝶魚
在蝴蝶魚科中算是比較大型的。■ 30 cm ■和歌山縣、高知縣、屋久島、琉球群島等／西·中央太平洋、東印度洋 ■岩礁、珊瑚礁 ■珊瑚上的珊瑚蟲、藻類、底棲小型動物

日本蝴蝶魚
可耐低水溫，亦會現身於日本本州中部海域。■ 13 cm ■千葉縣～屋久島等／東海、南海 ■岩礁 ■底棲小型動物、浮游生物

什麼是珊瑚上的珊瑚蟲？
珊瑚上的珊瑚蟲是許多魚兒的食物，也就是俗稱的珊瑚。珊瑚具有石灰質的堅硬骨骼。身上有許多孔洞，孔洞中有許多比海葵還小的蟲（珊瑚蟲）棲息於其中，英文稱作Polyp。在海邊等處看到的珊瑚碎片，其實就是這些珊瑚蟲死亡後的遺骸。

▲ 珊瑚蟲的形狀與變成珊瑚後的差異。

曲紋蝴蝶魚
■ 15 cm ■和歌山縣、高知縣、屋久島、琉球群島等／西·中央太平洋、東印度洋 ■岩礁、珊瑚礁

默氏蝴蝶魚
■ 12 cm ■琉球群島等／西·中央太平洋 ■珊瑚礁 ■珊瑚上的珊瑚蟲、底棲小型動物

▶成魚

▼幼魚

吻部

白吻雙帶立旗鯛
背鰭的尖刺有一部分會長得很大且延伸出去，日本方面以此特徵為其命名（旗立）。在熱帶地區被當作食用魚。■ 20 cm ■青森縣、千葉縣·富山縣以南等／西·中央太平洋、印度洋 ■岩礁、珊瑚礁 ■藻類、底棲小型動物

黃鑷口魚
會藉由延伸拉長的吻部捕食躲在珊瑚縫隙之間或是岩石孔洞中的小型動物。■ 18 cm ■神奈川縣～高知縣、屋久島、琉球群島等／西·中央太平洋、印度洋 ■岩礁、珊瑚礁 ■環節動物、甲殼類、魚卵

尖嘴羅蝶魚
■ 17 cm ■茨城縣·青森縣～九州、沖繩島等／東海、南海 ■岩礁 ■底棲小型動物

三帶立旗鯛
■ 16 cm ■高知縣、愛媛縣、屋久島、琉球群島等／西·中央太平洋、東印度洋 ■岩礁、珊瑚礁 ■珊瑚上的珊瑚蟲

◀成魚

◀幼魚

多鱗霞蝶魚
■ 16 cm ■靜岡縣～高知縣、屋久島、琉球群島等／西·中央太平洋、東印度洋 ■岩礁、珊瑚礁 ■浮游生物

◀會在潮水暢通的岩礁處聚集成一大群。

蓋刺魚科

🐟魚事TALK🐟 　魚體平坦但是稍微有點厚度，鰓蓋下方有很大的尖刺。成魚或幼魚、雄魚或雌魚的魚體斑紋皆有不同。出生時的雌魚，部分會進行性別轉換（→P.85），大多數會轉變為雄魚。全世界海域中有80種以上，日本約有30種。

尖刺

條紋蓋刺魚
■ 31 cm ■茨城縣～屋久島、琉球群島等 / 西・中央太平洋、印度洋 ■珊瑚礁、岩礁 ■海綿類、海鞘類

疊波蓋刺魚

單獨或是以結伴方式生活。會在熱帶地區被當作食用魚■ 33 cm
■神奈川縣～屋久島、琉球群島等 / 西・中央太平洋、印度洋
■珊瑚礁、岩礁 ■藻類、海綿類、海鞘類

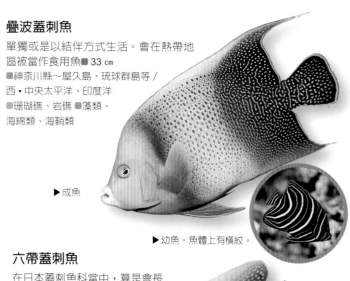

▶成魚

▶幼魚。魚體上有橫紋。

六帶蓋刺魚

在日本蓋刺魚科當中，算是會長得非常龐大的一個物種。
■ 38 cm ■琉球群島等 / 西太平洋、東印度洋
■珊瑚礁 ■藻類、海綿類、海鞘類

黃顱蓋刺魚

會單獨生活。■ 35 cm
■慶良間群島、西表島等 / 西太平洋、印度洋
■岩礁、珊瑚礁 ■藻類、海綿類、海鞘類

環紋蓋刺魚

會以結伴或是以小群體的方式生活。■ 25 cm ■西太平洋、印度洋 ■珊瑚礁 ■藻類、海綿類、海鞘類

條紋蓋刺魚的成長

為何幼魚與成魚的樣貌會不同？
蓋刺魚科成魚的領域意識通常非常強烈，有時即使遇到相同族群的魚類也會進行攻擊。據說幼魚就是為了避免成魚的攻擊而有不同的樣貌。

▲ 1～2cm 的小稚魚。

◀◀身上開始增加藍色與白色的圓形紋路

▶圓形紋路變淡，體色變黃。

◀圓形紋路消失，開始出現縱紋。

▶擁有美麗縱紋的成魚。

■體長 ■分布區域 ■棲息環境 ■食物 ■別名 ■危險部位 危危險的魚類 食食用魚類 瀕瀕危物種

◀雄魚。尾鰭兩端會呈絲線狀延伸拉長。

▶成魚

▶幼魚

藍帶荷包魚

耐低水溫，可以在日本海側發現其蹤跡。會以結伴或是小群體方式生活。
📏 19 cm ●宮城縣、千葉縣・山形縣～九州等 / 東海、南海 ●岩礁 ●海綿類、海鞘類

▶成魚

▲幼魚。有黑色斑點
（眼狀斑，→ P.121）

雙棘甲尻魚

📏 21 cm ●屋久島、琉球群島等 / 西・中央太平洋、印度洋 ●珊瑚礁、岩礁 ●海綿類、海鞘類

▼吻部是藍色的，眼睛上方有長得很像眉毛的黑色斑點。

三點阿波魚

📏 26 cm ●和歌山縣、高知縣、屋久島、琉球群島等 / 西・中央太平洋、印度洋 ●珊瑚礁、岩礁 ●海綿類、海鞘類

頰刺魚

📏 16 cm ●高知縣、屋久島、琉球群島等 / 西太平洋、印度洋 ●珊瑚礁、岩礁 ●浮游生物

▲雌魚

◀雄魚

半紋背頰刺魚

📏 15 cm ●和歌山縣、高知縣、屋久島、琉球群島等 / 西太平洋 ●珊瑚礁、岩礁 ●浮游生物

◀雌魚

白斑刺尻魚

📏 15 cm ●靜岡縣～高知縣、屋久島、琉球群島等 / 西太平洋、東印度洋 ●珊瑚礁、岩礁 ●藻類、魚糞

二色刺尻魚

📏 12 cm ●靜岡縣～屋久島、琉球群島等 / 西・中央太平洋、東印度洋 ●珊瑚礁、岩礁 ●藻類

雙棘刺尻魚

會依所處海域或個體情形，而有體色上的差異。📏 8 cm ●和歌山縣、琉球群島等 / 西・中央太平洋、印度洋 ●岩礁、珊瑚礁 ●藻類、海綿類、海鞘類

斷線刺尻魚

雜食性，有些甚至會吃其他魚類的糞便。📏 13 cm ●神奈川縣～宮崎縣、慶良間群島、小笠原群島等／臺灣、夏威夷群島 ●珊瑚礁、岩礁 ●藻類

大小比一比

藍帶荷包魚 19cm	條紋蓋刺魚 31cm	
三點阿波魚 26cm	雙棘刺尻魚 8cm	

小知識　蓋刺魚科的日文名稱中多半帶有「ヤッコ」等字，這是因為鰓蓋的尖刺看起來很像是畫在風箏等物品上的「奴（ヤッコ）」的鬍鬚，故日本方面以此特徵為其命名。

五棘鯛科、姥鱸科

🐟 魚事TALK 🐟　五棘鯛科擁有平坦且身高較高的身體，部分魚種的頭部骨骼突出。姥鱸科在全世界僅有一種，可在澳洲南部海域發現其蹤跡。

▲ 幼魚。體色暗黃，並且帶有又黑又細彷彿被蟲咬過的紋路。

盔姥鱸 [姥鱸科] 危

背鰭上有毒刺。●50 cm（全長）●澳洲南部 ●從沿岸到離岸的岩礁、海藻林 ●小型動物 ●背鰭的尖刺有毒

尖吻棘鯛 [五棘鯛科]

會在岩礁處聚集成群。下頜長有短短的鬍鬚。●50 cm ●北海道～九州南部・新潟縣、伊江島等／西・中央太平洋 ●水深 20 ～ 250m 的砂底・岩礁 ●小型動物

日本五棘鯛 [五棘鯛科] 食

●25 cm ●北海道南部、青森縣～高知縣、新潟縣、島根縣、九州等／西・中央太平洋 ●水深 100 ～ 950m 的底層帶 ●魚類

鮣科、唇指鮣科

🐟 魚事TALK 🐟　胸鰭的筋條（軟條）長且有厚度，可以用來在海底支撐身體。鮣科會棲息於珊瑚、岩石上，或是珊瑚枝條之間。唇指鮣科會利用向下的吻部，捕食躲在砂中或是藻類之中的小型動物。

鷹金鮣 [鮣科]

●7 cm ●靜岡縣、高知縣、屋久島、琉球群島等／西・中央太平洋、印度洋 ●珊瑚礁、岩礁 ●甲殼類、浮游生物

盔新鮣 [鮣科]

●9 cm ●琉球群島等／西・中央太平洋 ●珊瑚礁 ●甲殼類、浮游生物

尖吻鮣 [鮣科]

會棲息於扇珊瑚（Melithaeidae）或是柳珊瑚目（Gorgonacea）（皆為珊瑚族群）的枝條之間。●13 cm ●千葉縣、靜岡縣、高知縣、琉球群島等／太平洋、印度洋 ●岩礁 ●小型動物、浮游生物

副鮣 [鮣科]

●14 cm ●和歌山縣、屋久島、琉球群島等／西・中央太平洋、印度洋 ●珊瑚礁 ●甲殼類、浮游生物

大小比一比

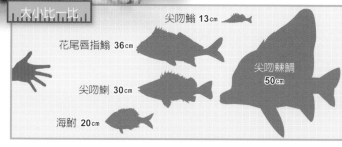

尖吻鮣 13cm
花尾唇指鮣 36cm
尖吻鮣 30cm
海鮒 20cm
尖吻棘鯛 50cm

●體長 ●分布區域 ●棲息環境 ●食物 ●別名 危危險部位 危危險的魚類 食食用魚類 ●瀕危物種

花尾唇指鰨［唇指鰨科］食

幼魚的尾鰭沒有圓點紋路，會附著在流動的海藻等物品上。■36 cm ■日本本州～九州等／東海、南海 ■鄰近海域岩礁 ■底棲小型動物 ■咬破布、刕鬢

斑馬唇指鰨［唇指鰨科］

■27 cm ■千葉縣～屋久島、新潟縣～山口縣等／臺灣 ■鄰近海域岩礁 ■底棲小型動物 ■斑紋唇指鰨

鯻科等

魚事TALK 鰓蓋骨上有2根尖刺。有些會利用魚鰾發出「咕～咕～」的聲音。

尖吻鯻［鯻科］食

■30 cm ■日本本州～九州、久米島／西太平洋 ■沿岸鄰近海域，亦會現身於河口汽水域 ■底棲小型動物 ■尖突吻鯻

花身鯻［鯻科］食

■30 cm ■日本各地／西・中央太平洋、印度洋 ■沿岸鄰近海域，亦會現身於河口汽水域 ■底棲小型動物、魚類 ■細鱗鯻、花身雞魚

克氏棘赤刀魚［赤刀魚科］食

平時會在泥砂底挖洞，並且潛伏在內。會捕食悠游在孔洞旁的獵物。■50 cm（全長）■神奈川縣・富山縣～九州、西表島／東海、南海等 ■水深80～100m的泥砂底 ■小魚、甲殼類

海鯽科等

魚事TALK 胎生，稚魚出生時體型就已經相當大。有些1胎可產出超過10隻。

海鮒［海鯽科］食

■20 cm ■青森縣～福島縣・九州西部等／東海等 ■岩礁、砂底 ■浮游生物 ■海鯽

◀海鯽科的生產情形。會從尾部出生。

可被分為3種的海鮒

海鮒與族群中的青色海鮒、喬氏海鮒，原本都統一稱作「海鮒」。然而，到了2007年與鱸鮋（→P.76）同樣被拆分為3種不同的魚。原本的海鮒不變，體色帶有藍色的稱作青色海鮒，帶有紅色的稱作喬氏海鮒（日本方面稱作紅海鮒）。

▲青色海鮒

▲喬氏海鮒（紅海鮒）

從海中躍出！

海洋中的魚兒為了追捕食物或是逃離敵人時，
有時會大幅度地躍出海面。
就讓我們來欣賞一下
那些令人血脈噴張的瞬間吧！

▲躍出海面、叼住獵物（貌似海狗）的食人鯊
（→ P.28）。想要捕食海面上的獵物時，牠們
往往會旋轉身體，躍出海平面。

▼會立起魚鰭前端讓身體翻轉、跳躍的姬蝠魟（→P.35）。

▼躍出海平面，有如滑翔機般滑行的飛魚科魚類（→P.65）。

▲在高速游泳的狀態下躍出海平面的太平洋黑鮪（→P.156）。

雀鯛科

🐟 魚事TALK 🐟 通常是小型魚且體色鮮豔，會棲息於全世界各地的珊瑚礁或岩礁。魚體呈卵形、平坦。會用小巧的嘴巴啄食浮游生物、小型動物、藻類。全世界海域中約有350種，日本約有110種。

鱸形目

眼斑雙鋸魚

會與巨形列指海葵、巨大異輻海葵共生。◧ 8 cm ◧琉球群島／西太平洋、東印度洋 ◧鄰近海域的珊瑚礁◧藻類、甲殼類

▲眼斑雙鋸魚的稚魚。

🌺 巨大異輻海葵

雙鋸魚

🐟 魚事TALK 🐟 把海葵當作自己家，一旦感知到危險，為了保護自己就會躲在海葵的觸手之間。不同魚種會選擇不同的海葵之家。出生時皆為雄魚，群體中最大的個體會進行性別轉換(→P.85)，轉變成雌魚。

克氏雙鋸魚

會與四色篷錐海葵、漢氏列指海葵等大型海葵共生。◧ 10 cm ◧千葉縣～高知縣、九州、琉球群島等／西・中央太平洋、印度洋 ◧珊瑚礁◧藻類、甲殼類

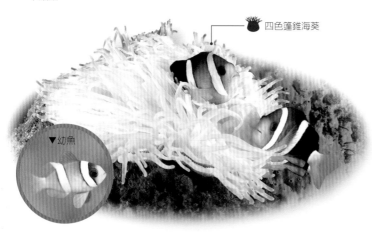

🌺 四色篷錐海葵

▼幼魚

與海葵共生的雙鋸魚

海葵身上擁有會發射毒刺(刺絲胞)的觸手，會藉由毒液麻痺其他魚類等生物以進行捕食。然而，雙鋸魚的身上覆蓋著特殊黏液，不會被毒刺刺到，因此並不懼怕海葵，甚至還可以一起生活、互相幫助(互利共生，→P.148)。

🐟 克氏雙鋸魚

●將海葵當作自己家，一但有敵人靠近就可以躲進去，過著安全無虞的生活。

🌺 海葵

●克氏雙鋸魚會驅趕想要吃海葵觸手的其他魚類。
●受到克氏雙鋸魚在觸手附近游泳的刺激，會成長得更好。

■體長 ■分布區域 ■棲息環境 ■食物 ■別名 ■危險部位 危危險的魚類 食食用魚類 瀕瀕危物種

粉紅雙鋸魚

會與卡克輻花海葵共生。■8 cm ■和歌山縣、屋久島、琉球群島等／西・中央太平洋、東印度洋 ■珊瑚礁 ■藻類、浮游生物

卡克輻花海葵

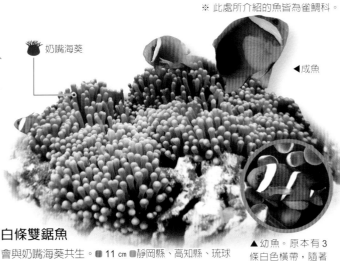

奶嘴海葵

◀成魚

白條雙鋸魚

會與奶嘴海葵共生。■11 cm ■靜岡縣、高知縣、琉球群島等／西太平洋等 ■鄰近海域的珊瑚礁 ■藻類、魚卵、浮游生物

▲幼魚。原本有3條白色橫帶，隨著成長會變成只剩下1條。

白背雙鋸魚

會與短手大海葵、卡克輻花海葵共生。■11 cm ■琉球群島／西太平洋、東印度洋 ■珊瑚礁 ■藻類、浮游生物

短手大海葵

漢氏列指海葵

◀棲息於砂底，因此在產卵期時會將小石頭或是貝殼等運送至海葵旁邊，方便產卵。

卵

鞍斑雙鋸魚

會和漢氏列指海葵共生。■10 cm ■琉球群島／西太平洋等 ■海灣砂底 ■藻類

大小比一比

眼斑雙鋸魚 8cm

克氏雙鋸魚 10cm

白條雙鋸魚 11cm

來看看世界各地的雙鋸魚！

雙鋸魚在全世界有28種，受到各國人士喜愛，是海洋中的人氣魚種。在日本可以看到其中6種。

棘頰雀鯛

可見於西・中央太平洋、印度洋。鰓蓋上有小尖刺。

尖刺

白鼻雙鋸魚

僅可在澳洲部分島嶼周邊發現其蹤跡。黑色魚體上有白色的橫帶。

大眼雙鋸魚

可見於西太平洋、東印度洋。體色很像成熟的番茄，因此在日本又被稱作「番茄雙鋸魚」。

白罩雙鋸魚

可在西・中央太平洋發現其蹤跡。特徵是擁有白色的斑紋。

小知識 雙鋸魚會群體棲息在海葵附近，但彼此之間只是偶爾在該處遇見，並沒有血緣關係。

雀鯛科

🐟 魚事TALK 🐟　會在珊瑚或是岩石周圍聚集成為龐大的群體，讓海洋變得色彩繽紛。雄魚會在岩石凹凸等處打造出一個可供雌魚產卵的地點，並且在該處守護魚卵直到其孵化。

網紋圓雀鯛

會在珊瑚等周圍聚集成群。◼7 cm ◼靜岡縣、和歌山縣、屋久島、琉球群島等／西·中央太平洋、東印度洋 ◼珊瑚礁 ◼浮游生物、魚卵、藻類

三帶圓雀鯛

會在珊瑚的周圍聚集成群。◼7 cm ◼和歌山縣、高知縣、屋久島、琉球群島等／西·中央太平洋、印度洋 ◼珊瑚礁 ◼浮游生物、魚卵、藻類、海綿類、底棲小型動物

斑鰭光鰓雀鯛🍴

可耐低水溫，亦可在日本海中看到其蹤跡。◼10 cm ◼日本本州以南／東海、南海等 ◼沿岸的岩礁·珊瑚礁 ◼浮游生物

▼成魚

▼幼魚

▼成魚

◀幼魚。幼魚時期和克氏雙鋸魚（→P.118）一樣會與海葵共生。

三斑圓雀鯛

◼11 cm ◼千葉縣～屋久島、琉球群島等／西·中央太平洋、印度洋 ◼珊瑚礁、岩礁 ◼浮游生物、藻類

短身光鰓雀鯛

幼魚與成魚在體色與樣貌上有很大的差異。◼14 cm ◼靜岡縣～高知縣、屋久島、琉球群島等／西·中央太平洋、印度洋 ◼珊瑚礁、岩礁 ◼浮游生物

◀嘴唇厚且會向上翹，故以此特徵為其命名。

厚唇雀鯛

◼6 cm ◼琉球群島等／西太平洋、東印度洋 ◼珊瑚礁 ◼珊瑚上的珊瑚蟲

▼成魚

▼幼魚

黃背寬刻齒雀鯛

◼17 cm ◼和歌山縣、屋久島、琉球群島／西·中央太平洋、東印度洋 ◼珊瑚礁、岩礁 ◼浮游生物

藍綠光鰓雀鯛

會在珊瑚周圍聚集成群。◼7 cm ◼高知縣、屋久島、琉球群島等／西·中央太平洋、印度洋 ◼珊瑚礁 ◼浮游生物

鱸形目

◼體長　◼分布區域　◼棲息環境　◼食物　◼別名　◼危險部位　◼危險的魚類　◼食用魚類　◼瀕危物種

藍刻齒雀鯛

■6 cm ■神奈川縣、高知縣、屋久島、琉球群島等／西太平洋、東印度洋 ■珊瑚礁 ■浮游生物

摩鹿加雀鯛

■6 cm ■和歌山縣、高知縣、屋久島、琉球群島等／西太平洋、東印度洋 ■珊瑚礁、岩礁 ■藻類

霓虹雀鯛

■7 cm ■青森縣、茨城縣・新潟縣以南／西・中央太平洋、東印度洋 ■岩礁、珊瑚礁的砂礫底 ■浮游生物

條紋豆娘魚

■17 cm ■日本本州以南／西・中央太平洋、印度洋 ■珊瑚礁、岩礁 ■浮游生物、魚卵、藻類、海綿類、底棲小型動物

▲正在照顧魚卵的條紋豆娘魚夫妻。

用來混淆肉食魚視聽的眼狀斑

許多魚類會在身體的某一處長出「眼狀斑」這種斑點。看起來很像一顆眼睛，藉此讓其他魚類認為該處是頭部，被視為是一種為了保護真正重要的頭部、避免敵人攻擊的方法。

眼狀斑

▲安邦雀鯛的幼魚。

黃尾豆娘魚

■14 cm ■茨城縣～屋久島、長崎縣、琉球群島等／西太平洋、印度洋 ■鄰近海域岩礁 ■浮游生物、魚卵、藻類、海綿類、底棲小型動物

▼成魚

黑新刻齒雀鯛

幼魚與成魚在體色與樣貌上有很大的差異。■15 cm ■屋久島、琉球群島等／西太平洋、印度洋 ■海灣岩礁 ■浮游生物、底棲小型動物、藻類

◀成魚

▶幼魚。成魚和幼魚過去曾被認為是不同的魚種。

▶幼魚。成魚與幼魚過去曾被認為是不同的魚種。

黑褐新刻齒雀鯛

幼魚與成魚在體色與樣貌上有很大的差異。■9 cm ■和歌山縣、高知縣、屋久島、琉球群島等／西太平洋、東印度洋 ■珊瑚礁 ■浮游生物、底棲小型動物、藻類

黑高身雀鯛

會在自己的領域範圍內培育細絲狀藻類並且以此為食，是生態非常獨特的魚種。■12 cm ■和歌山縣、長崎縣、琉球群島等／西・中央太平洋、印度洋 ■珊瑚礁 ■細絲狀藻類

◀出現婚姻色（→ P.127）的雄魚。

大小比一比

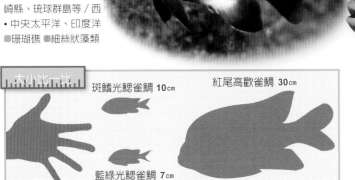

斑鰭光鰓雀鯛 10cm

紅尾高歡雀鯛 30cm

藍綠光鰓雀鯛 7cm

紅尾高歡雀鯛

在雀鯛科中算是相當大型的魚類，體長有時可能會超過 30cm。■30 cm ■東太平洋（中部）■岩礁 ■藻類、底棲小型動物

鮸魚科、石鯛科等

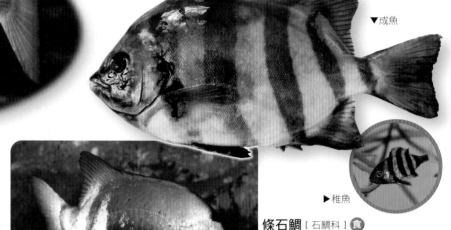

🐟魚事TALK🐟 低鰭鮸魚與瓜子鱲的魚體皆平坦、身高較高，差別在於牙齒形狀不同。低鰭鮸魚的牙齒是由許多小巧牙齒聚集而成的融合齒，可以用來咬碎吞食貝類、海膽、蟹類等。

▼成魚

低鰭鮸魚 [鮸魚科] 食
幼魚會有聚集在漂流海藻等漂流物下方的習性。■70 cm（全長）■日本本州以南等／西•中央太平洋、印度洋■鄰近海域岩礁■底棲小型動物、藻類■短鰭鮸魚、開基魚

瓜子鱲 [鮸魚科] 食
■41 cm ■千葉縣•新潟縣～九州等／東海、南海 ■沿岸的岩礁 ■甲殼類、藻類 ■斑魢

▶稚魚

條石鯛 [石鯛科] 食
雄魚老後，魚體模樣也會隨之改變，嘴巴周圍會變黑。■50 cm ■日本各地／東海、南海等 ■沿岸的岩礁 ■甲殼類、貝類、海膽 ■黑嘴、海膽鯛（雄性老魚）

▶雄魚的老魚（黑嘴）

隆舌魚 [鮸魚科] 食
與烏尾鮗科（→ P.100）很相似，但卻是不同類群的魚類。■22 cm ■茨城縣•福井縣～九州等／朝鮮半島南部等 ■沿岸的岩礁 ■浮游生物

▲雄魚的老魚（白嘴）

▶幼魚

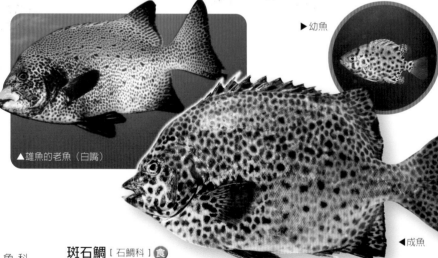

◀成魚

柴魚 [鮸魚科]
曾經被歸類至蝴蝶魚科（→ P.110），現已被分類為不同的科。■20 cm ■日本本州以南／西•中央太平洋、東印度洋 ■岩礁 ■小型動物、浮游生物

斑石鯛 [石鯛科] 食
雄魚老後，魚體模樣也會跟著改變，嘴巴周圍會變白。■60 cm ■日本各地／東海、南海等 ■沿岸的岩礁 ■甲殼類、貝類、海膽 ■白嘴（雄性老魚）

鯔形湯鯉 [湯鯉科]
■21 cm ■茨城縣～高知縣、九州、琉球群島等／太平洋•印度洋的熱帶•亞熱帶海域 ■沿岸的岩礁 ■浮游生物

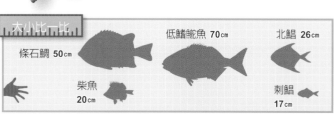

大小比一比

條石鯛 50cm

低鰭鮸魚 70cm

北鮸 26cm

柴魚 20cm

刺鯧 17cm

■體長 ■分布區域 ■棲息環境 ■食物 ■別名 ■危險部位 危危險的魚類 食食用魚類 瀕瀕危物種

長鯧科、圓鯧科等

🐟魚事TALK🐟 長鯧科、圓鯧科等在幼魚時期會附著在海藻、漂流物、水母等而棲息在表層，隨著成長會逐漸移動至深層帶。

刺鯧 [長鯧科]🍴
平常棲息於深海底層帶，到了夜晚會上升到稍淺的海域。
◾17 cm ◾北海道～九州 / 朝鮮半島、南海 ◾大陸棚底層帶 ◾水母、甲殼類、浮游生物 ●肉魚

日本櫛鯧 [長鯧科]🍴
◾72 cm ◾北海道～九州等 / 東海、夏威夷群島等 ◾水深超過 100m 的底層帶 ◾大型浮游生物

▶ 擁有非常大的眼睛。

大眼無齒鯧 [無齒鯧科]
◾35 cm ◾北海道西部、神奈川縣～高知縣、福井縣、兵庫縣、沖繩海槽等 / 西 • 中央太平洋、大西洋熱帶海域等 ◾水深 180 ～ 370m 的底層帶

擁有堅硬、難以剝落的菱形鱗片。

◀亞成魚

小眼方尾鯧 [方尾鯧科]
◾36 cm ◾北海道南部～高知縣、鳥取縣、島根縣等 / 太平洋 • 大西洋熱帶 • 溫帶海域等 ◾遠洋的中深層帶 • 深層帶 ◾水母類

擁有容易剝落的小巧鱗片。

北鯧 [鯧科]🍴
日文名稱中雖然有カツオ，但其實與正鰹（カツオ）是不同物種（鯖科→ P.156）。沒有腹鰭。◾26 cm ◾神奈川縣～高知縣、新潟縣～九州西部等 / 東海等 ◾大陸棚的泥砂底 ◾甲殼類、水母類

懷氏方頭鯧 [圓鯧科]
◾21 cm ◾北海道南部、千葉縣 • 新潟縣～九州 / 西太平洋 • 印度洋熱帶 • 溫帶海域 ◾水深超過 150m 的底層帶 ◾水母類、甲殼類

五絲多指馬鮁 [馬鮁科]🍴

◾45 cm ◾福島縣 • 福井縣以南 / 西 • 中央太平洋 • 印度洋 ◾沿岸砂底 • 泥底，亦會現身於河口區域 ◾底棲小型動物

▲下頷短，胸鰭由分散且細長的筋條（軟條）所組成。

胸鰭

花瓣玉鯧 [圓鯧科]
幼魚身體呈半透明狀，成魚後的魚體顏色會變黑。◾47 cm ◾北海道南部～高知縣、新潟縣～長崎縣等 / 太平洋 • 印度洋 • 大西洋熱帶 • 溫帶海域 ◾水母類、甲殼類、浮游生物

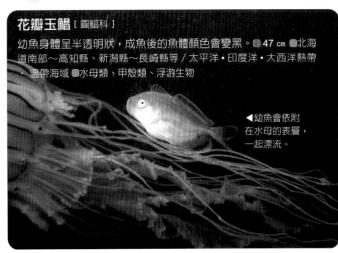

◀幼魚會依附在水母的表層，一起漂流。

小知識 長鯧科、圓鯧科等的幼魚會躲在水母的有毒觸手之間，以求自保，並且吃水母長大（寄生，→ P.148）。

隆頭魚科

左側欄：鱸形目

曲紋唇魚（絕）

隸屬非常龐大的隆頭魚科，也有體長罕見超過 2m 的個體。額頭會隨著成長而隆起呈肉瘤狀。■150 cm ■和歌山縣、屋久島、琉球群島等／西・中央太平洋、印度洋 ■岩礁、珊瑚礁 ■魚類
□拿破崙魚

🗨️魚事TALK 在海水魚當中，隆頭魚科是物種數量僅次於鰕虎科(→P.144)的類群。有各種體型大小與顏色，成魚與幼魚、雄性與雌性、體色與型態等都各有不同。會進行從雄性轉變為雌性的性別轉換(→P.85)。全世界海域中約有500種，日本約有150種。

隆起的額頭。

▲吻部延伸拉長。

▲幼魚

▲成魚

◀眼睛側邊有 2 條黑線，看起來好像帶著一副眼鏡，故日本方面以此特徵為其命名（戴鏡魚）。

橫帶唇魚

■35 cm ■琉球群島／西・中央太平洋、印度洋 ■岩礁 ■底棲小型動物

▼成魚

洛神項鰭魚（食）

一旦感知到危險，就會潛入砂中。■22 cm ■千葉縣・新潟縣以南／西太平洋、東印度洋 ■砂底 ■底棲小型動物

▲幼魚。背鰭尖刺（棘條）會向前伸出，假扮成在海中漂流的枯葉（擬態）。

延伸拉長的吻部。

伸口魚

吻部往前拉長突出，用以吸取獵物。■35 cm ■和歌山縣、屋久島、琉球群島等／西・中央太平洋、印度洋 ■岩礁、珊瑚礁 ■小型動物

▼黃色個體

◀幼魚。會假扮成在海中漂流的藻類（擬態）。

帶尾新隆魚

一旦感知到危險，就會潛入砂中。■25 cm ■和歌山縣、高知縣、屋久島、琉球群島等／太平洋、印度洋 ■砂礫底、岩礁、珊瑚礁 ■底棲小型動物

▲成魚

六帶擬唇魚

■9 cm ■靜岡縣～高知縣、屋久島、琉球群島等／西・中央太平洋、印度洋 ■岩礁、珊瑚礁 ■浮游生物

大小比一比

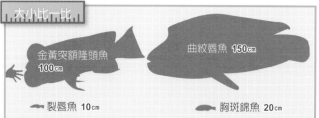

金黃突額隆頭魚 100cm

曲紋唇魚 150cm

裂唇魚 10cm

胸斑錦魚 20cm

■體長 ■分布區域 ■棲息環境 ■食物 ■別名 ■危險部位 🅰危險的魚類 🅱食用魚類 🅲瀕危物種

▼雄魚

卡氏副唇魚
雄魚向雌魚求愛時，鮮豔的背鰭會瞬間開闔。●8 cm ■靜岡縣～高知縣、屋久島、琉球群島等／西太平洋 ■岩礁、珊瑚礁 ■浮游生物

▼雄魚

丁氏絲鰭鸚鯛
雄魚的腹鰭呈絲線狀延伸拉長，故日本方面以此特徵為其命名。（絲引）。●9 cm ■千葉縣～高知縣、九州、琉球群島／西太平洋等 ■岩礁、珊瑚礁 ■浮游生物

腹鰭

黃斑狐鯛
●80 cm ■靜岡縣～高知縣、屋久島、琉球群島等／西·中央太平洋、印度洋 ■岩礁、珊瑚礁 ■甲殼類、底棲小型動物

尖頭狐鯛 食
●35 cm ■千葉縣～高知縣、富山縣～長崎縣、琉球群島等／東海、南海 ■岩礁 ■底棲小型動物 ■尖頭普提魚

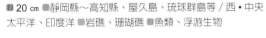

▼成魚

▼幼魚

腋斑狐鯛
●20 cm ■靜岡縣～高知縣、屋久島、琉球群島等／西·中央太平洋、印度洋 ■岩礁、珊瑚礁 ■魚類、浮游生物

七帶豬齒魚 食
●30 cm ■屋久島、琉球群島／西太平洋 ■岩礁、珊瑚礁 ■底棲小型動物

▼成魚

▲幼魚

燕尾狐鯛
●21 cm ■靜岡縣～琉球群島等／西·中央太平洋、印度洋 ■岩礁、珊瑚礁 ■魚類、浮游生物

藍豬齒魚 食
●40 cm ■千葉縣·新潟縣～九州等／東海、南海等 ■岩礁 ■底棲小型動物 ■四齒仔

金黃突額隆頭魚 食
長大後的雄魚額頭與下頜會變大呈肉瘤狀。●100 cm ■北海道～九州／東海、南海等 ■岩礁 ■貝類、甲殼類 ■似花普提魚

▲幼魚

隆頭魚科

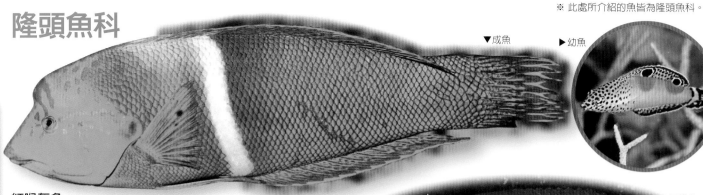

▼成魚　▶幼魚

紅喉盔魚

感知到危險或夜晚休息時會潛伏在砂石中。老成的雄魚額頭會隆起呈肉瘤狀。■100 cm ■和歌山縣、高知縣、屋久島、琉球群島等／西・中央太平洋、印度洋 ■砂礫底、岩礁、珊瑚礁 ■甲殼類、貝類

▼雄魚

▶雌魚

胸斑錦魚

雄魚體色會有如棣棠花的黃色，故日本方面以此特徵為其命名。(棣棠魚)。■20 cm ■千葉縣～屋久島、福岡縣、琉球群島等／西・中央太平洋、印度洋 ■岩礁、珊瑚礁 ■小型動物

▲水溫較低時，會潛入砂石中冬眠。

花鰭副海豬魚 食

■30 cm ■北海道西部、日本本州～九州等／東海、南海等 ■砂礫底、珊瑚礁 ■甲殼類、環節動物 ■青倍良(雄)、紅倍良(雌)

▼雄魚

▼雌魚

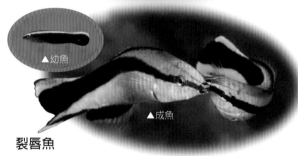

▲幼魚

▲成魚

裂唇魚

會食用寄生在其他魚類身上的寄生蟲，以「清道夫魚」之名而廣為人知。■10 cm ■千葉縣・石川縣以南等／西・中央太平洋、印度洋 ■岩礁、珊瑚礁 ■寄生蟲 ■藍帶裂唇鯛

雜色尖嘴魚

可以藉由尖尖的嘴巴捕食躲在珊瑚中的小型動物。■20 cm ■靜岡縣～屋久島、琉球群島等／西・中央太平洋、印度洋 ■岩礁、珊瑚礁 ■小型動物 ■鳥嘴龍

▼雄魚

▼雌魚

在海洋中相當受到歡迎的清道夫魚

有些巨大的魚類偶爾會看起來心情很好的樣子，並且停留在某處不動，這時通常還會看到一些裂唇魚拚命地啄食附著在大魚身上的寄生蟲，一方面可以幫大魚清潔身體，另一方面大魚也不會攻擊那些裂唇魚，裂唇魚即可安心食用喜愛的寄生蟲大餐(互利共生，→P.148)。

▲在巨大魚類口中進行清潔工作的裂唇魚。

▼幼魚。會假扮成在海中漂流的藻類(擬態)。

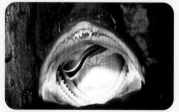

▲雌魚

珠斑大咽齒鯛

■12 cm ■千葉縣、和歌山縣、高知縣、屋久島、琉球群島等／西・中央太平洋、東印度洋 ■砂礫底、岩礁、珊瑚礁 ■底棲小型動物

▼雌魚

魚體的顏色變化

魚類的身體顏色或是樣貌變化會因為各種狀況而有所改變。有些每天都會在固定時間變化，有些會在產卵期暫時出現不同的樣貌，也有些會隨著成長以及時間而有所變化，魚類的生態非常奧祕。

成年後就會穩定下來！

許多魚類的幼魚和成魚體色會有相當大的差異。有些會藉由和有毒生物類似的體色來保護自己，體色與周圍環境類似則是為了不讓敵人發現。除此之外，也有些是為了保護自己不受同種其他成魚的攻擊，而顯現出截然不同的體色。

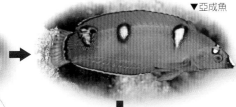

▼幼魚　▼亞成魚

▼成魚

隆頭魚科之中，「蓋馬氏盔魚」的體色變化。幼魚鮮豔的體色會隨著成長而變成較沉穩的顏色。

早上和晚上的容貌不同！

許多棲息於珊瑚礁、體色鮮豔的魚類，到了夜晚體色就會變得很樸素。據說這是為了避免被夜行性肉食魚類發現。

▲白天的樣貌　▲夜晚的樣貌

耳帶蝴蝶魚中「川紋蝴蝶魚」的體色變化。不僅會變黑、不顯眼，還有狀似眼睛的白斑點，會讓人搞不清楚其頭部真正的位置。

藉由性別轉換，華麗變身！

有些魚類會從雄性變成雌性，或是從雌性變成雄性，進行所謂的性別轉換（→P.85）。性別轉換需要花費一些時間，隨著體型改變，體色也會慢慢改變。

▼雌魚　▼過渡期

▼雄魚

珠斑花鱸（→P.85）的體色變化。隨著從雌性變雄性的體型改變，體色與模樣也會慢慢有所變化。

用婚姻色向雌魚示愛！

雄魚在迎接產卵期以及向雌魚示愛時，體色會轉變為產卵期特有的體色（婚姻色）。此外，有些在興奮時也會出現同樣的體色轉變。

黑尾史氏三鰭䲁（→P.137）的體色變化。雄魚會出現婚姻色向雌魚示愛。

◀雄魚

▼雌魚

魚類的體色變化案例，還有很多呢！

釣上岸後發生體色變化→雙帶鱗鰭烏尾鮗（→P.100）
體色會隨著周圍環境變化→鰈科（→P.160）

鸚哥魚科

鱸形目

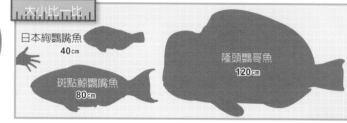
◀雄魚

🐟魚事TALK🐟 　嘴巴內有長得像似鸚鵡嘴的環狀齒，以及可以在喉嚨深處研磨食物的牙齒（咽頭齒，→P.185）。會從雌性轉變為雄性，進行性別轉換（→P.85），雄魚、雌魚、幼魚的體色不同。是溫帶地區的重要食用魚。全世界海域中約有90種，日本約有40種。

◀雄魚
▶雌魚
▲幼魚

▼雌魚

斑點鯨鸚嘴魚 食
■80 cm ■屋久島、琉球群島等／西•中央太平洋、印度洋 ■珊瑚礁 ■藻類

▲幼魚。頭部橘色的帶狀紋路會隨著成長而逐漸調和成其他顏色。

日本絢鸚嘴魚 食
■40 cm ■千葉縣•兵庫縣～九州、吐噶喇群島、奄美群島等／朝鮮半島南部、臺灣 ■海藻林、砂礫底 ■藻類、底棲小型動物

大小比一比
日本絢鸚嘴魚 40cm
斑點鯨鸚嘴魚 80cm
隆頭鸚哥魚 120cm

魚先生的 魚魚TALK
珊瑚礁的美麗細沙竟然來自於鸚哥魚科!?
鸚哥魚科擁有非常堅硬的牙齒，甚至可以用來喀嚓喀嚓地咬碎珊瑚的堅硬骨骼。不過，許多鸚哥魚科經常食用的食物其實不是活生生的珊瑚，而是附著在珊瑚遺骸上的藻類。因為珊瑚的骨骼無法消化，牠們會利用喉嚨內側的牙齒（咽頭齒）磨碎那些進入嘴巴的珊瑚遺骸碎片，無法消化的部分再變成魚糞排出。事實上，這些都會成為珊瑚礁周邊的細沙。鸚哥魚科的糞便竟然成了美麗的白沙！還真令人驚訝呢！

▲鸚哥魚科的食欲相當旺盛！牠們會大量進食，大量排出魚糞！

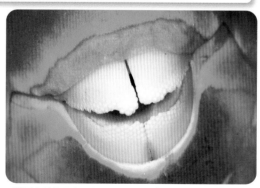
▲鸚哥魚科的牙齒。會因物種不同，而有不同的牙齒形狀。

糞便
▲正在排出魚糞的鸚哥魚科。

▲珊瑚碎片上覆蓋著許多細沙。

小鼻綠鸚哥魚 食

頭部會隨著成長而隆起呈肉瘤狀，到了夜晚會在岩壁等處把自己裹在以黏液製成的袋狀物裡睡覺。■70 ㎝ ■屋久島、琉球群島等／西·中央太平洋 ■珊瑚礁 ■藻類

藍頭綠鸚哥魚 食

到了夜晚會把自己裹在以黏液製成的袋狀物裡睡覺。■30 ㎝ ■屋久島、琉球群島等／西·中央太平洋、印度洋 ■珊瑚礁、岩礁 ■藻類

卵頭鸚哥魚 危 食

頭部會隨著成長而隆起呈肉瘤狀。會把自己裹在用黏液製成的袋子裡睡覺。■65 ㎝ ■千葉縣～高知縣、山口縣、九州、吐噶喇群島等／東海、南海等 ■岩礁 ■藻類 ■有些內臟有毒

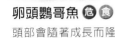

▶ 裹在布滿黏液的袋狀物裡，可以掩蓋氣味，避免被夜行性的肉食魚發現。

隆頭鸚哥魚 食

臉部正面呈峭壁狀，頭部隆起呈肉瘤狀。與其他鸚哥魚科不同，牠們會食用活珊瑚。白天會群體悠游在珊瑚礁外側，夜晚則單獨在岩石或是珊瑚縫隙中休息。■120 ㎝ ■鹿兒島縣、八重山群島／西·中央太平洋、印度洋 ■珊瑚礁 ■藻類、珊瑚

▲ 隆頭鸚哥魚群體。臉部傷痕是啃食珊瑚時造成的。

杜父魚科

六線魚科、裸蓋魚科等

🐟魚事TALK🐟 棲息地廣大，從溫暖海域到寒冷海域，鄰近海域岩礁到深海都可見其蹤跡。因為通常可作為食用魚而為人們所熟悉。

🐟魚事TALK🐟 原本為鮋形目，後續因為重新分類而被納入鱸形目。除了棲息於海洋內的物種外，也有許多會棲息在河川內，是重要食用魚。

▼雄魚。大瀧六線魚的雄魚會守護著產在藻類或是岩石等處的魚卵。

魚卵

▼幼魚

▲成魚

大瀧六線魚 [六線魚科] 食

■30 cm ■北海道～九州 / 朝鮮半島～俄羅斯東南部等 ■鄰近海域岩礁 ■小魚、底棲的小型動物 ■長線六線魚、油目（日本青森縣）

遠東多線魚 [六線魚科] 食

隨著成長，日本方面會一直變更其稱呼。如：藍多線魚、蠟燭多線魚、春多線魚、根多線魚。■60 cm ■北海道～和歌山縣・山口縣 / 朝鮮半島東部～鄂霍次克海南部 ■大陸棚的岩礁 ■魚類、甲殼類

日本叉牙魚 [絲齒鱈科] 食

一到產卵期，就會從遠洋海域移動至鄰近海域，一口氣進行產卵的動作。■20 cm（全長）■北海道、青森縣～山口縣等 / 朝鮮半島東部～堪察加半島等 ■水深 100 ～ 400m 的大陸棚・大陸坡的泥砂底 ■甲殼類、烏賊 ■沖鯵、雷魚

裸蓋魚（銀鱈）[裸蓋魚科] 食

會自美國或加拿大等處大量輸入，是重要的食用魚。■100 cm ■北海道東北部、青森縣～神奈川縣 / 北太平洋、東太平洋（北部）■水深 300 ～ 2700m 的泥砂底 ■小魚

白斑裸蓋魚

[裸蓋魚科] 危 食

■150 cm ■北海道南部～三重縣等 / 北太平洋、東太平洋（北部）■水深至 700m 的岩礁 ■小魚 ■多脂銀鱈 ■肉質富含較多脂肪（過度食用，恐導致腹瀉）

■體長 ■分布區域 ■棲息環境 ■食物 ■別名 ■危險部位 危危險的魚類 食食用魚類 瀕瀕危物種

杜父魚科

🐟 魚事TALK 🐟 頭大、身體上覆蓋著小巧的鱗片、黏液、板狀骨骼（骨板）等。沒有魚鰾，棲息於海底。全部皆為卵生，交配後即可產卵。

強棘杜父魚 [杜父魚科] 危

魚鰓上有數根尖刺。依個體不同會有不同的體色變化。■ 28 ㎝ ■北海道～福島縣・島根縣／朝鮮半島東部～北太平洋 ■大陸棚的砂礫底 ■底棲小型動物 ■角杜父魚 ■魚鰓尖刺

鱸形鰤杜父魚 [杜父魚科]

喜歡藻類較多地點。體色與樣貌各異。
■ 18 ㎝ ■青森縣～德島縣・長崎縣、愛媛縣等／朝鮮半島南部 ■沿岸的海藻林 ■小魚、底棲的小型動物 ■擬鱸擬鰤杜父魚

斯氏床杜父魚 [杜父魚科] 食

■ 40 ㎝ ■北海道、青森縣、岩手縣～茨城縣／朝鮮半島東部～北太平洋 ■沿岸的岩礁、海藻林 ■魚類、小型動物 ■史氏中大杜父魚、日本床杜父魚、藻鰍

蟲紋紅杜父魚
[隱棘杜父魚科] 食

■ 30 ㎝ ■北海道南部～千葉縣、三重縣、和歌山縣 ■水深 270 ～ 1010m 的底層帶 ■底棲小型動物 ■赤鈍魚、水鮟鱇

▲全身由軟 Q 的明膠所構成。

尖頭杜父魚 [杜父魚科]

魚體單薄，頭部及背部沒有尖刺。■ 12 ㎝ ■青森縣～和歌山縣・九州北部等／朝鮮半島南部鄰近海域海藻林 ■底棲小型動物

鉤吻杜父魚 [隱棘杜父魚科]

頭部寬大，約占身體面積的一半。會藉由胸鰭，以步行方式移動。■ 8 ㎝ ■岩手縣～神奈川縣／北太平洋、東太平洋（北部）■岩礁 ■鉤蝦類、麥桿蟲類

棘頭鬚杜父魚 [隱棘杜父魚科]

巨大的魚頭上長有很多尖刺。■ 30 ㎝ ■北海道、青森縣～千葉縣・島根縣／朝鮮半島東部～北太平洋、東太平洋（北部）■水深至 850m 的底層帶 ■底棲小型動物

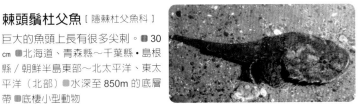

大小比一比

大瀧六線魚 30㎝
強棘杜父魚 28㎝
裸蓋魚（銀鱈）100㎝

杜父魚科

銀斑密棘杜父魚 [棘皮油杜父魚科]

■ 20 cm ■北海道～神奈川縣・福井縣／朝鮮半島東部～北太平洋東太平洋（北部）■沿岸鄰近海域的海藻林 ■魚類、甲殼類 ❑鬚臾鱸

絨杜父魚 [棘皮油杜父魚科] 食

喝到水時腹部會隆起。■ 30 cm ■北海道～千葉縣・長崎縣等／朝鮮半島～北太平洋等 ■水深至 540m 的底層帶 ■魚類、甲殼類

▶ 臉部皮膚有許多變異的突起（皮質毛狀突起）。

八角魚科

🐟 魚事TALK 🐟 幾乎整個魚體都覆蓋著板狀骨骼（骨板）。嘴巴周圍或是吻部前端有許多鬚鬚。

鬚鬚

斑鰭髭八角魚
[八角魚科]

■ 17 cm ■北海道～宮城縣・島根縣等／朝鮮半島東部～庫頁島、千島群島南部 ■水深至 100m 的岩礁・泥砂底 ■底棲小型動物

鬚鬚

▲ 雄魚

鬚鬚

帆鰭足溝魚 [八角魚科] 食

因為擁有特別寬大的背鰭和臀鰭，故日本方面以此特徵為其命名（特鰭）。雄魚會張開魚鰭向雌魚求愛。■ 35 cm ■北海道～靜岡縣・島根縣／朝鮮半島東部～鄂霍次克海 ■水深至 270m 的岩礁・泥砂底 ■底棲小型動物 ■八角、沙氏胸足溝足魚

尖棘髭八角魚 [八角魚科]

■ 16 cm ■北海道～岩手縣・島根縣／朝鮮半島東部～庫頁島 ■水深至 140m 的岩礁・泥砂底 ■底棲小型動物

◀ 魚體非常細長，擁有圓圓的尾鰭。

巴氏單鰭八角魚 [八角魚科]

■ 16 cm ■北海道、岩手縣／俄羅斯東南部、北太平洋等 ■水深至 500m 的岩礁・泥砂底 ■底棲小型動物

斑鰭髭八角魚與尖棘髭八角魚（平敦盛與熊谷直實）

斑鰭髭八角魚與尖棘髭八角魚的魚體上都覆蓋著堅硬的骨板，彷彿是穿戴著盔甲的武者，因此在日本方面以平安時代的武將名為牠們命名。長相俊美的年輕武將平敦盛因為打了敗仗而在逃難途中，被熊谷直實抓到。然而，平敦盛與自家孩子年紀相仿，直實相當猶豫是否要處置他。

▲日本古典文學《平家物語》的一個場景。左為平敦盛、右為熊谷直實。目前此畫收藏於日本明星大學。

大小比一比

→ 雀魚 2cm

細紋獅子魚 47cm

帆鰭足溝魚 35cm

132 ■體長 ■分布區域 ■棲息環境 ■食物 ■別名 ■危險部位 危危險的魚類 食食用魚類 瀕瀕危物種

絨杜父魚科、圓鰭魚科

🐟 魚事TALK 🐟 特徵是擁有圓滾滾的身形。腹部左右的腹鰭變化成吸盤，該吸盤可以吸附在岩石等處。雄魚會在魚卵旁守護直到孵化完成。

太平洋真圓鰭魚 [圓鰭魚科]

■6 cm ■北海道、青森縣、兵庫縣、隱岐群島、九州西部／朝鮮半島東北部、俄羅斯東南部～堪察加半島等 ■水深至230m的岩礁 ■底棲小型動物

雀魚
[圓鰭魚科]

最多只能長大到約2cm的迷你魚種。體色方面有黃色、綠色、粉紅色、紅色等各種顏色。■2 cm ■青森縣～三重縣・長崎縣／千島群島南部等 ■沿岸鄰近海域的海藻林 ■鉤蝦類、麥桿蟲類

◀雀魚的吸盤可以附著在任何物體上。

吸盤

腹吸圓鰭魚 [食]
[圓鰭魚科]

■25 cm ■北海道～千葉縣・長崎縣等／朝鮮半島東部～北太平洋、東太平洋（北部）■大陸棚的岩礁 ■水母類 ■圓腹魚

圓鰭魚 [圓鰭魚科] [食]

■61 cm（全長）■大西洋（北部）■岩礁、海藻林 ■水母類、小型甲殼類 ■海參斑

眶真圓鰭魚 [圓鰭魚科] [食]

因為體內的骨質，使得外觀看起來有肉瘤狀的突起。■8 cm ■北海道南部、岩手縣、新潟縣、富山縣／北太平洋、東太平洋（北部）等 ■岩礁 ■底棲小型動物

松島透明獅子魚 [獅子魚科]

特徵是嘴巴上有很多鬍鬚，魚體上有橘色的蟲蛀斑紋。■35 cm ■北海道～千葉縣・島根縣／朝鮮半島東部～俄羅斯東南部、堪察加半島東南部等 ■水深35～700m的底層帶 ■小型動物

細紋獅子魚 [獅子魚科]

雌魚產卵後，雄魚會持續保護魚卵至孵化，隨後結束一生。■47 cm ■北海道南部、日本本州～九州等／東海等 ■大陸棚底層帶 ■小魚、甲殼類

綿䲁科、線䲁科等

🐟 魚事TALK 🐟

魚體細長如鰻魚，背鰭、尾鰭、臀鰭通常都會連在一起。主要棲息於寒冷海域沿岸到深海處，也可以在南極海域或是北極海域發現其蹤跡，日本方面則可以在東北地方或是北海道等處發現，越朝北部種類越多。

▼壯體小綿䲁的全身照。

壯體小綿䲁 [線䲁科]
會將岩石上的孔洞當作棲息的巢穴。◼11 cm（全長）◼愛知縣～和歌山縣、京都府～山口縣、大阪府、淡路島、九州等／濟州島 ◼沿岸的岩礁・海藻林 ◼底棲小型動物

田中狼綿䲁 [綿䲁科] 食
頭部與腹部沒有鱗片，身體模樣會隨著成長而有所變化。◼100 cm（全長）◼北海道、青森縣～山口縣／朝鮮半島東部～鄂霍次克海（西部）◼水深120～870m的泥砂底 ◼底棲魚類、甲殼類 ◼狐狸鱈、馬場

何氏長孔綿䲁 [綿䲁科] 食
明膠狀的柔軟魚體上沒有腹鰭。◼30 cm（全長）◼北海道～宮城縣・山口縣／朝鮮半島東部～白令海 ◼水深140～1980m的泥砂底 ◼底棲小型動物

晴斑背斑䲁 [線䲁科] 危 食
◼40 cm ◼北海道、青森縣、新潟縣／俄羅斯東南部、鄂霍次克海等 ◼水深500m的泥砂底 ◼魚類、甲殼類 ◼我侍魚、斑後線䲁 ◼卵巢有毒

日本笠䲁 [線䲁科]
◼50 cm ◼北海道～茨城縣・山口縣等／朝鮮半島等 ◼岩礁、海灣 ◼海參類、海葵類、環節動物類、海蛞蝓類、貝類 ◼縫䲁

▲頭部、背鰭前端皮膚通常有變異的流蘇狀突起（皮質毛狀突起）。

大小比一比

壯體小綿䲁 11cm

眼斑雪冰魚 52cm

東方狼魚 100cm

田中狼綿䲁 100cm

◼體長 ◼分布區域 ◼棲息環境 ◼食物 ◼別名 ◼危險部位 危危險的魚類 食食用魚類 絕瀕危物種

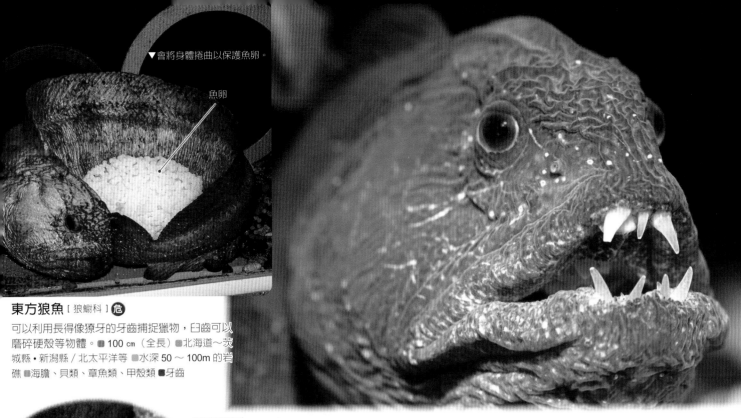
▼會將身體捲曲以保護魚卵。

魚卵

東方狼魚 [狼鰭科] 危
可以利用長得像獠牙的牙齒捕捉獵物，臼齒可以磨碎硬殼等物體。█ 100 cm（全長）█北海道～茨城縣・新潟縣／北太平洋等 █水深 50～100m 的岩礁 █海膽、貝類、章魚類、甲殼類 █牙齒

銀帶錦鰕 [錦鰕科]
體色會隨著環境而改變。█ 18 cm █北海道、青森縣、岩手縣、新潟縣／朝鮮半島東北部、千島群島等 █沿岸的海藻林 █甲殼類

鰓斑深海鰕 [深海鰕科]
會把身體藏在岩石下方或是縫隙之中。█ 15 cm █北海道、新潟縣／朝鮮半島東部～鄂霍次克海 █沿岸的岩礁 █甲殼類

雲斑錦鰕 [錦鰕科] 食
會把身體藏在岩壁或是藻類之中。在日本關東地方會將其當作食用魚。█ 29 cm █北海道～九州／朝鮮半島東部・南部 █沿岸的岩礁・泥砂底、潮池 █底棲小型動物 █雲斑錦鰕

▲成魚

▼稚魚

南極魚科

魚事TALK 經常棲息在冰點以下的極寒南極海域的魚類族群，有很多身體結構特殊的魚，例如：血液透明、身體雪白、沒有魚鰾，而是利用身體的脂肪調節浮力等。

博氏南冰鰧 [南極魚科]
會在冰下聚集成群，活潑地來回悠游。█ 28 cm（全長）█南極海 █表層帶（海冰下方）█磷蝦、小魚

眼斑雪冰魚 [鱷冰魚科]
會用腹鰭支撐身體。█ 52 cm（全長）█南極海（南極半島～斯科舍海）█海底 █磷蝦、魚類

▲張開大口的眼斑雪冰魚，血液透明、體內也是白色的。

▲血液中有特殊的蛋白質，所以血液不容易凝固，即使在零下 2℃亦可以活潑地游泳。

小知識 鱷冰魚科的血液中並沒有紅色色素的血紅素（Hemoglobin），因此會如清水般無色透明。

135

鱸形目

魚事TALK 擬鱸科擁有細長且渾圓飽滿的身體。會從雌性轉為雄性，進行性別轉換(→P.85)。 本科魚類會將全身隱藏在砂中，並且用大大的嘴巴直接吞食小魚或是小型動物。

多橫帶擬鱸 [擬鱸科] 食
■ 17 cm ■茨城縣・新潟縣～九州等／東海等 ■大陸棚的泥砂底 ■魚類、底棲小型動物 ■十橫斑擬鱸、狗母梭

雄魚的第 1 背鰭可以像船帆一樣地開闔。

美擬鱸 [擬鱸科] 食
■ 18 cm ■千葉縣・新潟縣～九州等／東海、南海、東印度洋 ■鄰近海域的砂礫底 ■魚類、底棲小型動物

臺灣小骨䲁 [鱸䲁科]
■ 6 cm ■神奈川縣、靜岡縣、兵庫縣／濟州島、臺灣 ■沿岸的砂底 ■底棲小型動物

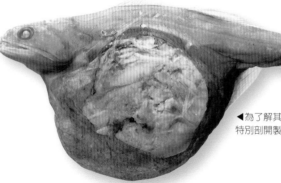

太平洋擬鱸 [擬鱸科]
■ 20 cm ■和歌山縣、高知縣、愛媛縣、屋久島、琉球群島等／西・中央太平洋 ■鄰近海域的珊瑚礁・砂礫底 ■魚類、底棲小型動物

◀為了解其鼓脹的胃部樣貌，特別剖開製作成的樣本。

黑叉齒魚 [叉齒魚科]
大嘴巴內長有尖銳的牙齒，被咬到的獵物無所遁形。胃部可以鼓脹得非常大，甚至可以吞下體型比自己還要大的獵物。■ 25 cm ■靜岡縣、沖之鳥島／印度洋、大西洋 ■中深層帶 ■魚類 ■黑狗母

斯氏鱷齒魚 [鱷齒魚科]
■ 12 cm ■宮城縣・新潟縣～九州／東海、澳洲東南部等 ■大陸棚的泥砂底 ■小魚、甲殼類、烏賊

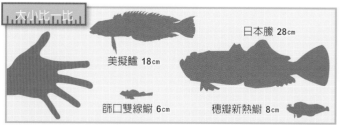

太平洋玉筋魚 [玉筋魚科] 食
會在海灣砂底處聚集成一個龐大的群體。水溫超過 15℃時，就會潛入砂內，進行「夏眠」。■ 25 cm ■北海道、青森縣～茨城縣・九州北部等／東海等 ■海灣砂底 ■浮游生物 ■小女子魚、女郎人魚

白條錦鰻鰕 [裸鰻鰕科]
是一種孩子會照顧父母的特殊生態魚種，數千隻幼魚會與父母棲息在一起。父母會從幼魚的嘴巴內取食幼魚抓來的浮游生物。■ 34 cm（全長）■西太平洋 ■珊瑚礁 ■浮游生物 ■囚犯魚

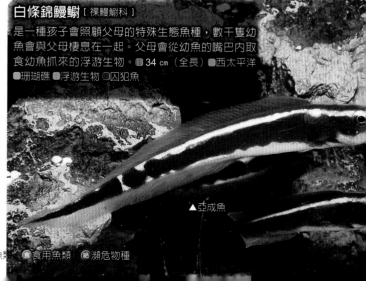

▲亞成魚

大小比一比
日本䲁 28cm
美擬鱸 18cm
篩口雙線鰕 6cm
穗瓣新熱鰕 8cm

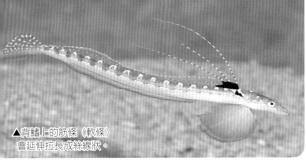

▲背鰭上的筋條（軟條）會延伸拉長成絲線狀。

日本䲁 [䲁科] 危 食

■ 28 cm ■北海道南部、日本本州～九州／東海等 ■水深 35 ～ 260m 的泥砂底 ■底棲小型動物、魚類 ■日本瞻星魚、狗母梭、木魚、眼鏡魚 ■鰓蓋上的尖刺

尖刺

美麗絲鰭䱛 [絲鰭䱛科]

經常可見其靜止在接近海底處不動。一旦感知到危險，就會躲入砂中。■ 18 cm ■高知縣、琉球群島／西・中央太平洋、印度洋 ■沿岸的砂底 ■小型動物

▼會抖動身體，讓全身鑽入砂底，只露出眼睛跟嘴巴，等待獵物上門。

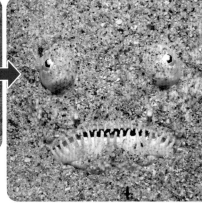

雙斑䲁 [䲁科] 危 食

■ 30 cm ■千葉縣～九州南部、富山縣、琉球群島／西太平洋等 ■水深至 100m 的砂礫底 ■甲殼類、魚類 ■鰓蓋上的尖刺

三鰭䲁科、煙管䲁科

💬 魚事TALK 　個性膽小、體型小巧，會躲藏、棲息在岩石縫隙、洞穴或是貝殼等之中。煙管䲁科的眼睛上方或是頭部上方皮膚有變異性的突起物（皮質毛狀突起）。

篩口雙線䲁 [三鰭䲁科]

三鰭䲁科雄魚與雌魚的體色不同，雄魚進入繁殖期時，體色也會有所改變（婚姻色，→ P.127）。■ 6 cm ■日本本州以南／東海、南海等 ■岩礁 ■藻類、小型動物 ■燕魚（繁殖期的黑色雄魚）

皮質毛狀突起

縱帶彎線䲁 [三鰭䲁科]

■ 4 cm ■靜岡縣～高知縣、屋久島、琉球群島等／西・中央太平洋、東印度洋 ■珊瑚礁 ■甲殼類、環節動物

黑尾史氏三鰭䲁 [三鰭䲁科]

■ 5 cm ■北海道東北部、日本本州～九州／西太平洋 ■岩礁 ■小型動物

▲平時都躲在洞穴或是縫隙之間，僅露出臉部。

穗瓣新熱䲁 [煙管䲁科]

眼睛上方有個長得像蓋子的皮質毛狀突起。■ 8 cm ■北海道西部、千葉縣・青森縣～九州／朝鮮半島南部 ■岩礁、潮池 ■甲殼類、藻類

豐島新熱䲁 [煙管䲁科]

眼睛與頭部上方有個長得像流蘇的皮質毛狀突起。■ 6 cm ■千葉縣～和歌山縣 ■岩礁 ■甲殼類

◀鑽進大蛇螺殼中的美肩鰓鳚，會先從尾巴進入。

鳚科

🐟魚事TALK🐟 平常會在岩石附近活動，一旦感應到危險就會躲入岩石或是珊瑚間隙之間。眼睛上方或是臉部周圍有皮質毛狀突起。全世界海域中約有360種，日本約有80種。

— 皮質毛狀突起

八部副鳚 [鳚科] 危

上頜處有長得像獠牙的尖銳牙齒。
■6 cm ■北海道南部・西部、日本本州～九州、奄美群島／東海等 ■沿岸的岩礁、潮池 ■甲殼類、小型動物 ■牙齒

美肩鰓鳚 [鳚科] 危

一到產卵期，雌魚就會把紅色的卵放入大蛇螺（*Serpulorbis imbricatus*）的殼之中或是岩石孔洞，再由雄魚守護魚卵。
■6 cm ■北海道～九州／朝鮮半島等 ■沿岸的岩礁、潮池 ■甲殼類、小型動物 ■牙齒

暗紋蛙鳚 [鳚科]

一感應到危險，就會像青蛙一樣在岩石上跳著逃離現場。■12 cm ■千葉縣・兵庫縣～屋久島等／濟州島 ■沿岸的岩礁、潮池 ■藻類、甲殼類 ■暗紋動齒鳚、狗鰷

二色無鬚鳚
[鳚科]

■7 cm ■屋久島、琉球群島／西太平洋・東印度洋的熱帶海域等 ■珊瑚礁 ■藻類

紅點真蛙鳚 [鳚科]

■9 cm ■屋久島、琉球群島／西太平洋・中央太平洋・印度洋的熱帶海域 ■沿岸的岩礁・珊瑚礁 ■藻類

▲臉上有許多紅斑點。

短多鬚鳚 [鳚科]

棲息於珊瑚枝條之間。眼睛上與身體上有同樣的斑紋。■10 cm ■和歌山縣、高知縣、琉球群島等／西太平洋・中央太平洋・印度洋的熱帶海域 ■沿岸的岩礁、珊瑚礁 ■附著在珊瑚礁上的藻類

八重山無鬚鳚
[鳚科]

■5 cm ■屋久島、琉球群島等／西太平洋・東印度洋的熱帶海域 ■珊瑚礁 ■藻類

◀看起來好像在笑的八重山無鬚鳚。

大小比一比

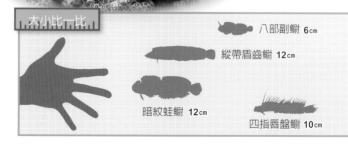

八部副鳚 6 cm
縱帶盾齒鳚 12 cm
暗紋蛙鳚 12 cm
四指唇盤鳚 10 cm

■體長 ■分布區域 ■棲息環境 ■食物 ■別名 ■危險部位 危危險的魚類 食食用魚類 瀕瀕危物種

短頭跳岩鳚 [鳚科] 危

會聚集成一個小群體，活潑地來回悠游。◼ 11 cm
◼北海道南部、日本本州以南／西太平洋・印度洋的熱
帶・溫帶海域 ◼沿岸的岩礁 ◼藻類、甲殼類 ◼牙齒

金鰭稀棘鳚
[鳚科]

◼ 6 cm ◼靜岡縣～高知縣、屋
久島、琉球群島等／西・中央
太平洋的熱帶海域 ◼珊瑚礁
◼浮游生物

▼縱帶盾齒鳚（左圖）的嘴巴是
在頭部下方，裂唇魚（右圖）的
嘴巴則是在頭部正面，我們可以
藉由嘴巴的位置來區分他們。

嘴巴　嘴巴

縱帶盾齒鳚 [鳚科]

與裂唇魚（→ P.126）的模樣非常相似，會假裝是在清潔然後偷偷靠近
（擬態，→ P.163）、啃食對方的魚鰭或是皮膚。◼ 12 cm ◼神奈川縣～
高知縣、屋久島、琉球群島等／西・中央太平洋的熱帶海域 ◼珊瑚礁、岩礁 ◼
鱗片或是魚鰭、皮膚

四指唇盤鳚 [鳚科]

好像海浪拍打在岩石上的樣子，會趴在岩石上，幾乎不會進入水中。移動
時為了不要讓身體沾溼，還會在岩石表面或是水面上彈跳。◼ 10 cm ◼屋久島、
琉球群島、臺灣、印尼 ◼岩礁 ◼藻類

▶躲藏在岩石縫隙間的
金黃無鬚鳚。

金黃無鬚鳚 [鳚科]

會混在花鮨亞科魚類（→ P.84）之間，來回悠游。◼ 8 cm ◼屋久島、琉
球群島／西太平洋・中央太平洋・印度洋的熱帶海域 ◼沿岸的岩礁、珊瑚礁 ◼
浮游生物

捉迷藏達人的祕密！

鳚科或是煙管鳚科都是捉迷藏達人。他們細長的身體可以鑽進岩
石孔洞或是珊瑚縫隙等狹窄的地方。身上沒有鱗片，全身被黏液
所覆蓋，不容易被其他東西勾到，因此可以躲藏在各種地方。

躲在環節動物的
後方。

◀偶爾會躲在環節動物
後方等處。

襤魚科

🐟 魚事TALK 🐟　襤魚科在全世界只有一種，會棲息在水深
1000m左右的深海。魚體非常柔軟，沒有鱗片。可在沿岸表層
帶看到亞成魚的蹤跡，會隨著成長往深層帶移動。

▲成魚

襤魚 [襤魚科]

◼ 2m ◼北海道東北部～神奈
川縣、高知縣等／北太平洋、
東太平洋（北部）◼離岸的深
層帶 ◼魚類、烏賊

▲亞成魚。有腹鰭，全身長滿紫色斑點。
成魚後，腹部的魚鰭與斑點都會消失。

魚類是怎麼生小孩的呢？

魚類要如何繁衍後代呢？ 讓我們來看看魚類受精的方法(體外受精、體內受精)以及生產的方法(卵生、胎生)吧！

在體外受精

魚類幾乎都是由雌魚產下魚卵(產卵)，再由雄魚釋放精子(排精)。由於是在體外讓卵子與精子結合，稱作「體外受精」。

◎撒卵①

經常會不停地在中層帶游泳的太平洋黑鮪會邊游泳邊產卵。因此，雄魚緊追在雌魚之後，當雌魚大量撒卵，雄魚就會同時釋放精子，在海水中受精。

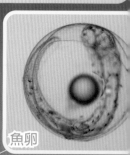

▶太平洋黑鮪的魚卵。受精後會漂浮在海水中，這種型態的魚卵稱作「浮性卵」。

魚卵

太平洋黑鮪 (→ P.156)

▲雌魚

◀雄魚

▼雌魚

◎產卵

雙鋸魚會在長滿海葵的海底岩石處產卵。雌魚會一顆一顆地產卵，再由雄魚進行受精的動作。

◎撒卵②

條紋躄魚的雌魚產出細長的卵團後，雄魚會快速地將精子噴灑在上。

條紋躄魚 (→ P.62)

◀雄魚

◀雄魚

◀雌魚

眼斑雙鋸魚 (→ P.118)

魚卵

◀眼斑雙鋸魚的魚卵。會附著在岩石上成長，不會隨著海水漂動而下沉的魚卵，稱作「沉性卵」。

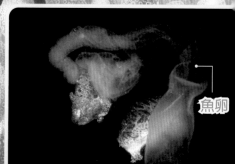

▶條紋躄魚的魚卵。浮性卵會直接以團狀漂浮在海水中。

魚卵

產卵後的育兒方式

魚類的育兒方式會因為繁殖的方式而有所不同。將魚卵撒在海中的魚類會在產卵後立刻移動到其他地方。產卵類型的魚之中，有些會在旁守護魚卵直到其孵化。直接產出仔魚的魚類有些則會在產後與孩子分開生活。

▲ 守護魚卵的雀魚（→ P.133），會待在魚卵附近，避免其他魚類靠近。

▲ 從黃帶鸚天竺鯛（→ P.91）口中飛出的仔魚們。雄魚會將魚卵放入嘴巴內守護。

在體內受精

雄魚與雌魚交配，在雌魚體內受精，稱作「體內受精」。體內受精的魚類又可以分為會產出仔魚的魚，以及會產卵的魚。

食人鯊（→ P.28）

▲雌魚

產子　從雌魚體內產出仔魚。

斑鰩
（→ P.38）

◎交配後產出仔魚

許多鯊魚和鰩科魚類是由雄魚和雌魚交配。雌魚會讓受精卵在體內孵化，長成仔魚後再產出(生子)。

交配　雄魚會先咬住雌魚，固定其身體後再進行交配。

◀雄魚

▶雌魚

條紋狗鯊

◎交配後產卵

部分鯊魚和鰩科族群交配後，不是生出仔魚而是產出魚卵（產卵）。

魚卵

◀鰩科的魚卵。魚卵上覆蓋著硬殼，細細的爪子可以勾在岩石上。

◀雄魚的腹鰭。連接著1對交配器官（鰭腳，clasper）

◀雌魚腹鰭。沒有交配器官。

喉盤魚科

魚事TALK 由左右腹鰭變化而成的吸盤，可以附著在藻類、岩石等各種物品上。沒有鱗片，魚體被黏液所覆蓋。有些黏液中有毒。全世界海域中約有 140 種，日本約有 10 種。

▲黑紋錐齒喉盤魚的吸盤。

日本小姥魚 [喉盤魚科]
會利用吸盤吸附長在岩礁上的藻類。常見於岩石縫隙之間或是石頭下方等處。■ 5 cm ■千葉縣～和歌山縣、富山縣～長崎縣、愛媛縣等 ■鄰近海域岩礁 ■小型甲殼類

黑紋錐齒喉盤魚 [喉盤魚科]
長得與鮟鱇（→ P.58）相似，頭部與魚體好似被人從上方按壓般扁平，故日本方面以此特徵為其命名（扁尾魚）。■ 4 cm ■千葉縣～屋久島、長崎縣、奄美群島／臺灣 ■岩礁 ■小型甲殼類

盤孔喉盤魚
[喉盤魚科]
會利用吸盤吸附在海百合類生物上。■ 4 cm ■琉球群島／西太平洋、東印度洋 ■珊瑚礁

線紋環盤魚
[喉盤魚科]
比起看到牠們吸附在岩石等物體上，更常看到牠們悠游在刺冠海膽的尖刺或是珊瑚枝條之間。■ 6 cm ■千葉縣～高知縣、愛媛縣、琉球群島等／西太平洋、印度洋 ■鄰近海域岩礁 ■小型動物

鼠䱛科

魚事TALK 魚體彷彿被人從上往下壓般扁平，嘴巴向下延伸拉長，可捕食海底小型動物。迎接產卵期時，雄魚與雌魚會一起上升至海面附近，進行產卵與排精的動作。全世界海域中約有 180 種，日本約有 40 種。

雄魚的第 1 背鰭邊緣會變黑。

▼從上方往下看的彎角䱛樣貌。

▲雄魚

彎角䱛 [鼠䱛科]食
魚體上沒有鱗片，僅由黏液覆蓋。■ 17 cm ■北海道南部、本州～九州等／東海、南海 ■海灣內的鄰近海域砂底 ■甲殼類、環節動物、貝類 ■狗坼

雌魚的第 1 背鰭上有黑色斑點。

▼雌魚

本氏䱛 [鼠䱛科]食
■ 16 cm ■北海道～九州北部／朝鮮半島東南部 ■海灣內的鄰近海域砂底 ■甲殼類、環節動物

▼雄魚

雄魚的第 1 背鰭筋條（軟條）會延伸拉長。

日本美尾䱛 [鼠䱛科]
■ 22 cm ■千葉縣・新潟縣～九州等／西太平洋、澳洲西北部 ■水深 20 ～ 200 m 的泥砂底 ■甲殼類、環節動物

鱸形目

▼爭奪地盤中的雄性高
鰭新鼠鱛魚。

第1背鰭

▲雌魚

◀雄魚。第1背鰭會
大幅度張開，魚鰭根
部有藍色如眼睛狀的
紋路（眼狀斑）。

高鰭新鼠鱛魚 [鼠鱛科]

■7 cm ■千葉縣～高知縣、北海道西部～長崎縣等
／濟州島 ■岩礁的砂底 ■底棲小型動物

第1背鰭

▼雄魚。第1背
鰭上有長得像眼
睛的斑點。

摩氏新連鰭鱛
[鼠鱛科]

■6 cm ■靜岡縣～鹿
耳島縣、琉球群島等
／西・中央太平洋、
東印度洋 ■岩礁的砂
底 ■底棲小型動物

▲雌魚

指鰭鱛 [鼠鱛科]

腹鰭的一部分會獨立出來，長得
像1根手指頭，因此移動時看起
來像是用腳走路。■10 cm ■靜岡
縣、愛媛縣、琉球群島／西太平洋
■鄰近水域泥砂底、珊瑚礁 ■底棲
小型動物

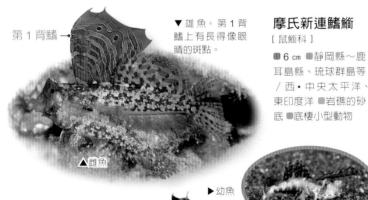

▶幼魚

△成魚（雌魚）

大小比一比

彎角鱛 17cm   高鰭新鼠鱛魚 7cm

花斑連鰭鱛 4cm   日本小姥魚 5cm

花斑連鰭鱛 [鼠鱛科]

會將身體藏在珊瑚礁枝條
之間。■4 cm ■琉球群島／
西・中央太平洋等 ■珊瑚礁 ■
底棲小型動物

花斑連鰭鱛的產卵與排精

接近產卵期時，經常可見雄魚大幅度地張開魚鰭，想要向雌魚求
愛(吸引雌魚注意)。配對成功後，雄魚與雌魚會稍微往海面方向
上升。彼此的腹部會互相貼合，這時雌魚產卵、雄魚排精（釋放
精子）。

▶向雌魚求愛時的雄
魚。魚體較大者為雄
魚。

▶雄魚與雌魚會稍微
往海面方向上升，並
且進行產卵與排精的
動作。

紅連鰭鱛 [鼠鱛科] 食

■17 cm ■靜岡縣・兵庫縣～九州／東海、南海
■大陸棚砂底或泥砂底 ■甲殼類

▼雄魚

鰕虎科

鰕虎科可謂魚類中最龐大的族群。全世界海域中約有2200種，光日本就有約520種，體型、體色及生態各異。再者，棲息的地點在海洋方面從沿岸到深海；陸地方面則是從河川到泥灘，範圍相當廣大。

黃鰭刺鰕虎 🍴

■20 cm ■北海道西部、日本本州～九州／東海、南海等 ■海灣及河口泥砂底、亞成魚也會現身汽水域 ■底棲小型動物、小魚等 ■鰕虎魚

大口裸頭鰕虎

■15 cm ■千葉縣・北海道西部～九州等／東海等 ■沿岸的岩礁、砂礫底、潮池 ■小型動物

半紋鋸鱗鰕虎

會利用從腹鰭變化而成的吸盤，吸附在岩石或是珊瑚的碎礫上。
■2 cm ■和歌山縣、屋久島、琉球群島等／西・中央太平洋、印度洋等 ■珊瑚礁 ■小型動物

磯塘鱧

■3 cm ■千葉縣・青森縣以南／濟州島、臺灣 ■岩礁、砂礫底 ■小型動物

底斑磨塘鱧

會聚集成群，經常可以在岩石周圍或是岩石孔洞中看到牠們仰泳的姿態。■3 cm ■和歌山縣、高知縣、屋久島、琉球群島等／臺灣 ■珊瑚礁 ■浮游生物

絲背磨塘鱧

會棲息在珊瑚附近或是岩石孔洞之中。■3 cm ■屋久島、琉球群島／西・中央太平洋、印度洋 ■珊瑚礁 ■浮游生物

黃體葉鰕虎

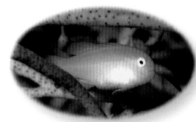

會棲息在珊瑚枝條之間。
■3 cm ■和歌山縣、高知縣、琉球群島等／西太平洋 ■海灣、珊瑚礁 ■小型動物

黑鰭副葉鰕虎

會棲息在珊瑚枝條之間。
■2 cm ■和歌山縣、高知縣、屋久島、琉球群島等／西・中央太平洋、印度洋 ■珊瑚礁 ■小型動物

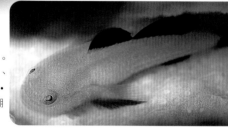

勇氏珊瑚鰕虎

會附著在細長的珊瑚上，以結伴方式生活。■3 cm ■千葉縣～屋久島、琉球群島／西・中央太平洋、印度洋 ■岩礁、珊瑚礁 ■浮游生物

紅點鰕虎

會棲息在珊瑚枝條之間。■4 cm ■屋久島、琉球群島 ■珊瑚礁 ■小型動物

漂遊珊瑚鰕虎

平常會在珊瑚周邊以群體方式浮沉，一旦感知到危險就會躲藏在珊瑚枝條之間。■2 cm ■屋久島、琉球群島／西・中央太平洋、印度洋等 ■珊瑚礁 ■浮游生物

◀連魚卵都直接產在平常棲息的珊瑚上。

魚卵

■體長 ■分布區域 ■棲息環境 ■食物 ■別名 ■危險部位 🍴危險的魚類 🐟食用魚 🔴瀕危物種

▲太平洋型。魚體上有 6 條橫帶紋。

▶日本海型。魚體上有 7 條橫帶紋。

蛇首高鰭鰕虎

可依所棲息的海域區分為太平洋型或日本海型，體色與魚體上的橫帶紋數量會有所不同。█10 cm █〈太平洋型〉千葉縣～三重縣、瀨戶內海、大分縣、宮崎縣〈日本海型〉北海道東南部、青森縣～宮城縣‧長崎縣／朝鮮半島南部 █海灣內的岩礁‧海藻林‧砂礫底 █小型動物

白帶高鰭鰕虎

可依所棲息的海域區分為太平洋型或日本海型，外觀幾乎沒有不同之處。█8 cm █〈太平洋型〉千葉縣～和歌山縣、瀨戶內海〈日本海型〉青森縣～九州西部／朝鮮半島南部 █海灣內的岩礁‧海藻林‧砂礫底 █小型動物

海氏鈍鯊

會在海底附近來回悠游。有時會看到他們在水中突然靜止的模樣。█4 cm █和歌山縣、琉球群島等／西太平洋、印度洋等 █海灣內的砂礫底‧泥砂底 █浮游生物

紅帶范氏塘鱧

█13 cm █千葉縣～屋久島、琉球群島等／西‧中央太平洋、印度洋 █海灣、珊瑚礁的砂礫底‧泥砂底 █底棲小型動物、魚類

▲吞食獵物時會連同砂石一起吞入，再從鰓蓋排出砂石。

哈氏硬皮鰕虎

會潛伏在珊瑚或是岩石底下生活。█5 cm █千葉縣～屋久島、長崎縣、琉球群島／西‧中央太平洋、東印度洋 █岩礁、珊瑚礁 █底棲小型動物

▼會結伴鑽入或棲息在沉落至海底的貝殼、空罐、空瓶等內部。

短身裸葉鰕虎

█3 cm █千葉縣～愛媛縣、兵庫縣、福岡縣～鹿耳島縣／西太平洋等 █沿岸的砂礫底 █小型動物

雙睛護稚鰕虎

基本上沒有棲息在日本的鰕虎科物種就不會有正式的日本名稱，背鰭上有看起來很像眼睛的黑色斑點（眼狀斑，→ P.121），會前後一點一點地移動，讓人覺得很像螃蟹，所以日本方面也以此特徵將其稱呼為「蟹眼鰕虎」。█10 cm █西太平洋 █珊瑚礁的泥砂底‧砂礫底 █底棲小型動物 █蟹眼鰕虎

大小比一比

黃鰭刺鰕虎 20cm

漂遊珊瑚鰕虎 2cm

格氏異翼鰕虎 2cm

蛇首高鰭鰕虎 10cm

格氏異翼鰕虎

特徵是魚體色彩豔麗，看起來有如火焰。█2 cm █和歌山縣、高知縣、屋久島、琉球群島／西‧中央太平洋、印度洋等 █海灣或珊瑚礁的砂礫底‧泥砂底 █底棲小型動物

小知識　黃體葉鰕虎與紅點鰕虎的魚體上幾乎沒有鱗片，只有被黏液所覆蓋。該黏液有毒，有助於保護自己不受敵人攻擊。

鰕虎科

與短脊鼓蝦共生的鰕虎科族群

部分鰕虎科會與短脊鼓蝦共同棲息在某處(互利共生,→P.148)。短脊鼓蝦會自己打造巢穴,鰕虎科則會在周圍幫忙看顧巢穴。

鼓蝦

蘭道氏鈍塘鱧[鰕虎科]
■5 cm ■琉球群島／西
‧中央太平洋 ■珊瑚礁
的砂底 ■小型動物

鼓蝦

日本鈍塘鱧[鰕虎科]
■9 cm ■千葉縣‧島根縣～
屋久島 ■海灣內的砂底 ■小
型動物 ■雉子鰕虎

鼓蝦

角吻鰕虎[鰕虎科]
會與蘭道氏槍蝦共生。■2 cm
■伊豆大島、高知縣、屋久島、
琉球群島／西太平洋 ■砂底 ■小
型動物

絲鰭連膜鰕虎[鰕虎科]
魚體上有橫帶斜紋,背鰭的一部分會延
伸拉長,日本方面以此特徵為其命名。
(長鰭扭轉魚)。■4 cm ■千葉縣～高知縣、
琉球群島／西太平洋等 ■砂底 ■小型動物

蘭道氏槍蝦

紅帶連膜鰕虎[鰕虎科]
會與蘭道氏槍蝦等共生。■4
cm ■伊豆群島、高知縣、琉球群
島／西太平洋等 ■珊瑚礁砂底 ■
小型動物

奧奈氏富山鰕虎[鰕虎科]
會與老虎槍蝦等共生。■8 cm ■千葉縣‧島根
縣以南／西太平洋等 ■岩礁‧珊瑚礁砂底 ■小型
動物

▶體色有黑色的
也有黃色的。

黑唇絲鰕虎[鰕虎科]
會與盜賊槍蝦等共生。
■5 cm ■八重山群島／西
太平洋、東印度洋 ■海灣
內的砂底 ■小型動物

小頭絲鰕虎[鰕虎科]
會與老虎槍蝦等共生。■7 cm ■屋久島、琉球群島／西太平洋、東
印度洋 ■海灣及河口泥砂底 ■小型動物

大小比一比

日本鈍塘鱧 9cm　　黑尾凹尾塘鱧 8cm

絲鰭線塘鱧 6cm　　縱帶鯯鰕虎 5cm

■體長 ■分布區域 ■棲息環境 ■食物 ■別名 ■危險部位 危危險的魚類 食食用魚類 瀕瀕危物種

長棘櫛眼鰕虎[鰕虎科]
會與鼓蝦等共生。●5 cm ●琉球群島／西‧中央太平洋 ●珊瑚礁的砂礫底 ●小型動物

鼓蝦（通稱）

白頭鰕虎[鰕虎科]
會在巢穴上方讓魚鰭漂動，好似在跳舞，故日本方面以此特徵為其命名（舞鰕虎）。●3 cm ●和歌山縣、屋久島、琉球群島／西‧中央太平洋等 ●珊瑚礁的砂礫底 ●小型動物

絲鰭線塘鱧[凹尾塘鱧科]
會在海底巢穴附近游泳，一旦感知到危險就會立刻躲入巢穴內。●6 cm ●靜岡縣～屋久島、琉球群島等／西‧中央太平洋、印度洋 ●珊瑚礁的砂礫底‧泥砂底 ●浮游生物

華麗線塘鱧
[凹尾塘鱧科]
●6 cm ●靜岡縣、高知縣、屋久島、琉球群島等／西‧中央太平洋、印度洋 ●珊瑚礁的砂礫底‧礫底 ●浮游生物

赫氏線塘鱧[凹尾塘鱧科]
●5 cm ●高知縣、琉球群島等／西‧中央太平洋 ●岩礁‧珊瑚礁的砂礫底 ●浮游生物

尾鰭的一部分會延長的如絲線。

絲尾凹尾塘鱧[凹尾塘鱧科]
一旦感知到危險，就會逃進與短脊鼓蝦等共生的其他鰕虎科魚類巢穴。●12 cm ●千葉縣～高知縣、富山縣、九州／朝鮮半島南部、薩摩亞群島 ●岩礁的砂底‧砂礫底 ●浮游生物

黑尾凹尾塘鱧[凹尾塘鱧科]
會在與海底稍微有點距離的中層帶，以群體或是結伴方式來回悠游。一旦感知到危險，就會立刻躲入巢穴內。●8 cm ●千葉縣～屋久島、琉球群島等／西‧中央太平洋、印度洋等 ●珊瑚礁、岩礁的砂底‧砂礫底 ●浮游生物

縱帶凹尾塘鱧[凹尾塘鱧科]
●9 cm ●靜岡縣、高知縣、屋久島、琉球群島等／西太平洋 ●珊瑚礁、岩礁的砂底‧砂礫底

斑馬凹尾塘鱧[凹尾塘鱧科]
●8 cm ●神奈川縣、靜岡縣、琉球群島等／西‧中央太平洋、印度洋等 ●珊瑚礁、岩礁的砂底‧砂礫底 ●浮游生物

縱帶鰤鰕虎[凹尾塘鱧科]
游泳時會捲曲身體。一旦感知到危險，就會把頭鑽入砂中。●5 cm ●琉球群島／西‧中央太平洋 ●海灣、河口的珊瑚礁‧砂底 ●浮游生物

小知識 並不是隨便哪一種鼓蝦都可以與鰕虎科魚類一起生活，還是要依鰕虎科的種類而定。

讓人感到驚奇不已的魚類
與魚共生

魚類具有保護自己的各種智慧，其中一種是與其他的生物「共生」棲息在一起，有互相支援彼此的共生或是只有單方獲益的共生等各種形式的共生關係。

互相得利！（互利共生）
～鰕虎科族群與鼓蝦～

共同生活在一起，彼此互相得利的關係，稱作「互利共生」。互利共生當中習性特別合拍的就是鰕虎科族群與鼓蝦（→P.146）。鰕虎科族群會棲息在鼓蝦們所建立的安全巢穴中，同時也會協助視力較弱的鼓蝦，在牠們外出時擔任保鑣。互相彌補彼此的不足之處，可謂最佳拍檔。

來偷看一下這個巢穴內部吧！

鼓蝦的觸角。離開巢穴時，鼓蝦會用觸角貼在鰕虎科族群的身體上，藉由鰕虎科族群的動作來察覺是否有危險。

▲黑唇絲鰕虎（→P.146）與鼓蝦。鼓蝦進入巢穴挖砂時，或是出外尋找食物時，都會與鰕虎在一起，保護牠們不受敵人威脅。

鰕虎科的巢穴剖面圖

巢穴入口

巢穴通常會建立在顆粒較大的砂底，並且搭配使用小石頭，非常堅固。

只有單方面受益！？（片利共生）
～刺冠海膽與幼魚們～

只有單方面獲得利益，另一方並沒有獲益與否的關係，稱作「片利共生」。刺冠海膽（海膽族群）的長尖刺有毒，絲鰭圓天竺鯛（→P.91）等幼魚卻可以棲息在尖刺之間，藉此保護自己、不讓肉食魚靠近。因為只是在附近，不會造成什麼危害，所以對海膽而言並沒有獲益與否的問題。

只有單方面損失！？（寄生）
～水母與幼魚們～

僅單方獲益，卻會造成另一方損失的關係，稱作「寄生」。長鰮科、圓鯧科等（→P.123）的幼魚會棲息在有毒的水母身上，藉此保護自己，但是幼魚卻會啃食水母讓自己長大，因此對水母而言，雖然不能稱為夥伴關係，但也算是一種共生關係。

白鯧科等

魚事TALK 魚體平坦，呈圓盤狀，形狀有如撲克牌花色。幼魚與成魚在體型與體色上有相當大的差異，還會假扮成枯葉或是渦蟲等（擬態，→P.163）。

▲幼魚。與成魚的體型有很大的差異。

尖翅燕魚
[白鯧科]

會在沿岸的中層帶，建立龐大的群體。幼魚的泳姿就像燕子展翅飛翔一樣，故以此特徵為其命名。◨ 61cm ◨北海道南部、日本本州以南／西太平洋、印度洋 ◨沿岸 ◨藻類、小型動物

▶成魚的群體。

◀從正下方觀看尖翅燕魚的幼魚。看起來非常像一隻飛翔中的燕子。

圓眼燕魚 [白鯧科]

◨ 42cm ◨岩手縣～屋久島、鳥取縣、琉球群島／西‧中央太平洋、印度洋 ◨沿岸珊瑚礁 ◨藻類、小型動物

◀幼魚。會假扮成枯葉（擬態），在表層帶漂瀯，也會進入汽水域。

▲成魚

◀幼魚。也會在汽水域或是淡水域看見其蹤跡。

圓翅燕魚 [白鯧科]

幼魚時期會躲藏在珊瑚縫隙間，揮動魚鰭。該行為是與花尾胡椒鯛的幼魚（→ P.102）一樣，推測可能是想要為裝成有毒的渦蟲（擬態）。◨ 29cm ◨千葉縣、琉球群島／西太平洋、印度洋 ◨珊瑚礁 ◨藻類、小型動物

金錢魚 [金錢魚科]危

喜歡水質混濁的海灣。◨ 35cm ◨千葉縣‧秋田縣以南／西‧中央太平洋、印度洋 ◨海灣 ◨藻類、小型動物 ◨背鰭的尖刺有毒

▲成魚

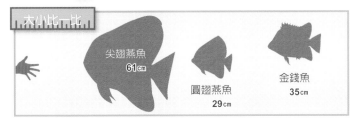

大小比一比

尖翅燕魚
61cm

圓翅燕魚
29cm

金錢魚
35cm

圓翅燕魚的成長

圓翅燕魚幼魚時期的長相非常有特色，會隨著成長，模樣越來越接近尖翅燕魚。

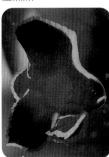
▲黑底魚身上，有著橘色的描邊。

▲背鰭與臀鰭拉長，黑底混雜著灰色。

▲魚體上的黑底部分減少，接近成魚的模樣。

◨體長 ◨分布區域 ◨棲息環境 ◨食物 ◨別名 ◨危險部位 危危險的魚類 食食用魚類 瀕瀕危物種

刺尾鯛科

🐟魚事TALK　小巧的嘴巴內有著尖銳的牙齒，會啄食附著在珊瑚礁或是岩石表面上的藻類。尾鰭的肉柄部位有一個長得像刀子的尖銳突起物（骨質板）。全世界約有60種，日本約有40種。

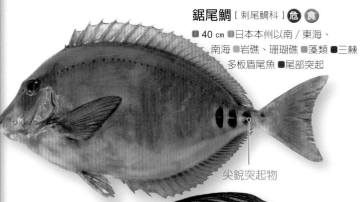

鋸尾鯛［刺尾鯛科］危食
■40 cm ■日本本州以南／東海、南海 ■岩礁、珊瑚礁 ■藻類 ■三棘多板盾尾魚 ■尾部突起

尖銳突起物

白胸刺尾魚［刺尾鯛科］危
會在珊瑚礁處，集結成一個龐大的群體。■54 cm（全長）■西太平洋、印度洋 ■珊瑚礁、岩礁 ■藻類 ■尾部突起

線紋刺尾鯛［刺尾鯛科］危
■29 cm ■靜岡縣～高知縣、長崎縣、屋久島、琉球群島等／西・中央太平洋、印度洋 ■岩礁、珊瑚礁 ■藻類 ■尾部突起

黃高鰭刺尾鯛［刺尾鯛科］危
■15 cm ■神奈川縣～高知縣、琉球群島等／西・中央太平洋 ■岩礁、珊瑚礁 ■藻類 ■尾部突起

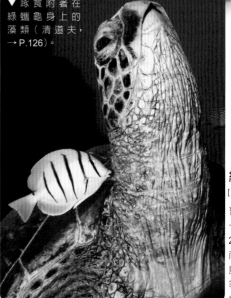

▼啄食附著在綠蠵龜身上的藻類（清道夫，→P.126）。

◀成魚

▼幼魚

高鰭刺尾魚［刺尾鯛科］危
成魚與幼魚的身體顏色有很大的差異。■20 cm ■神奈川縣～高知縣、屋久島、琉球群島等／西・中央太平洋、印度洋 ■岩礁、珊瑚礁 ■藻類 ■尾部突起

綠刺尾鯛
［刺尾鯛科］危食
會在鄰近海域聚集成一個龐大的群體。■21 cm ■千葉縣～九州南部、新潟縣、琉球群島等／太平洋、印度洋等 ■岩礁、珊瑚礁 ■藻類 ■尾部突起

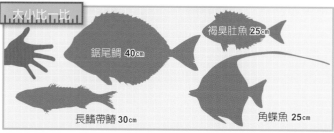

大小比一比

鋸尾鯛 40cm

褐臭肚魚 25cm

長鰭帶鰭 30cm

角蝶魚 25cm

短吻鼻魚［刺尾鯛科］危
特徵是頭部有個角狀的突起物。■60 cm ■千葉縣～高知縣、青森縣、富山縣、愛媛縣、屋久島、琉球群島等／西・中央・東太平洋、印度洋 ■岩礁、珊瑚礁 ■藻類 ■尾部突起

▲成魚

擬刺尾鯛［刺尾鯛科］🈲
會棲息在珊瑚礁的潮流順暢處。
■ 25 cm ■靜岡縣～高知縣、屋久島、琉球群島等／西・中央太平洋、印度洋 ■岩礁、珊瑚礁 ■浮游生物 ■黃尾副刺尾魚、藍倒吊 ■尾部突起

◀幼魚。會在珊瑚周圍聚集成群，一旦感知到危險就會逃進珊瑚枝條之間。

臭肚魚科

🐟魚事TALK🐟　背鰭、腹鰭、臀鰭上的尖刺有毒，一旦被刺到會感到非常疼痛。在熱帶地區被視為重要食用魚。全世界約有30種，日本有12種。

▲成魚

▲幼魚

褐臭肚魚［臭肚魚科］🈲🍴
■ 25 cm ■日本本州以南／西太平洋、東印度洋 ■岩礁、珊瑚礁 ■藻類 ■褐藍子魚 ■魚鰭上的尖刺有毒

▲成魚

星斑臭肚魚［臭肚魚科］🈲🍴
■ 33 cm ■和歌山縣、鹿耳島縣、琉球群島／西太平洋、東印度洋 ■岩礁、珊瑚礁，亦會現身於汽水域 ■藻類、小型動物 ■魚鰭上的尖刺有毒

單斑臭肚魚［臭肚魚科］🈲
每一隻魚身上的黑色斑點都不同。■ 18 cm ■琉球群島等／西太平洋等 ■珊瑚礁 ■藻類 ■單斑藍子魚 ■魚鰭上的尖刺有毒

▲幼魚

角蝶魚科

🐟魚事TALK🐟　角蝶魚科在世界上僅有一種。長得與白吻雙帶立旗鯛(→P.111)十分相似，但是並不屬於蝴蝶魚科，而是接近刺尾鯛科。

角蝶魚［角蝶魚科］
在熱帶地區被當作食用魚。■ 25 cm ■青森縣・山口縣～九州、琉球群島等／太平洋、印度洋 ■岩礁、珊瑚礁 ■海綿類、藻類、蝦類

長鰭帶鰭科

🐟魚事TALK🐟　在全世界的深海魚當中，長鰭帶鰭科僅有唯一的1種。幼魚時期會棲息在遠洋的表層帶，並且隨著成長逐漸移動至深海。

鱗片形狀大小不一致，非常容易剝落。

長鰭帶鰭［長鰭帶鰭科］
■ 30 cm（全長）■茨城縣、沖繩海槽等／世界各地的溫暖海域（東太平洋・大西洋東南部除外）■水深 100 ～ 990m 的大陸棚・大陸坡底層 ■魚類、烏賊、甲殼類

小知識　黃高鰭刺尾鯛與高鰭刺尾魚的尾部突起處可以摺疊。

旗魚科

🐟 魚事TALK 🐟 　魚體稍長，呈圓筒狀，有非常長的吻部如劍狀突出。該吻部是因為上頜骨骼發達，可以藉此用來突擊魚群，或是揮舞吻部拍打其他魚類、刺向魚群。全世界海域中有12種，日本有6種。

雨傘旗魚 [旗魚科] 食

主要會悠游於遠洋，亦會現身於沿岸。擁有非常大的第1背鰭，從後方看起來相當高聳。腹鰭則延伸拉長，呈絲線狀。⬛3.3m（全長）◆日本各地／西・中央太平洋、印度洋■遠洋表層帶■魚類、烏賊

紅肉旗魚 [旗魚科] 食

背部為深藍色，身上則有淡藍色的橫紋。在日本鄰近海域方面常現身於太平洋側，但是幾乎沒有出現在日本海側。⬛3.8m（全長）◆日本各地／西・中央太平洋、印度洋■遠洋表層帶■魚類、烏賊□紅肉槍魚

◀ 在旗魚科當中，吻部算是相當短，頭部後方沒有突出物。

小吻四鰭旗魚 [旗魚科] 食

⬛2.5m（全長）◆宮城縣、神奈川縣、新潟縣、琉球群島／西・中央太平洋、印度洋■遠洋表層帶■魚類、烏賊■紅肉丁挽

■體長 ◆分布區域 ■棲息環境 ■食物 ■別名 ■危險部位 危危險的魚類 食食用魚類 瀕瀕危物種

第 1 背鰭

▲雨傘旗魚平常的體色為銀色，
追逐獵物時會變成如彩虹般
相當漂亮的顏色。

立翅旗魚 [旗魚科] 食
在海裡悠游時，背部是深藍色，被釣上岸後，全身則會變白。
■4.5m（全長）■日本各地／西・中央太平洋、印度洋 ■遠洋表層帶
■魚類 ■白肉旗魚、印度槍魚

吻部

劍旗魚 [劍旗魚科] 食
特徵是吻部特別長，眼睛很大。會吞食其他魚類，特別喜歡吃烏
賊。■4.5m（全長）■日本各地／世界各地的熱帶・溫帶海域 ■遠洋表
層帶～水深至 550m 的中深層帶 ■魚類、烏賊

大小比一比

紅肉旗魚　3.8m

雨傘旗魚　3.3m

劍旗魚　4.5m

小知識 紅肉旗魚等的吻部剖面是圓形，劍旗魚的吻部剖面是橫長的橢圓形，像一把細細的劍。

金梭魚科、帶魚科等

🐟**魚事TALK**🐟 特徵是兩頜處有長得像獠牙的尖銳牙齒。金梭魚科的魚體細長、渾圓飽滿。通常會聚集成一大群。帶魚科以及帶鰭科則擁有細長且平坦的魚體。

▲成魚

油魣 [金梭魚科]食
會聚集成一個龐大的群體。■ 29 cm ■日本各地／西太平洋、印度洋 ■沿岸鄰近海域的岩礁 ■魚類

巴拉金梭魚 [金梭魚科]危
經常可以在珊瑚礁處看到其孤單的身影。有時也會聚集成群。
■ 165 cm ■神奈川縣～高知縣、福井縣、長崎縣、屋久島、琉球群島等／西・中央太平洋、印度洋、大西洋 ■鄰近海域的珊瑚礁、海灣 ■魚類 ●大魣、巴拉庫答 ■有時會帶有熱帶性海魚毒

▲幼魚。可在紅樹林的汽水域或是海灣的鄰近海域等處發現其蹤跡。

▲在金梭魚科中，巴拉金梭魚最特別的是擁有尖銳的牙齒。

日本金梭魚 [金梭魚科]食
■ 35 cm ■北海道南部・新潟縣～九州等／東海、南海等 ■沿岸鄰近海域 ■魚類

白帶魚 [帶魚科]食
魚體可以在不彎曲的狀態下，舞動魚鰭、直立式游泳。平常棲息於遠洋海域，到了夜晚就會浮到表層帶。■ 135 cm（全長）■北海道～九州／東海等 ■大陸棚 ■魚類 ●刀魚、高鰭帶魚

黑鰭魣 [金梭魚科]
■ 170 cm（全長）■太平洋・印度洋的溫暖海域 ■沿岸 ■魚類

◀帶有強烈震撼力的黑鰭魣。

▲會在沿岸聚集成一個龐大的群體、來回悠游。有時會形成一個巨大的漩渦狀。

鱸形目

154 ■體長 ■分布區域 ■棲息環境 ■食物 ●別名 危危險部位 危危險的魚類 食食用魚類 瀕瀕危物種

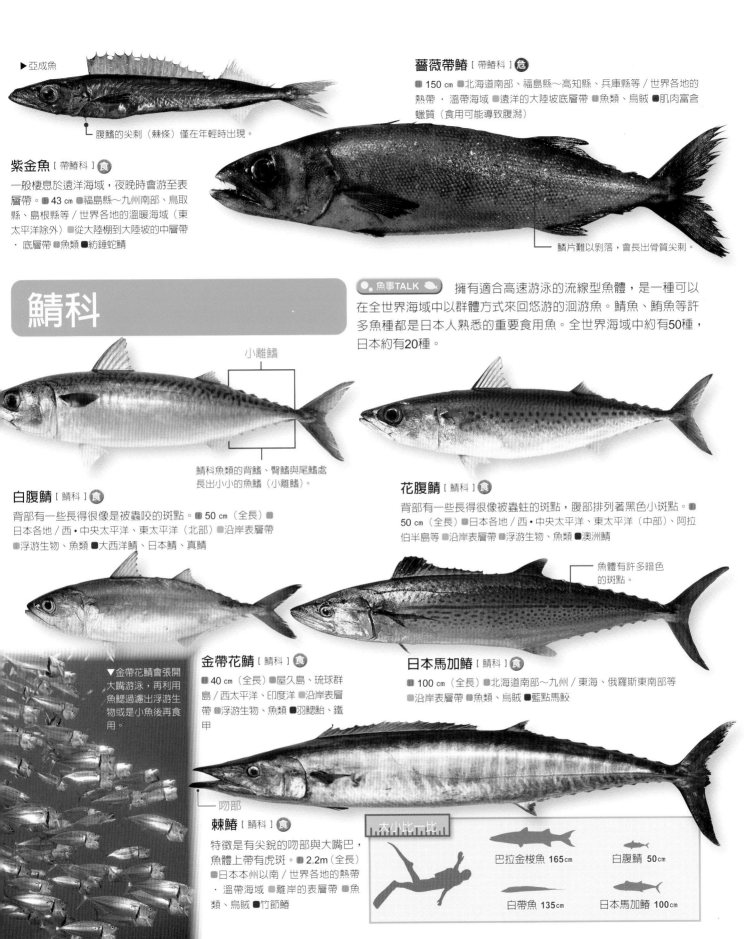

▶亞成魚

└─ 腹鰭的尖刺（棘條）僅在年輕時出現。

紫金魚 [帶鰭科] 食
一般棲息於遠洋海域，夜晚時會游至表層帶。▉ 43 cm ▉福島縣～九州南部、鳥取縣、島根縣等 / 世界各地的溫暖海域（東太平洋除外）▉從大陸棚到大陸坡的中層帶・底層帶 ▉魚類 ▉紡錘蛇鯖

薔薇帶鰭 [帶鰭科] 危
▉ 150 cm ▉北海道南部、福島縣～高知縣、兵庫縣等 / 世界各地的熱帶・溫帶海域 ▉遠洋的大陸坡底層帶 ▉魚類、烏賊 ▉肌肉富含蠟質（食用可能導致腹瀉）

└─ 鱗片難以剝落，會長出骨質尖刺。

鯖科

小離鰭

鯖科魚類的背鰭、臀鰭與尾鰭處長出小小的魚鰭（小離鰭）。

🐟 魚事TALK 🐟 擁有適合高速游泳的流線型魚體，是一種可以在全世界海域中以群體方式來回悠游的洄游魚。鯖魚、鮪魚等許多魚種都是日本人熟悉的重要食用魚。全世界海域中約有50種，日本約有20種。

白腹鯖 [鯖科] 食
背部有一些長得很像是被蟲咬的斑點。▉ 50 cm（全長）▉日本各地 / 西・中央太平洋、東太平洋（北部）▉沿岸表層帶 ▉浮游生物、魚類 ▉大西洋鯖、日本鯖、真鯖

花腹鯖 [鯖科] 食
背部有一些長得很像被蟲蛀的斑點，腹部排列著黑色小斑點。▉ 50 cm（全長）▉日本各地 / 西・中央太平洋、東太平洋（中部）、阿拉伯半島等 ▉沿岸表層帶 ▉浮游生物、魚類 ▉澳洲鯖

▼金帶花鯖會張開大嘴游泳，再利用魚鰓過濾出浮游生物或是小魚後再食用。

金帶花鯖 [鯖科] 食
▉ 40 cm（全長）▉屋久島、琉球群島 / 西太平洋、印度洋 ▉沿岸表層帶 ▉浮游生物、魚類 ▉羽鰓鮐、鐵甲

魚體有許多暗色的斑點。

日本馬加鰆 [鯖科] 食
▉ 100 cm（全長）▉北海道南部～九州 / 東海、俄羅斯東南部等 ▉沿岸表層帶 ▉魚類、烏賊 ▉藍點馬鮫

└─ 吻部

棘鰆 [鯖科] 食
特徵是有尖銳的吻部與大嘴巴，魚體上帶有虎斑。▉ 2.2m（全長）▉日本本州以南 / 世界各地的熱帶・溫帶海域 ▉離岸的表層帶 ▉魚類、烏賊 ▉竹節鰆

大小比一比
巴拉金梭魚 165cm
白腹鯖 50cm
白帶魚 135cm
日本馬加鰆 100cm

鯖科

扁花鰹 <食>

■60 cm（全長）■日本各地／世界各地的熱帶・溫帶海域（東太平洋除外）■沿岸表層帶■魚類■扁舵鰹、煙仔魚

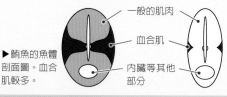

正鰹 <食>

在日本太平洋沿岸洄游的正鰹，一到春天就會開始北上，等到夏末時分再南下。日本方面會將在該年度初夏時期捕捉到的正鰹稱作「初鰹」，南下的正鰹稱作「洄游鰹」。■110 cm（全長）■日本近海（日本海方面較為稀少）／世界各地的熱帶・溫帶海域■沿岸表層帶■魚類、甲殼類、烏賊■本鰹、真鰹

巴鰹 <食>

腹側帶有斑點，看起來像是被煙灰燙到。故日本方面將其稱作「艾灸（yaido）」。■100 cm（全長）■神奈川縣・兵庫縣以南／西太平洋・中央太平洋・印度洋的熱帶・溫帶海域■沿岸表層帶■魚類■煙仔、三點仔

正鰹與鮪魚能夠持續游泳的祕密

正鰹與鮪魚都是會在海中來回悠游的洄游魚。他們可以高速且長時間游泳的祕密就在其體內。

🐟 藉由收起魚鰭，降低水中阻力

正鰹與鮪魚的流線型魚體不容易受到海水的阻力。此外，他們還可以將第1背鰭、腹鰭收入魚鰭根部的凹槽，進一步消除阻力。

▲收起魚鰭狀態的正鰹。

🐟 可長時間游泳的肌肉

和其他魚類比較起來，正鰹與鮪魚擁有較多血合肌。血合肌富含可以大量運輸氧氣的蛋白質，使得魚兒不容易疲勞，適合長時間游泳。

一般的肌肉

血合肌

內臟等其他部分

▶鮪魚的魚體剖面圖。血合肌較多。

◀鯛魚的魚體剖面圖。血合肌較少。

太平洋黑鮪 <食>

相當大型的鮪魚，會洄游在世界各地的溫暖海域。■3m（全長）■日本近海／太平洋的北半球側■遠洋表層帶■魚類、烏賊■東方金槍魚、Meji（亞成魚）

※ 此處所介紹的魚皆為鯖科。

東方齒鰆 食
■ 100 cm ■北海道～九州等／西・中央太平洋、印度洋
■沿岸表層帶 ■魚類 ■東方狐鰹

長鰭鮪 食
胸鰭非常長。■ 120 cm（全長）■日本鄰近海域（日本海較
為稀少）／全世界的熱帶・亞熱帶海域 ■遠洋海域表層帶
■魚類、烏賊 ■長鰭金槍魚、長鬚甕串

胸鰭

裸鰆 食
■ 2m ■神奈川縣～屋久島、長崎縣、琉
球群島等／西太平洋・印度洋的熱帶・
亞熱帶海域 ■沿岸表層帶 ■魚類、烏賊

黃鰭鮪 食
特徵是魚鰭是黃色的，成魚後的特徵是第
2 背鰭與臀鰭會變延伸拉長。■ 2m（全長）
■日本鄰近海域（日本海較為稀少）／全世界
的熱帶・亞熱帶海域 ■遠洋海域表層帶 ■魚
類、烏賊 ■黃鰭金槍魚、kimeji（亞成魚）

短鮪 食
特徵是魚體渾圓、
眼睛大。■ 2m（全長）■日本鄰近
海域（日本海較為稀少）／全世界的
熱帶・亞熱帶海域 ■遠洋海域表層
帶 ■魚類、烏賊 ■大目鮪

大小比一比

正鰹 110cm
裸鰆 2m
太平洋黑鮪 3m
黃鰭鮪 2m

小知識 正鰹與鮪魚游泳時會打開魚鰓與嘴巴，藉由通過魚鰓的水吸取氧氣、呼吸。因為一旦停下來就會窒息，所以必須持續不斷地游泳。

特寫！
生物記錄器

調查魚類生態用的生物記錄器

生物記錄器（Bio-logger）是一種直接安裝在生物體上的記錄裝置，回收後再進行分析數據的調查方法。這種方法可以讓我們一窺過去所未知的魚類生活。

大家知道什麼是「生物記錄器」嗎？

在魚類的生物記錄器方面，主要使用的是「資料記錄器（data logger）」這種小型的記錄器。可以用來記錄魚類所處的水深、水溫、魚的速度（泳速）與動作（加速度）等。分析這些資料後就可以知道魚兒平常都棲息在何處、有哪些行為等。

資料記錄器

資料記錄器上的訊號傳輸機必須搭配浮力體一起使用。

浮力體

資料記錄器

▲將資料記錄器與浮力體裝在魚體上時，也會同時安裝在一定時間後會自動脫落的特殊計時器。

旗魚根本無法游到時速100km！？

先前曾有調查表示雨傘旗魚泳速非常快，可以達到時速100km以上。然而，根據實際調查，平均泳速（平常游泳時的速度）時速記錄為2km，最快泳速（追逐其他魚類時或是逃離時的速度）時速僅可達36km。這也可以證明生物記錄器能夠幫助我們了解魚類真正的生態。

▲在背鰭上安裝資料記錄器。

食人鯊與太平洋黑鮪
平均泳速較快的祕密

食人鯊與太平洋黑鮪在最快泳速方面與雨傘旗魚不相上下，但是在平均泳速方面則超越雨傘旗魚。這是因為食人鯊與太平洋黑鮪擁有特殊的身體結構。魚類是一種會配合周遭水溫高低調節本身體溫的變溫動物。然而，部分鯊魚族群（食人鯊、太平洋鼠鯊、尖吻鯖鯊等）以及鮪魚族群（太平洋黑鮪、黃鰭鮪、鰹魚等）本身會藉由特殊的血管配置，在體內蓄熱，維持比水溫更高的體溫，藉此可以發揮長時間的高度運動能力、提高平均泳速。

食人鯊的泳速

平均泳速	時速 8 km
最快泳速	時速 32km

※ 在此所介紹的最快泳速是根據多項調查結果後所計算出的數字。調查結果的數量越多，越有機會能夠記錄到其最快速度，然而因個體差異或是狀況也會出現不同的速度紀錄。

安裝生物記錄器

抓住想要調查的魚兒，在魚體上安裝生物記錄器與浮力體再後放回海洋或河川即可。

搜索與回收生物記錄器

經過一定的時間後，特殊計時器就會開始動作，讓生物記錄器與浮力體脫離魚體，浮到水面上。調查人員再利用天線接收浮力體所發出的訊號位置，前往搜索該生物記錄器即可。

找到了！

太平洋黑鮪的泳速

平均泳速	時速 5 km
最快泳速	時速31km

翻車魨的泳速

平均泳速	時速 2 km
最快泳速	時速12km

雨傘旗魚的泳速

平均泳速	時速 2 km
最快泳速	時速36km

鰈科

🐟 魚事TALK 🐟　魚體扁薄、平坦，不像其他魚類一樣左右對稱。魚體左右兩側的其中一側有兩顆眼睛。有些會棲息在汽水域或是淡水域。全世界海域約有700種，日本約有130種。

▶ 牙鮃科的臉。雙眼會偏向左側。嘴巴和牙齒都很大。

牙鮃科

🐟 魚事TALK 🐟　雙眼位於魚體左側。平時會將沒有眼睛的右側（腹部側）朝下、橫躺在海底，游泳時會離開海底，像海浪一樣地拍動身體。

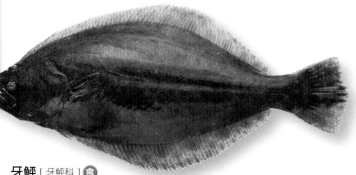

牙鮃 [牙鮃科] 食
會利用大嘴巴內的尖銳巨齒捕捉獵物。■70 cm ■北海道～九州等／東海、南海等 ■水深 10～200m 的砂底 ■魚類、烏賊、甲殼類 ■扁口魚

體色可以自由變化！
牙鮃科與鰈科會隨著砂底的顏色改變體色（擬態，→P.163）。如果海底是斑點狀，魚體就會變得充滿斑點。這種讓體色近似於砂底顏色的擬態行為，可以避免靠近的獵物察覺到自己，並且找到機會襲擊獵物。

眼睛

眼睛

▲使用牙鮃進行實驗。牙鮃科與鰈科魚類看到砂底的顏色後就會改變體色。也就是說，會隨著頭部周圍的環境顏色而改變自己的顏色與紋路。

牙鮃的成長
剛孵化出來的牙鮃科與鰈科仔魚和其他魚類的眼睛同樣位於身體的左右兩側。牙鮃科的右眼會逐漸往身體左側移動，並且開始以身體右側朝下的方式游泳。等到魚體開始出現顏色時，右眼已經完全移動至左側。

▲出生後沒多久的牙鮃仔魚。雙眼還分別位於身體兩側。

▲出生 1 個月左右的仔魚。右眼已經大幅度偏向左側。

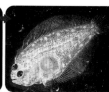
▲魚體開始出現顏色時，右眼幾乎已經偏向左側。

有 2 個長得像眼睛的斑點（眼狀斑，→ P.121）

大齒斑鮃 [牙鮃科] 食
日文名稱中帶有鰈字（テンジクガレイ），但卻歸類在牙鮃科。■40 cm ■神奈川縣～九州南部、長崎縣、琉球群島／西•中央太平洋、印度洋 ■水深至 30m 的泥砂底

▼有 5 個眼狀斑。

五眼斑鮃 [牙鮃科] 食
■15 cm ■北海道～九州／東海、南海等 ■水深 40～80m 的泥砂底 ■魚類、甲殼類

偉鱗短額鮃 [鮃科] 食
眼睛位置分離，尾鰭兩端有黑色斑點（眼狀斑）。日文名稱中有帶有鰈字（ダルマガレイ），但比較接近牙鮃科。■12 cm ■神奈川縣•兵庫縣～九州／西太平洋、印度洋 ■水深至 30m 的泥砂底 ■魚類、底棲小型動物

鰈科

魚事TALK 許多鰈科的魚類雙眼會位於右側。然而，部分棲息於日本的魚，例如：星斑川鰈(→P.216)等的雙眼則是位於左側。

▲鰈科魚類的臉。雙眼會偏向右側，嘴巴和牙齒都很小。

鈍吻擬鰈 [鰈科] 食
與尖吻黃蓋鰈長得很像，吻部稍微突出。●45 cm ■北海道～高知縣・九州西部等 / 東海等 ■水深至 100m 的泥砂底 ■環節動物、甲殼類

▲尖吻黃蓋鰈的左側（腹側）沒有眼睛。整片都是白色的，沒有任何紋路。

尖吻黃蓋鰈 [鰈科] 食
●50 cm ■北海道～福島縣・長崎縣等 / 朝鮮半島～千島群島南部等 ■水深至 100m 的泥砂底 ■環節動物、貝類、甲殼類

窄鱗庸鰈 [鰈科] 食
在鰈科當中，算是會長得非常龐大的一種魚。嘴巴也很大，內有尖銳的牙齒。
●2.5m ■北海道、青森縣～石川縣 / 北太平洋、東太平洋（北部）等 ■水深至 1100m 的泥砂底 ■魚類、章魚、蟹類等 □太平洋大比目魚

大小比一比
尖吻黃蓋鰈 50cm
牙鮃 70cm
窄鱗庸鰈 2.5m

石鰈 [鰈科] 食
背面、側線部分、腹部都有長得像石頭的突起物。有些會進入淡水域。●50 cm ■北海道～九州 / 朝鮮半島、庫頁島、千島群島等 ■水深 30～100m 的泥砂底 ■貝類、甲殼類

小知識 養殖的牙鮃，原本白色魚體的部分會變黑，有些還會帶有黑色的斑點。

冠鰈科

冠鰈 [冠鰈科]

背鰭上的筋條（軟條）呈線狀延伸拉長。平常會收在腹部，要威嚇敵人時，就會氣勢磅礡的張開。

■18 cm ■靜岡縣～高知縣、鹿兒島縣／西太平洋、印度洋 ■泥砂底 ■底棲小型動物

▲張開背鰭的筋條、威嚇其他生物的冠鰈。

舌形斜頜鰈 [冠鰈科]

■15 cm ■神奈川縣・福井縣～九州／西太平洋 ■水深80～150m 的泥砂底 ■環節動物、蝦類等

舌鰨科

🐟 魚事TALK　特徵是擁有像牛舌一樣扁平的身體。舌鰨科通常是右眼比較靠近身體左側，日本鉤嘴鰨則是左眼比較靠近右側。

焦氏舌鰨 [舌鰨科]食

眼睛非常小，吻部渾圓。■25 cm ■北海道南部・新潟縣～九州等／東海、南海等 ■水深30～130m 的泥砂底 ■環節動物、貝類、小魚、甲殼類

日本鬚鰨 [舌鰨科]食

■35 cm ■北海道～九州／東海、南海等 ■海灣或是鄰近海域沿岸的泥砂底 ■環節動物、貝類、甲殼類

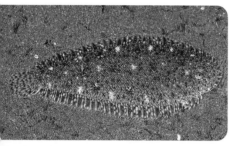

日本鉤嘴鰨 [鰨科]

吻部彎曲呈鉤狀。有用眼睛那側貼向其他東西的習性。■14 cm ■日本本州～九州／東海、南海鄰近海域的砂底 ■魚類、甲殼類

斑紋條鰨 [鰨科]

■22 cm ■日本本州～九州 ■水深至100m 的泥砂底 ■環節動物、甲殼類

▲舌鰨科游泳時，會像海浪一樣地拍動身體。

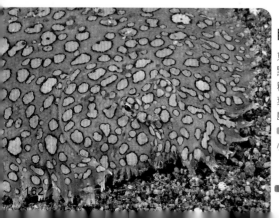

眼斑豹鰨 [鰨科]危

魚體有很多白色、如蛇眼的斑點。背鰭、臀鰭、腹鰭根部會釋放出劇毒黏液。■15 cm ■千葉縣～愛知縣、屋久島、奄美群島／西・中央太平洋、東印度洋 ■珊瑚礁砂底 ■環節動物、底棲小型動物 ■黏液有毒

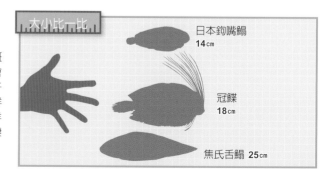

大小比一比

日本鉤嘴鰨 14cm

冠鰈 18cm

焦氏舌鰨 25cm

■體長　■分布區域　■棲息環境　■食物　■別名　■危險部位　危危險的魚類　食食用魚類　瀕瀕危物種

鰈形目

162

魚的擬態

魚類的世界弱肉強食。小魚要保護自己不要被吃掉，肉食魚則是為了生存必須得狩獵。因此，小魚為了保護自己會假扮成肉食魚不喜歡吃的東西或是假扮成危險生物的模樣。肉食魚方面，則會為了不要讓獵物發現而偽裝，藉此靠近獵物，這些行為皆稱作「擬態」。

變身成枯葉的2隻魚！

最常看到的擬態方式是假扮成漂在水中的葉片或是垃圾等。
下圖中的2隻魚都是擬態成枯葉，然而，兩者的目的卻大相逕庭。

攻 化身成枯葉，鎖定獵物

守 化身成枯葉，保護自己

▲多棘單鬚葉鱸（→ P.212）。會擬態成枯葉，在獵物未察覺的狀態下偷偷靠近。

▲圓眼燕魚的幼魚（→ P.149）。擬態成漂流在表層帶的枯葉，所以沒有被肉食魚察覺。

假裝自己有毒……？

假扮成有毒生物，也是常見的擬態方式。擬態的對象不僅是魚，可能也會假扮成海扁蟲（→P.102）等有毒生物。以下2隻魚的長相十分相似，但是可以藉由有毒／無毒，以及魚鰭形狀進行區別。

有毒！

背鰭

臀鰭

◀瓦氏尖鼻魨（→ P.169）。身上有劇毒，不會被肉食魚鎖定。

▶鋸尾副革單棘魨（→ P.165）身上沒有毒性，所以擬態成瓦氏尖鼻魨，就不會被敵人當作鎖定目標。

背鰭

臀鰭

無毒！

猜猜看我在哪！

化身成岩壁、海底石頭、珊瑚類或是藻類等，隱藏自己也算是一種擬態。因為擬態得非常逼真，經常讓人難以區分。就讓我們來看看以下這2隻魚的完美擬態技巧吧！

蟄伏等待！

▶在流動的海藻中蟄伏等待獵物的裸躄魚（→P.63）。會一口氣吞掉一時不察而靠近的小魚。

隱藏！

◀棲息在柳珊瑚類當中的巴氏海馬（→ P.69）。擬態後的體積相當小，所以不容易被發現。

魨類

鱗魨科等

🐟 魚事TALK 🐟 顏色、斑點豐富，是相當受到歡迎的觀賞魚，經常可在水族館等看到牠們。魚體上覆蓋著板狀鱗片。第1背鰭很小，平常會縮在魚體裡。

🐟 魚事TALK 🐟 小巧的嘴巴內長有堅硬且強壯的板狀齒（齒板）。許多魨科類群的鰓孔形狀是非常小的孔洞，並沒有腹鰭。有些體內有毒，有些的毒則是在魚體表面。全世界海域約有420種，日本約有140種。

▼幼魚

▲成魚

花斑擬鱗魨 [鱗魨科]

一旦感應到危險，就會躲入珊瑚或是岩石縫隙之間。會將第1背鰭與腹鰭緊縮、避免張開，藉此保護自己。◧ 43 cm ◧岩手縣、茨城縣、新潟縣以南／西・中央太平洋、印度洋 ◧珊瑚礁 ◧海膽、貝類、甲殼類

紅牙鱗魨 [鱗魨科]

會在珊瑚礁處聚集成一個龐大的群體。◧ 29 cm ◧琉球群島等／西・中央太平洋、印度洋 ◧水深至50m 的珊瑚礁 ◧浮游生物

▲ 上頜有 2 顆紅色的牙齒突出。

黑邊角鱗魨 [鱗魨科]

◧ 28 cm ◧北海道南部～高知縣、愛媛縣、屋久島、琉球群島等／西・中央太平洋、印度洋等 ◧珊瑚礁 ◧環節動物、海膽、貝類、甲殼類、藻類

波紋鉤鱗魨 [鱗魨科]

◧ 28 cm ◧和歌山縣、高知縣、福岡縣、屋久島、琉球群島等／西・中央太平洋、印度洋 ◧珊瑚礁 ◧海膽、貝類、甲殼類

尖吻棘魨 [鱗魨科]

到了產卵期，就會在砂底做出一個研缽狀的巢穴。◧ 21 cm ◧屋久島、琉球群島等／西・中央太平洋、印度洋、東大西洋 ◧珊瑚礁 ◧海膽、貝類、甲殼類、藻類

褐擬鱗魨 [鱗魨科]

到了產卵期，就會在砂底做出一個研缽狀的巢穴。守護巢穴的意識強烈，只要有外來者靠近就會豎起第 1 背鰭，猛烈地衝向對方。◧ 63 cm ◧神奈川縣～屋久島、琉球群島等／西・中央太平洋、印度洋 ◧珊瑚礁 ◧海膽、貝類、甲殼類

▼幼魚

▼成魚

第1背鰭

◀成魚

雙棘三棘魨 [三棘魨科] 🍴

會在沿岸鄰近海域聚集成群。◧ 25 cm ◧北海道南部・新潟縣～九州等／西太平洋、印度洋 ◧鄰近海域底層帶 ◧底棲小型動物、藻類

▲幼魚。會在汽水域或是海藻林發現其蹤跡。

擬三棘魨 [擬三棘魨]

腹鰭上有 1 對尖刺。◧ 10 cm ◧茨城縣・新潟縣～九州／東海、南海 ◧水深 70～330m 的底層帶 ◧甲殼類、小魚

◧體長 ◧分布區域 ◧棲息環境 ◧食物 ◧別名 ◧危險部位 🍴危險的魚類 🍴食用魚類 🍴瀕危物種

單棘魨科

魚事TALK　平坦的身體上覆蓋著長有細小尖刺的鱗片，摸起來的觸感微刺。食用時必須剝皮，所以日本方面將單棘魨科的魚稱作「剝皮魚」。為了避免睡覺時被沖走，牠們有用嘴巴咬住藻類等的習性。

◀幼魚

◀產卵前的雌魚(右)與雄魚(左)。

短角單棘魨 [單棘魨科]

會以小群體方式棲息在水深至 200m 的沿岸泥砂底或是岩礁。幼魚時期會聚集成較大的群體，一起襲擊、捕食水母。是越前水母的天敵。■ 32 cm ■北海道～九州／東海、南海等 ●沿岸 ■水母類、環節動物、貝類、甲殼類

絲背冠鱗單棘魨 [單棘魨科] 食

小巧的嘴巴前端有感覺器官，能夠聰明地吃到釣餌。雄魚的第 2 背鰭筋條（軟條）如絲線般延伸拉長。■ 20 cm ■日本本州～九州／東海、南海等 ●水深至 100m 的砂底 ■環節動物、貝類、甲殼類

尖吻單棘魨 [單棘魨科]

會結伴或是組成小群體在珊瑚礁的附近悠游。■ 8 cm ■高知縣、愛媛縣、琉球群島等／西‧中央太平洋、印度洋 ●珊瑚礁 ■珊瑚上的珊瑚蟲

長尾革單棘魨 [單棘魨科] 危

魚體上有豔麗的藍色波浪狀紋路。■ 75 cm ■日本各地／世界各地的熱帶‧溫帶海域 ●沿岸的岩礁‧珊瑚礁 ■藻類、海葵類、小型動物 ●有些內臟有毒

鋸尾副革單棘魨 [單棘魨科]

會擬態（→ P.163）成瓦氏尖鼻魨（→ P.169）。■ 8 cm ■靜岡縣～高知縣、愛媛縣、屋久島、琉球群島等／西‧中央太平洋、印度洋 ●珊瑚礁 ■貝類、藻類

▶成魚

▶幼魚

綠短革單棘魨 [單棘魨科]

成魚也長得很嬌小，但是可以像一般魨科一樣鼓起腹部。■ 7 cm ■茨城縣～屋久島、山口縣、福岡縣 ●岩礁、海藻林 ■小型甲殼類、藻類等

嘴巴

擬鬚魨 [單棘魨科]

嘴巴向上翹，細長的魚體有著長尾巴與鬍鬚。因為這些特徵，日本名稱方面給予牠們一個和日本俳句一樣五七五，共 17 個字的名稱（ウケグチノホソミオナガノオキナハギ）。■ 35 cm（全長）■西太平洋、印度洋 ●珊瑚礁砂底‧海藻林，亦會現身於河口汽水域等處 ■小型動物

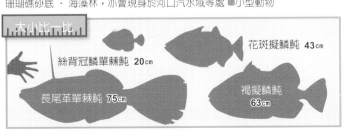

毛柄粗皮單棘魨 [單棘魨科]

屬於小型且稀有的刺尾鯛科魚類。■ 2 cm ■沖繩島、西表島／西太平洋 ○海藻林、珊瑚礁 ■小型動物

▼睡覺時會用嘴巴咬住藻類。

大小比一比

花斑擬鱗魨 43cm

絲背冠鱗單棘魨 20cm

長尾革單棘魨 75cm

褐擬鱗魨 63cm

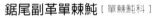 

二齒魨科

🐟魚事TALK🐟　一旦感受到危險就會鼓起身體、像毬果般豎起尖刺。雖然都是魨科，但是身上沒有毒性，沖繩縣等地方會將牠們當作食用魚。

魨形目

六斑二齒魨 [二齒魨科] 食

從體內長出的長尖刺可以自由豎起或是收起。幼魚會在離岸表層帶聚集成群。
■ 29 cm ■日本各地／世界各地的熱帶・溫帶海域 ■鄰近海域的珊瑚礁・岩礁 ■貝類、甲殼類、魚類 ■刺龜

▲ 從正前方看起來的模樣超呆萌。

▲ 尖刺是由鱗片變化而來。身體鼓起時尖刺就會豎起，具有讓身體看起來變大的效果。

密斑二齒魨 [二齒魨科] 食

■ 71 cm ■屋久島、琉球群島等／世界各地的熱帶・溫帶海域 ■鄰近海域的珊瑚礁・岩礁 ■海膽、貝類、甲殼類

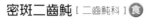

網紋短刺魨 [二齒魨科] 食

魚體長有短尖刺，但是無法改變型態。
■ 55 cm ■日本各地／世界各地的熱帶・溫帶海域 ■鄰近海域的珊瑚礁・岩礁 ■甲殼類

圓點圓刺魨 [二齒魨科] 食

■ 15 cm ■靜岡縣～高知縣、新潟縣～山口縣、沖繩島／西太平洋・印度洋的熱帶・溫帶海域 ■鄰近海域的珊瑚礁・岩礁 ■甲殼類

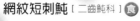

魨科為何會鼓起身體？

魨科鼓起身體通常是為了威嚇敵人，或是讓身體變大，使對方無法吞食。身體鼓脹起來時，會一口氣吞入水與空氣。魨科胃部的一部分會形成特殊的袋狀──「膨脹囊」，讓水與空氣可以儲存在該處。再者，因為腹部沒有骨頭，所以可以讓肚子鼓起，甚至可以喝下比自己重2～4倍重量的水。

▼ 突然遇到威脅，魚體會一口氣鼓脹起來，讓對方無法吞食自己。

大小比一比

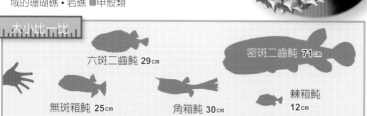

六斑二齒魨 29cm

密斑二齒魨 71cm

無斑箱魨 25cm

角箱魨 30cm

棘箱魨 12cm

■體長 ■分布區域 ■棲息環境 ■食物 ■別名 ■危險部位 危危險的魚類 食食用魚類 瀕瀕危物種

箱魨科

🐟魚事TALK🐟 這個科無法像二齒魨科般讓身體鼓脹起來，但是魚體被堅固的板狀骨骼(骨板)所覆蓋。再者，內臟與肉質雖然無毒性，魚體表面卻會分泌出有毒性的黏液。

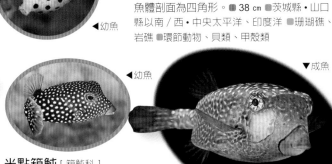

▼成魚

無斑箱魨 [箱魨科] 食
魚體剖面為四角形，從正面看起來像一個箱子，故以此特徵命名。◼ 25 cm ◼北海道南部、日本本州～九州等／朝鮮半島南部・東部、濟州島、香港 ◼鄰近海域海灣、岩礁 ◼環節動物、貝類、甲殼類

◀幼魚

粒突箱魨 [箱魨科]
魚體剖面為四角形。◼ 38 cm ◼茨城縣・山口縣以南／西・中央太平洋、印度洋 ◼珊瑚礁、岩礁 ◼環節動物、貝類、甲殼類

角箱魨 [箱魨科]
眼睛上方有突出的長尖刺，並且有長長的尾巴。魚體剖面為五角形。◼ 30 cm ◼日本本州以南／西・中央太平洋、印度洋 ◼鄰近海域海灣的珊瑚礁・岩礁 ◼底棲小型動物

◀幼魚

▼成魚

米點箱魨 [箱魨科]
魚體剖面為四角形。◼ 20 cm ◼愛媛縣、屋久島、琉球群島等／太平洋、印度洋 ◼珊瑚礁 ◼環節動物、貝類、甲殼類

麗六稜箱魨
[箱魨科]
擁有獨特的姿態與體色，相當受到眾人喜愛。眼睛上方有 2 根短角。◼ 15 cm（全長）◼澳洲南部 ◼水深 5 ～ 60m 的底層帶 ◼甲殼類、貝類

白帶粒突六稜箱魨 [箱魨科]
日文名稱為ホワイトバード・ボックスフィッシュ，其中的バード並不是鳥（bird），而是條紋（barred）的意思。特徵是色彩豔麗。◼ 33 cm（全長）◼澳洲西部・南部 水深10～220m 的底層帶 ◼甲殼類、貝類

福氏角箱魨 [箱魨科]
身上有許多藍色線條。魚體剖面為五角形。◼ 19 cm ◼千葉縣・長崎縣以南／西・中央太平洋、印度洋 ◼鄰近海域沿岸 ◼底棲小型動物

棘箱魨 [箱魨科]
魚體有很多尖刺。魚體剖面為六角形。◼ 12 cm ◼福島縣・青森縣～九州／東海、南海 ◼水深 100 ～ 200m 的砂底 ◼底棲小型動物

四齒魨科

🐟魚事TALK🐟 非常多四齒魨科的內臟、肉質、皮膚等都帶有劇毒。然而，沒有毒性的部位吃起來卻又十分美味。牠們吸取水與空氣後，身體會變大、鼓起，藉此做為防身之用。

紫色多紀魨 [四齒魨科] 危 食

■45 cm ■北海道～九州／東海～俄羅斯東南部等 ●從沿岸到離岸的泥砂底 ■貝類、烏賊、甲殼類、魚類 ●內臟與皮膚帶有毒性

蟲紋多紀魨 [四齒魨科] 危

長得與紫色多紀魨很相似，但是臀鰭是白色的，可以此作為區分。■30 cm ■日本本州～九州／東海等 ●沿岸 ■貝類、烏賊、甲殼類、魚類 ●內臟與皮膚帶有毒性，有時肉質亦帶有些微毒性

豹紋多紀魨 [四齒魨科] 危

全身皆有疣狀的小突起物。■31 cm ■北海道～九州／東海等 ●沿岸的岩礁‧泥砂底 ■環節動物、甲殼類 ●內臟與皮膚帶有毒性，有時肉質亦帶有些微毒性

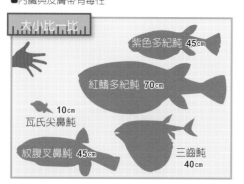

▲潛入砂裡的鉛點多紀魨

鉛點多紀魨 [四齒魨科] 危

具有全身潛入砂裡僅露出雙眼的習性。■11 cm ■北海道西部、日本本州～九州、沖繩群島／東海、南海等 ●岩礁、海藻林 ■環節動物、貝類、甲殼類 ●內臟與皮膚帶有毒性

▼成魚

▲幼魚。可在海灣的泥砂底發現其蹤跡。

紅鰭多紀魨 [四齒魨科] 危 食

在四齒魨科當中是相當受到歡迎的魚種。在養殖方面也很興盛。魚體表面覆蓋著許多小尖刺。■70 cm ■北海道～九州／東海～北太平洋（西部）●沿岸、離岸 ■貝類、甲殼類、魚類 ●內臟帶有毒性

黃鰭多紀魨 [四齒魨科] 危

所有的魚鰭皆為黃色，魚體帶有條紋。■55 cm ■日本本州～九州等／東海、南海等 ●沿岸 ■甲殼類、烏賊、魚類 ●內臟帶有毒性

棕斑兔頭魨 [四齒魨科] 食

魚體無毒性，經常被製作成河豚料理。■30 cm ■北海道南部‧新潟縣～九州、奄美群島等／西太平洋 ●沿岸到離岸 ■貝類、甲殼類、魚類

鉛點多紀魨的集體產卵

鉛點多紀魨會選在初夏滿月或是新月的夜晚產卵。許多鉛點多紀魨會隨著海浪舞動身體，並且乘著浪潮、沖上砂岸。當雌魚開始產卵，雄魚就會接著排精。待產卵與排精結束後，鉛點多紀魨又會乘著海浪回到海裡。

▼產卵中的鉛點多紀魨

魚卵

大小比一比

- 紫色多紀魨 45cm
- 紅鰭多紀魨 70cm
- 瓦氏尖鼻魨 10cm
- 紋腹叉鼻魨 45cm
- 三齒魨 40cm

魨形目

■體長 ■分布區域 ●棲息環境 ■食物 ●別名 ●危險部位 危 危險的魚類 食 食用魚類 絕 瀕危物種

魨科的毒液藏在哪裡？

其他魚類之所以會想要偽裝成魨科來保護自己，是因為魨科的毒性（Tetrodotoxin, TTX）非常強烈。一旦進入人體就會引起中毒，也可能會導致死亡。魨科毒性會因為物種不同而來自於不同的身體位置，也會因為部位不同而改變毒性強度。

魨科的毒液部位與毒性強度

毒性強度　🐟🐟🐟毒素劇烈　🐟🐟毒素強　🐟毒素弱

	肉質	皮膚	肝臟	腸	精囊	卵巢
紫色多紀魨		🐟🐟	🐟🐟	🐟🐟		🐟🐟
紅鰭多紀魨			🐟🐟🐟	🐟🐟		🐟🐟🐟
鉛點多紀魨	🐟	🐟🐟	🐟🐟🐟	🐟🐟🐟	🐟	🐟🐟🐟

瓦氏尖鼻魨 [四齒魨科] 危

和鋸尾副革單棘魨（→P.165）長得很像，可以用背鰭和尾鰭的形狀差異來區分。■10 cm ■神奈川縣～屋久島、琉球群島等／西・中央太平洋、印度洋 ■珊瑚礁 ■藻類、貝類、底棲小型動物 ■內臟與皮膚帶有毒性

水紋尖鼻魨 [四齒魨科] 危

■15 cm ■北海道南部、宮城縣～高知縣、九州、琉球群島等／西太平洋、印度洋 ■岩礁、珊瑚礁 ■藻類、貝類、底棲小型動物 ■內臟與皮膚帶有毒性

黑斑叉鼻魨 [四齒魨科] 危

嘴巴周邊有黑斑。依個體不同，體色有黃色或藍色。■20 cm ■神奈川縣、福岡縣、屋久島、琉球群島等／西・中央太平洋、印度洋 ■珊瑚礁 ■藻類、貝類、珊瑚、海綿類 ■內臟、皮膚與肉質帶有毒性

▶幼魚

▼成魚

◀鼓脹中的黑斑叉鼻魨。

◀幼魚

紋腹叉鼻魨 [四齒魨科] 危

■45 cm ■神奈川縣～屋久島、琉球群島等／太平洋、印度洋 ■珊瑚礁 ■藻類、貝類、珊瑚、海綿類、海膽、底棲小型動物 ■內臟與皮膚等處帶有毒性

▲成魚

星斑叉鼻魨 [四齒魨科] 危 食

在沖繩縣被當作食用魚。■80 cm ■琉球群島等／西・中央太平洋、印度洋等 ■珊瑚礁 ■藻類、貝類、珊瑚、海綿類、海膽、底棲小型動物 ■內臟與皮膚帶有毒性

白點叉鼻魨 [四齒魨科] 危

■35 cm ■和歌山縣、琉球群島等／太平洋、印度洋 ■珊瑚礁 ■藻類、珊瑚、海綿類、貝類 ■內臟帶有毒性

三齒魨 [三齒魨科]

雖然無法讓整個身體鼓脹起來，但是腹部有個非常大的腹鰭膜。■40 cm ■福島縣～高知縣、富山縣、琉球群島／西太平洋、印度洋 ■水深50～300m的珊瑚礁 ■海膽、海綿類、小型動物

腹鰭膜平時會收在腹部內。

翻車魨科

舵鰭

翻車魨 [翻車魨科] 食

■3.3m ■北海道～九州／臺灣、北太平洋、
歐洲東南部等 ■遠洋表層帶 ■水母類、甲
殼類、魚類等

翻車魨的興趣是晒太陽！？

翻車魨平常會將巨大的魚體以水平方式漂浮在海面上，這看似
在晒太陽的舉動，被認為是想要溫暖一下一直潛伏在海底的冰
冷魚體。然而，海鳥會去啄食漂浮在海面上的翻車魨，也會因
此被寄生蟲附著。不過剛好也藉此讓還有許多未知之謎的翻車
魨生態揭露在世人面前。

▼漂浮在海面上的翻車魨。

■全長 ■分布區域 ■棲息環境 ■食物 ■別名 ■危險部位 食危險的魚類 食食用魚類 瀕瀕危物種

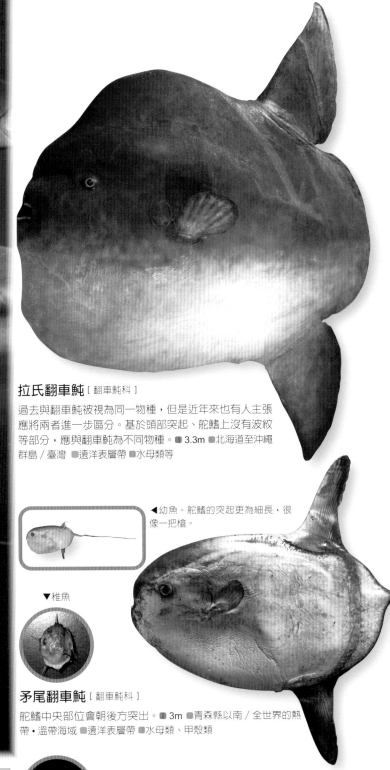

魚事TALK 體型相當有特色，魚體扁平，且與一般魚類相比，魚體後方好像少了一半。沒有腹鰭和尾鰭，背鰭與臀鰭的後半部連接在一起，形狀相當獨特，被稱作「舵鰭」。

背鰭

▲ 體長約 7mm 的稚魚。這時身上長有尖刺。尖刺會隨著成長而消失，慢慢長得像是一隻翻車魨。

▲ 從正前方看起來的翻車魨模樣。

臀鰭

拉氏翻車魨 [翻車魨科]

過去與翻車魨被視為同一物種，但是近年來也有人主張應將兩者進一步區分。基於頭部突起、舵鰭上沒有波紋等部分，應與翻車魨為不同物種。■3.3m ■北海道至沖繩群島／臺灣 ■遠洋表層帶 ■水母類等

◀幼魚。舵鰭的突起更為細長，很像一把槍。

▼稚魚

矛尾翻車魨 [翻車魨科]

舵鰭中央部位會朝後方突出。■3m ■青森縣以南／全世界的熱帶・溫帶海域 ■遠洋表層帶 ■水母類、甲殼類

◀稚魚

斑點長翻車魨 [翻車魨科]

體型很像一把楔子，故日本方面以此特徵為其命名（クサビフグ）。胸鰭細且尖，舵鰭後側彷彿直接被切斷般平整。■74 cm ■秋田縣、茨城縣以南／全世界的熱帶・溫帶海域 ■遠洋表層帶 ■魚類、甲殼類

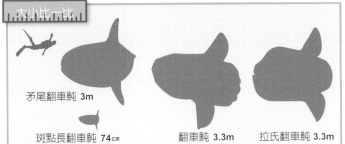

大小比一比

矛尾翻車魨 3m

斑點長翻車魨 74cm

翻車魨 3.3m

拉氏翻車魨 3.3m

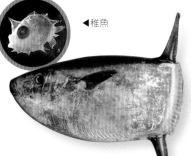

棲息在泥灘的鰕虎魚們

泥灘擁有豐富的養分與食物，因此會有各式各樣的生物聚集在該處。棲息在海洋或是汽水域的魚會因為滿潮而來，並且隨著退潮而去。不過，有些魚本身就很喜歡棲息在水源較少的泥灘處。在此就來介紹一下擁有特殊生態的鰕虎魚。

泥灘，究竟是個怎樣的地方？

泥灘常見於潮汐流經處、海浪影響較少的海灣或是江河入海口、河川流入的河口區域。隨著河川流動搬運而來的砂、泥會不斷地累積在河口周圍，形成泥灘。除了擁有來自山林的豐富養分，還再加上因漲潮而從海洋中聚集而來的浮游生物或是小型動物等，對生物而言泥灘是一個非常富饒的環境。

▲擁有廣大泥灘的日本有明海。該處聚集著小型甲殼類、環節動物、貝類，以及想要來覓食的魚類或是鳥類等大量的生物。

棲息在泥灘的鰕虎魚族群

▶拉氏狼牙鰕虎的臉。巨大的嘴巴內長有利齒。

拉氏狼牙鰕虎 食 絕

退化的小眼睛已經被埋在皮膚下方。🔵30cm 🔴長崎縣、有明海／朝鮮半島、中國大陸、臺灣等 🟢海灣柔軟的泥砂底 ⚫小魚、貝類、底棲小型動物

大彈塗魚 食 絕

會在泥砂底挖掘巢穴，並棲息於該處。🔵16 cm 🔴有明海、八代海／朝鮮半島、中國大陸、臺灣 🟢海灣泥灘、河口 ⚫藻類 🟡彈塗魚、花跳

從巢穴露出臉的大彈塗魚。

彈塗魚（廣東彈塗魚）

肉食性，會吃環節動物或是小型甲殼類等。🔵8 cm 🔴千葉縣～高知縣、瀨戶內海、九州、沖繩島／朝鮮半島、中國大陸、臺灣 🟢海灣泥灘、河口汽水域 ⚫底棲小型動物

銀身彈塗魚

常見於河口紅樹林茂密處。🔵8 cm 🔴種子島、屋久島、琉球群島／西・中央太平洋、印度洋 🟢海灣泥灘、河口汽水域 ⚫底棲小型動物

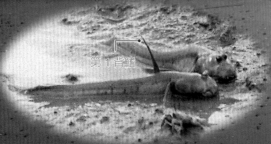

青彈塗魚 絕

特徵是第1背鰭細長且延伸拉長。🔵12 cm 🔴沖繩島／西太平洋、印度洋 🟢海灣泥灘 ⚫藻類

第1背鰭

棲息在泥灘裡的呼吸祕密

大彈塗魚與廣東彈塗魚等之所以能夠生活在水不多的泥灘中是因為牠們的皮膚呼吸功能發達，但是也不能夠完全沒有水分，為了進行皮膚呼吸，身體表面還是要保持溼潤才行。所以為了避免皮膚乾燥，經常可以看見牠們在潮池裡打滾，弄溼身體的模樣。

🔵體長 🔴分布區域 🟢棲息環境 ⚫食物 ⬜別名 ⭕危險部位 🉐危險的魚類 食食用魚類 絕瀕危物種

彈跳！

大彈塗魚與廣東彈塗魚會用尾巴踢一下地面後彈跳起來。

大彈塗魚的戀愛彈跳

大彈塗魚是泥灘上的超人氣明星♪
圓滾滾又突出的眼睛閃耀著綠色的光芒，仔細一看瞳孔竟是愛心形狀呢♡
兩頰鼓起，是因為嘴巴內充滿著水！
看看牠們吃東西時，頭部搖來晃去的模樣、藉由胸鰭走路移動的模樣。還有，張開優美、帥氣的魚鰭奮力一跳的模樣！初夏時期經常可以看到大彈塗魚的彈跳。該時期也是大彈塗魚的戀愛季節唷！

▲彈跳起來的大彈塗魚。只有十幾公分的身體在空中輕舞，相當有看頭。

▲廣東彈塗魚的彈跳。

為了讓心儀的對象看自己一眼，雄性大彈塗魚會進行華麗的彈跳。

吵架！

棲息於泥灘的鰕虎魚會以巢穴為中心，建立私有領域。一旦有其他鰕虎魚進入該私有領域，就會立刻威嚇，將對方逐出。

爬樹！

棲息於紅樹林的銀身彈塗魚如果長時間待在水中，會變得無法用皮膚呼吸，因此漲潮時牠們會有避水、爬樹的行為。

張開大口，互相威嚇的大彈塗魚

互相豎起背鰭的廣東彈塗魚。

樹上的銀身彈塗魚。

瀕危紅皮書內的魚類

讓人感到驚奇不已的魚類

迄今約35億年前，開始有生命誕生於地球上。之後又有數不清的生物陸續誕生。然而，隨著自然環境的改變也有許多生物滅絕。目前還有許多野生生物有滅絕危機，這些生物被稱作「瀕危物種」。

保護野生動物的機制

許多瀕危物種因為環境破壞而有滅絕的危機。人類文明發達，卻壓縮了野生生物的棲息環境。很久以前人就有設計出用來保護野生生物的機制，1966年國際自然保護聯盟（IUCN）這個團體著手整理瀕危物種相關資訊，並且發行《瀕危物種紅皮書（Red Data Book）》。世界各國也仿效發行各國獨有的紅皮書。日本方面在1991年由環境廳（現在的環境省）發行日本版的紅皮書——《日本瀕危野生生物》。

《瀕危物種紅色名錄》與《瀕危物種紅皮書》

野生生物相關資訊，可以從兩種管道取得。《瀕危物種紅色名錄（IUCN Red List of Threatened Species）》中記載著瀕危的野生生物名稱與分類。《瀕危物種紅皮書（Red Data Book）》中則是整理出瀕危的野生生物型態、生態、分布、滅絕原因、保護因應對策等更為詳細的資訊。然而，由於資訊製作相當耗時，所以會先發表瀕危物種紅色名錄，後續再發行瀕危物種紅皮書。

▲日本環境省網站「生物 LOG」。可在網站內的「RL／RDB」（Red List／Red Data Book）頁面中查詢瀕危物種。（http://ikilog.biodic.go.jp/Rdb/）

已經滅絕或是有滅絕危機的魚類

由日本環境省製作的紅色名錄或是紅皮書中，以汽水‧淡水魚類為對象，分類如下圖。瀕危I類與II類加起來，目前共有167種具有滅絕危機（根據2015年所發表之資訊）。

已滅絕
被認為已在日本滅絕的物種。除了以下照片中的南方多刺魚外，還有藍長頜鬚鮈、鱘科魚類。

▲南方多刺魚
1970年代初期左右就再也沒有能夠確認其行蹤的資訊。

野外滅絕
僅在養殖下存續的物種，像是秋田鉤吻鮭（→P.203）。

瀕危I類
目前狀況持續下去，有滅絕的可能性。可再分為在不久的將來滅絕危險性特別高的IA類，以及滅絕危險性較高的IB類。

▲暗色頜鬚鮈（→P.188）
瀕危IA類。

▲石川氏朝鮮鱊
瀕危IB類。欽定為日本的國家天然紀念物。

瀕危II類
滅絕危險增加的物種。被判定若棲息環境持續惡化下去，在不久的將來就會成為瀕危I類。

▲薩氏青鱂、中華青鱂（→P.208）

▲拉氏狼牙鰕虎（→P.172）

近危
被判定未來有滅絕可能性的物種。由於棲息環境不穩定，一旦環境惡化就很有可能成為瀕危物種。

▲琵琶鱒（→P.203）

※除此之外，還有因資訊不足（可評估資料不足的物種）、有滅絕危機之地區性特定族群（棲息於特定區域之特定族群有較高滅絕危機之物種）等其他分類。

滅絕

有滅絕危機

目前被視為有滅絕危機的魚類

來檢視一下這些瀕危物種的魚類數量為何會變少的理由吧！

❊ CASE 1 ❊ 短薄鰍的情形～ 因人類對環境的破壞～

短薄鰍（→P.192）是日本特有的物種，欽定為日本的國家天然紀念物之一，以往主要會棲息在琵琶湖、淀川水系，也會在日本的中國地方出沒。然而，因河川修建工程等造成許多棲息地消失，再加上環境惡化或是因家庭汙水排放等水汙染，短薄鰍的數量更是急遽減少。現在只有在岡山縣與京都府等極少區域可見其蹤跡。

▶ 短薄鰍。瀕危 IA 類。在國際自然保護聯盟（IUCN）的《瀕危物種紅色名錄》中被指定為「CR：極危物種」。目前幾乎見不到其蹤跡。

❊ CASE 2 ❊ 縱帶鱊的情形～遭到外來物種的捕食～

大口黑鱸（→P.211）與藍鰓太陽魚（→P.211）等被視為從外國移入日本的「外來物種」，在日本繁殖後增加的肉食性外來物種，通常會捕食原生種魚類（原本就生存在日本的魚類）或是吃掉原生種魚類的食物，進而威脅到原生種魚類的生存空間（捕食危害）。比方說，琵琶湖的縱帶鱊被認為就是因遭到大口黑鱸捕食而滅絕。

▲大口黑鱸（黑鱸）。繁殖能力強、食欲旺盛，經常是造成生態不平衡的主要原因。

▲縱帶鱊。瀕危 IA 類。原本是從琵琶湖移入至各地的物種，現在在琵琶湖已經見不到其蹤跡。

❊ CASE3 ❊ 日本高體鰟鮍的情形～與外來物種雜交

與不同物種交配、產出雜種的情形，稱作「雜交」。「日本高體鰟鮍（→P.187）」與外來物種——「大陸高體鰟鮍（P.187）」是相近的物種，因此可以在雜交後進行繁殖。如此一來，雜種會增加，而純種日本高體鰟鮍則會變得非常稀少。

▶日本高體鰟鮍。被歸類於瀕危 IA 類。原本是日本獨有的物種，目前已有滅絕危機。

▼大陸高體鰟鮍

◀日本高體鰟鮍

棲息在河川或湖沼裡的魚類

魚類不僅會棲息在海洋之中，也有很多魚類會棲息在陸地上的河川或是湖沼裡。和海洋海水不同的是河川或是湖沼的水是淡水（幾乎沒有鹽分的水），因此會有不同於海洋中的魚類棲息於此。然而，其中還會有為了產卵而在海洋與河川或是湖沼之間來去，或是可以棲息在海水也同時可以棲息在淡水的魚類。

河川下游

流速緩慢、河川幅度寬廣。河川底部有許多砂石或泥沙，水質混濁。有許多會捕食泥沙中小型動物等的魚類棲息在此。

鯉科（歐洲鯉等） P.185～	鰍科 P.192～	鯰科 P.196～

河口（汽水域）

胡瓜魚科
（小齒日本銀魚等）
P.199

鰕虎科
（暗縞鰕虎等）
P.214

鰈科
P.216

這是河川準備匯流進入海洋的位置。海水與河川的水混在一起的地區稱作「汽水域」，有些魚類會往來於海洋與河川之間，也有些魚類一生都會棲息在汽水域，或是熱帶・亞熱帶地區某些地方的茂密紅樹林（生長於汽水域的樹木）處。

水田・輸水道

人造的水田或是輸水道內會有許多昆蟲或是浮游生物等生活在該處，因此也會有許多前來捕食獵物的魚類。

河川的上游・中游

流速快、河川底部有許多大石頭。水質清澈、冰涼。這裡住著各種能夠快速捕捉活動中昆蟲的魚類，以及能夠攀附在河川底部石頭上的魚類。

鮭科
（日本紅點鮭）
P.202～

杜父魚科
（西刺杜父魚）
P.213

鰕虎科
（河川吻鰕虎）
P.214

流速緩慢的小河川

有很多魚類會棲息在大河川支流或旁支流出來的小河川等處。茂密的水草可當作魚類的食物或是產卵場所，也是稚魚的成長環境。

湖沼

泛指池塘、湖、沼等。幾乎沒有流速，依水深狀況，會有不同的魚類棲息在該處，也有很多棲息在特定湖泊的特有物種。此外，還會有很多小魚棲息在河岸邊彎道處所形成的小型池塘內。

鮭科
（紅鉤吻鮭等）
P.200～

太陽魚科
P.211

鯰科
（琵琶湖六鬚鯰）
P.196

沿岸（海）

棲息在河川的魚類之中，有些也會進入海洋。此外，也有很多魚類會因為產卵等原因而在海洋與河川之間來去。

※ 魚型小插圖表示在該環境下較有機會遇見較多的類群。依物種不同，有些會出現在多個環境下。　177

七鰓鰻科

◀會用吸盤狀的嘴巴吸住獵物，再用中間的牙齒把獵物的肉撕裂。

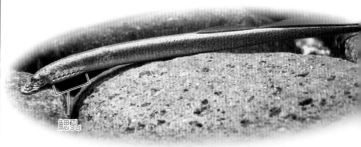

🐟魚事TALK🐟 有著狀似鰻魚般的身體，眼睛後方排列著7個鰓孔，因此被稱作七鰓鰻。全世界河川等約有40種，日本有5種。

鰓孔

日本叉尾七鰓鰻[七鰓鰻科]食絕

幼魚會棲息在河川底部的泥底中，成魚後則會生活在海洋。◧63 cm（全長）◧北海道～千葉縣・島根縣／歐亞大陸北部、北美北部◧河川、沿岸（海）◧魚類◧日本七鰓鰻

雷氏叉牙七鰓鰻[七鰓鰻科]絕

一生都生活在淡水域。◧16 cm（全長）◧北海道～九州北部／朝鮮半島南部◧河川◧藻類

紅科

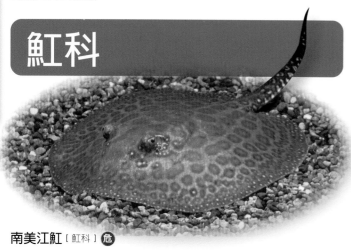

🐟魚事TALK🐟 棲息在淡水域的紅科。皆為胎生，許多物種的尾巴帶有劇毒尖刺。

南美江紅[紅科]危

◧50 cm（寬度）◧南美洲（亞馬遜河、巴拉那河、奧里諾科河等）◧河川◧底棲小型動物◧珍珠紅◧尾巴尖刺帶有劇毒

黑白紅[紅科]危

◧40cm（寬度）◧南美洲（欣古河等）◧河川泥底◧底棲小型動物◧豹江紅◧尾巴尖刺帶有劇毒

肺魚科

🐟魚事TALK🐟 約4億年前就存在於地球上，被稱作「活化石」。體內有肺部器官，所以除了用鰓呼吸，還可以用肺呼吸（呼吸空氣）。全世界河川等處約有6種。

美洲肺魚[美洲肺魚科]

比澳洲肺魚的肺部更加發達。身體細長，長得像鰻魚，胸鰭與腹鰭退化。◧125 cm（全長）◧南美洲（亞馬遜河、巴拉那河等）◧河川上游、溼地◧水生昆蟲、貝類、蝦類、藻類

澳洲肺魚[澳洲肺魚科]絕

雖然有肺部，但是並不發達，主要還是以鰓呼吸。胸鰭與腹鰭會如手足般動作。◧170 cm（全長）◧澳洲東北部（伯內特河、瑪麗河等）◧河川、溼地◧蚯蚓、蝦類、蛙類、貝類、魚類、水生動物◧昆士蘭肺魚

肺魚科的夏眠

部分肺魚科會在居住處的水源乾枯後，讓身體覆蓋一層黏膜，然後鑽進泥底中，一直待到雨季來臨，稱作「夏眠」。

▲夏眠中的肺魚科魚類。

多鰭魚科、鱘科等

🐟 魚事TALK 🐟 多鰭魚科是一種保有原始特徵的魚類，通常具有琺瑯質的堅硬鱗片〔硬鱗質（Ganoine）〕。鱘科與鯊科的身形類似，但不屬於鯊科。特徵是擁有可以呼吸空氣的巨大魚鰾。多鰭魚目與雀鱔目・弓鰭魚目等也擁有被分隔為2室的魚鰾，可以藉此呼吸空氣。

恩氏多鰭魚
[多鰭魚科]

特徵是擁有平坦的頭部，以及長有許多小背鰭。■63 cm ■非洲（尼羅河、尼日河等）□河川、湖沼 ■魚類、貝類、甲殼類 ■虎斑恐龍王

◀和兩棲類的墨西哥鈍口螈一樣，恩氏多鰭魚幼魚的鰓會突出在身體外側。

▶覆有菱形的堅硬鱗片（硬鱗質）。

蘆鰻 [多鰭魚科]

白天會躲在物品背後的陰暗處，到了夜晚才出來活動（夜行性）。■37 cm ■非洲西部（喀麥隆～貝南）■河川、湖沼 ■水生昆蟲、甲殼類 ■恐龍王魚、草繩恐龍

歐洲鰉 [鱘科] 食 絕

平常棲息於海洋，會為了產卵而逆流游至河川。■8m（全長）■黑海、裏海、亞得里亞海等 ■沿岸（海）、河川 ■魚類、甲殼類 ■白鱘

▲成魚

▶亞成魚

▲鱘科的魚卵，可以加工做為食品，稱作「魚子醬」。

弓鰭魚 [弓鰭魚科]

可以藉由背鰭拍打海水，控制前進、後退，也可以在水中完美地停下來。■109 cm（全長）■北美（五大湖、密西西比河等）■河川、湖沼 ■魚類、青蛙、淡水龍蝦、蝦類、水生昆蟲 ■泥魚

匙吻鱘 [匙吻鱘科] 絕

特徵是具有延伸拉長、湯匙狀的吻部。■2.2m（全長）■北美（密西西比河等）■河川、湖沼 ■浮游生物

吻部

福鱷 [雀鱔科] 危

長長的吻部上，有尖銳的牙齒。■3m（全長）■北美（密西西比河～墨西哥灣等）■河川、湖沼，亦會現身於河口汽水域或是沿岸（海）■魚類、甲殼類、龜類等 ■牙齒

大小比一比

福鱷 3m

澳洲肺魚 170cm

日本叉尾七鰓鰻 63cm

歐洲鰉 8m

骨舌魚科

🐟 魚事TALK 🐟　上頜中央的骨骼與舌頭上方
有如牙齒狀的突起物相當發達，可以藉由將舌頭
與上頜互相夾起的方式抓取獵物。雄魚會將魚卵
放在口中保護、孵育。日本沒有這種魚出沒，全
世界河川、湖泊中約有220種。

◀ 會從河川一躍而出
的骨舌魚。

骨舌魚 [骨舌魚科]

會利用向上斜裂的大嘴巴捕食接近水面的魚類或是停留在比水面
稍高樹枝上的昆蟲等。◾90 ㎝（全長）◾南美（亞馬遜河等）◾河川、
溼地 ◾昆蟲、魚類 ◾雙鬚骨舌魚

巨骨舌魚 [骨舌魚科] 絶

以全世界最大型的淡水魚聞名。◾4.5m（全長）
◾南美（亞馬遜河等）◾河川、湖沼 ◾小魚 ◾象魚

亞洲龍魚 [骨舌魚科] 絶

雄魚會把魚卵放在口中，持續守護直到孵化的仔魚長大。會依
地區不同而有不同的體色。◾90 ㎝（全長）◾馬來西亞、印尼等
◾河川、溼地 ◾昆蟲、魚類 ◾龍魚

尼羅異耳骨舌魚 [骨舌魚科]

與巨骨舌魚是近似物種，在原產地被當作食用魚。與其他骨
舌魚科魚類不同的地方在於尼羅異耳骨舌魚會食用浮游生
物。◾100 ㎝ ◾非洲（尼羅河、圖爾卡納湖、尼日河等）◾河川、
湖沼 ◾浮游生物 ◾非洲龍魚

◾體長　◾分布區域　◾棲息環境　◾食物　◾別名　◾危險部位　危危險的魚類　食食用魚類　絶瀕危物種

▼從正上方看起來的模樣。

白氏鎧弓魚 [弓背魚科]

身體形狀如刀狀，又被稱作「刀魚」。■ 120 ㎝ ■泰國、寮國、
柬埔寨等 ■河川、湖沼 ■魚類、甲殼類、昆蟲 ■虎紋弓背魚

齒蝶魚
[齒蝶魚科]

會利用長長的胸鰭與腹鰭在水上彈跳、捕捉昆蟲等獵物。■ 12 ㎝
（全長）■非洲西部 ‧ 中部（剛果河、查德湖等）■河川、湖沼 ■昆蟲、
甲殼類、魚類 ■古代蝴蝶

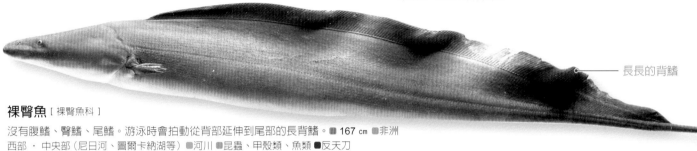

—— 長長的背鰭

裸臀魚 [裸臀魚科]

沒有腹鰭、臀鰭、尾鰭。游泳時會拍動從背部延伸到尾部的長背鰭。■ 167 ㎝ ■非洲
西部 ‧ 中央部（尼日河、圖爾卡納湖等）■河川 ■昆蟲、甲殼類、魚類 ■反天刀

擁有雷達的魚

彼氏錐頜象鼻魚與裸臀魚等身體上帶有發電器官，能夠釋放出微
量的電。這些魚類因為視力較弱，所以會將發出的電當作雷達使
用，以感測獵物所在之處，因此不需依靠視力即可找到獵物。

堅喉魚科

🐟 魚事TALK 🐟 　棲息於淡水域的堅喉魚科，在非洲河川或湖
沼等處約有30種。

彼氏錐頜象鼻魚 [長頜魚科]

下頜看起來很像象鼻。會使用下頜處的觸角，尋找泥底中的生物。
在原產地被當作食用魚。■ 35 ㎝ ■非洲西部 ‧ 中央部（尼日河、剛
果河等）■河川泥底 ■底棲小型動物

枕枝魚 [堅喉魚科]

由於可以利用魚鰾呼吸空氣，因此即使在氧氣較少的水中，為
了生存也可以經口呼吸空氣。■ 25 ㎝（全長）■非洲西部 ‧ 中央
部（尼日河、剛果河等）■河川、湖沼 ■藻類 ■非洲枕枝魚、香煙
魚

大小比一比

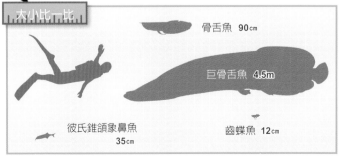

骨舌魚 90cm

巨骨舌魚 4.5m

彼氏錐頜象鼻魚
35cm

齒蝶魚 12cm

在河川跳躍！

棲息於河川的魚類，牠們之所以跳躍不僅是為了捕捉獵物。可能是為了回到出生的地點、為了產卵，或是需要靠著跳躍飛越湍急的河流或是高低落差，而在河川逆流而上。

▲為了捕捉獵物而高高跳起的骨舌魚科——亞洲龍魚（→ P.180）。

▼在河川中，下游孵化的香魚（→ P.199）仔魚會隨著河川往下游（至海洋），在春天來臨之前都會棲息在海中。到了春天，成為稚魚的香魚們才會一起回溯至河川。

▼擅長噴水的橫帶射水魚（→ P.211）偶爾也會以彈跳方式捕食獵物。

▼以小巧魚體躍出水面的中華青鱂（→ P.208）。

△到產卵期時，白鰱（→ P.186）會一起在水面彈跳，藉此回溯至河川。

鰻鱺科

🐟 魚事TALK 🐟 許多鰻魚（鰻鱺科）終其一生都會在海洋與河川之間來回。特徵是身體細長，沒有鰓蓋與腹鰭。白天會藏身在岩石裂縫或是泥底之中，夜晚為了獵捕食物才會出來活動（夜行性）。全世界海域或河川等處約有20種，日本有3種。有些蠕紋裸胸鱔會棲息在汽水域。

日本鰻鱺
[鰻鱺科] 食 絕

■ 60 ㎝（全長）■日本各地／西 · 中央太平洋 ■河川中游 · 下游、湖沼、河口、沿岸（海）■水生昆蟲、貝類、甲殼類、魚類、蛙類 ■青鰻、土鰻、白鱔

> **鰻鱺科沒有被作成生魚片的理由**
>
> 鰻鱺科的血液有毒，加熱才會消除。因此不會將鰻鱺科魚類作成生魚片，而是作成蒲燒等形式。

花鰻鱺
[鰻鱺科] 食

棲息於熱帶地區，有些可以長到2m。■ 2m（全長）■茨城縣～愛媛縣、九州、琉球群島等／西 · 中央太平洋、印度洋 ■河川中游、湖沼、沿岸（海）■甲殼類、魚類、蛙類 ■鱸鰻

歐洲鰻鱺
[鰻鱺科] 食 絕

■ 50 ㎝（全長）■歐洲～非洲北部、大西洋（北部）■河川中游 · 下游、河口、湖沼、沿岸（海）■水生昆蟲、貝類、甲殼類、魚類

紅唇蝮鯙 [鯙科] 絕

眼睛下方白色的斑點，看起來好像是流眼淚的樣子，故日本方面以此特徵為其命名（淚川鯙）。會從岩石縫隙等探出頭來觀察外部的狀況。■ 30 ㎝（全長）■西表島／西太平洋等 ■河川汽水域 ■小型動物

鰻鱺科的生殖（產卵）洄游

目前已知鰻鱺科平時棲息於淡水域，但是會游至海洋，再洄游產卵。一直以來日本鰻鱺的產卵位置成謎，根據最新的研究顯示牠們會前往距離東京南方兩千數百km、靠近西馬里亞納海域南端、水深約200m位置產卵。孵化後的仔魚會往日本方向移動，成長為透明平坦呈柳葉狀、稱作Leptocephalus的幼生姿態。之後成長為近似於鰻鱺成魚、細長狀、體長約為5cm的透明白子鰻（稚魚）。白子鰻順著沿岸回溯至河川後，就會棲息在淡水域，但也有些終其一生都棲息在海洋中。

◀ 剛孵化出來的鰻鱺科仔魚。

◀ 鰻鱺科幼生，稱「柳葉幼生」（Leptocephalus）。

◀ 白子鰻（稚魚）

❸ 輾轉回到日本再回溯至河川，最終長成鰻魚。

日本

黑潮

臺灣

白子鰻

北赤道暖流

鰻鱺科幼生

❷ ②順著海流，一邊成長一邊往日本靠近。

❹ 向產卵處洄游。

馬里亞納群島

❶ 出生在靠近西馬里亞納海域南端的位置。

產卵地

剛孵化出來的仔魚

塞班島

關島

民答那峨海流

鯉科

🔊 **魚事TALK** ◀ 鯉科被視為淡水魚的代表團體。嘴巴內沒有牙齒，背脊有一部分變形為感覺器官（韋卜氏器；Weberian apparatus），可以用來感知聲音。全世界河川或湖沼內約有3300種，日本約有90種。

▲原生物種。目前仍持續進行相關研究，原生物種的鯉科可能會被再分類為其他種。

隱藏在喉嚨深處的牙齒

部分鯉科魚類的喉嚨深處有牙齒（咽頭齒）。即使是如貝殼般堅硬的東西，也能夠用咽頭齒咬碎後吞食。

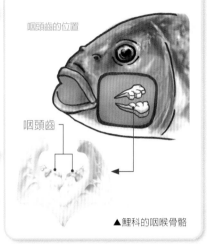

咽頭齒的位置

咽頭齒

▲鯉科的咽喉骨骼

歐洲鯉 [鯉科] 食

在日本，鯉科可分為存在已久的「原生物種」以及從其他大陸傳入的「外來物種」。原生物種僅存在於部分地區，目前日本所能見到的皆為外來物種，或是原生物種與外來物種雜交所生的鯉科魚類。■40 cm ■日本各地（原生物種僅出現於琵琶湖等部分地區）■河川中游・下游、池塘、沼澤、水庫人工湖 ■貝類、甲殼類、蚯蚓、藻類、水草 ■在來鯉（原生物種）、真鯉（外來物種）、大和鯉（養殖）

▲外來物種

高身鯽 [鯉科] 食 絕

原本是琵琶湖周邊的特有物種，經品種改良後所誕生的飼育型已被流放至日本各地。■30 cm ■琵琶湖・淀川水系（原產）／移入至日本各地（飼育型）■河川下游、湖沼、池塘、水庫人工湖 ■浮游生物 ■平鯽（飼育型）

鯽 [鯉科] 食

鯽魚幾乎沒有雄魚。因此雌魚必須利用其他鯉科物種的精子才得以繁衍子孫。■25 cm ■日本各地 ■河川中游・下游、沼澤、池塘 ■底棲小型動物、藻類、浮游生物 ■土鯽

似五郎鯽 [鯉科] 食 絕

琵琶湖特有物種，被作為滋賀縣的鄉土料理「鯽壽司」食材。■20 cm ■琵琶湖 ■湖 ■浮游生物、搖蚊幼蟲 ■似五郎、布氏鯽

長吻似鮈 [鯉科] 食

會藉由向下拉長的嘴巴，連同砂石一起吸取躲在砂石中的小型動物，再從鰓孔把砂石排出。此外，一受到驚嚇就會躲入砂中，把自己隱藏起來。■15 cm ■岩手縣・山形縣～九州／朝鮮半島、中國大陸北部 ■河川上游・中游、湖 ■底棲小型動物 ■真擬鮈、似鮈

日本銀鮈 [鯉科] 食 絕

會在泥底或是泥砂底來回悠游。■7 cm ■濃尾平原、琵琶湖 ■湖沼、河川彎道處、輸水道 ■水生昆蟲、底棲小型動物、魚類

大小比一比

日本鰻鱺 60cm
歐洲鯉 40cm
鯽 25cm
花鰻鱺 2m

鯉科

日本石川魚 絶

會棲息於水生植物較多之處，因為會像馬一樣吃草，所以日本方面又將其稱作「馬魚」。■ 25 cm ■琵琶湖・淀川水系／移入至關東平原、奈良縣、島根縣、福岡縣 ■湖沼、池塘、輸水道 ■水生植物 ■馬魚

▲ 相對於頭部尺寸，眼睛非常大，嘴巴會向上翹。

唇鱲 食

在鯉科當中是難得一見的物種，有時會在汽水域發現其蹤跡。■ 30 cm ■東北地方～中部地方、山口縣、九州 ■湖、河川中游・下游，亦會現身於河口汽水域 ■水生昆蟲、藻類、魚類 ■竹篙頭、真口魚

草魚

為了清除過度增生的水草，被流放至日本各地湖沼。在中國大陸被當作食用魚。■ 100 cm ■移入至利根川・江戶川水系／東亞（原產）■河川下游、湖沼、池塘 ■水草、生長於水邊的草

青魚

在中國大陸被當作食用魚。■ 100 cm ■移入至利根川・江戶川水系／東亞（原產）■河川下游、湖沼、池塘 ■貝類、底棲小型動物

▼ 迴游產卵期時，群體會以跳躍方式回溯至河川。

白鰱

小小的眼睛位於頭部偏下方的位置。在中國大陸被當作食用魚。■ 40 cm ■移入至利根川・江戶川水系、淀川水系／東亞（原產）■河川下游、湖沼、池塘 ■浮游生物（植物性）■鰱魚

鱅魚

長相和白鰱相似，但是體色較黑。在中國大陸被當作食用魚。■ 40 cm ■移入至利根川・江戶川水系／東亞（原產）■河川下游、湖沼、池塘 ■浮游生物（動物性）

▼ 產卵期的珠星三塊魚。魚體上會出現 3 根紅色的筋條。

珠星三塊魚 食

可分為終其一生棲息在湖中的陸封型，以及有部分時期棲息於海洋的降海型（→ P.201）。■ 25 cm ■北海道～九州等／千島列島南部、朝鮮半島東部 ■河川上游～河口、海灣（海）■藻類、水生昆蟲、掉落在水面的昆蟲、魚類、魚卵 ■雅羅魚、江魚、華子魚

長尾鱥

■ 10 cm ■青森縣～福井縣、岡山縣 ■河川上游・中游、湖沼 ■藻類、底棲小型動物、掉落在水面的昆蟲

■體長　■分布區域　■棲息環境　■食物　■別名　■危險部位　危危險的魚類　食食用魚類　絶瀕危物種

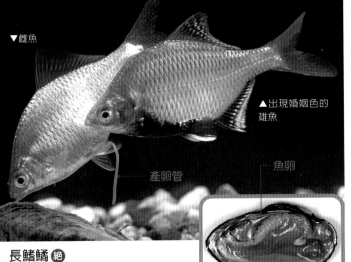

▼雌魚

▲出現婚姻色的
雄魚

產卵管   魚卵

長鰭鱊 絕

到了產卵期，雄魚的體色會產生變化，變成桃紫色（婚姻色，→P.127）。是日本國家天然紀念物之一。◾8 cm ◾濃尾平原、富野平原、淀川水系 ◾沼澤、河川彎道處、輸水道◾藻類

※ 此處所介紹的魚皆為鯉科。

黑腹鱊 絕

常見於水草茂密的岸邊。◾6 cm ◾青森縣～神奈川縣◾湖沼、池塘、輸水道◾藻類、浮游生物

▲黑腹鱊與鰁屬魚類群到了產卵期就會把魚卵生產在兩片瓣狀貝殼（雙殼貝）中間。上圖即為被產在石貝中間的魚卵。

◀出現婚姻色的雄魚。

◀雌魚。

▼出現婚姻色的雄魚。

都鱊 絕

雄魚的婚姻色是紫色，魚鰭會出現有白色、黑色、橘色的紋路，是日本國家天然紀念物之一。◾4 cm ◾關東地方 ◾小河川、蓄水池◾藻類、底棲小型動物

日本高體鰟鮍 絕

會在石貝等雙殼貝中產卵。可以和外來物種——大陸高體鰟鮍雜交，目前純種的日本高體鰟鮍減少，相當令人擔憂（→P.175）。◾4 cm ◾濃尾平原、琵琶湖、淀川水系、京都盆地、山陽地方、四國西北部、九州北部 ◾河川、湖◾藻類、底棲小型動物

斜方鱊

◾10 cm ◾濃尾平原以南的日本本州、九州北部／移入至霞之浦／朝鮮半島西部◾河川下游、輸水道、湖沼◾藻類、水草

大陸高體鰟鮍

從東亞移入至日本的魚類。◾5 cm ◾移入至日本各地／東亞‧臺灣（原產）◾沼澤、池塘、輸水道◾藻類、水草、小型動物

黃褐田中鰟鮍

◾5 cm ◾濃尾平原以南的日本本州、四國北部、九州北部等／朝鮮半島西部 ◾小河川、輸水道◾底棲小型動物、水生昆蟲

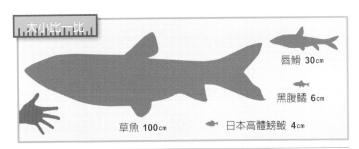

大小比一比

唇鱎 30cm

黑腹鱊 6cm

草魚 100cm   日本高體鰟鮍 4cm

小知識 草魚、青魚、白鰱、鱅魚都是中國大陸自古以來所養殖的食用魚（四大家魚），由於彼此的食物不同，因此可以共存。

187

鯉科

平頜鱲 [鯉科] 食
■ 13 cm ■關東地方以南的日本本州、四國北部、九州北部／移入至東北地方、四國南部／朝鮮半島西部、中國大陸東部 ■河川中游．下游、輸水道、湖沼 ■藻類、水生昆蟲、掉落在水面的昆蟲 ■溪哥、寬鰭鱲

川鮧 [鯉科]
具有會隱藏在岩石中間或是突出水面的植物下方等習性。■ 15 cm ■中部地方～九州等／朝鮮半島西部 ■河川上游・中游 ■藻類、水生昆蟲、掉落在水面的昆蟲 □特氏東瀛鯉、東瀛鯉、鮧

嘴巴上有一個「ㄟ」字形的轉折處，會讓被抓到的魚類無法逃脫。

真馬口鱲 [鯉科] 食 絕
■ 25 cm ■琵琶湖．淀川水系、福井縣／移入至關東平原、濃尾平原、岡山平原 ■河川下游、湖沼 ■魚類 ■溪哥、馬口鱲

暗色頜鬚鮈 [鯉科] 食 絕
會在琵琶湖的離岸處聚集成群，一起悠游。會成群結隊地朝向湖岸或是輸水道，並且在草的根部或是水草上產卵。■ 9 cm ■琵琶湖（原產）／移入至東京都、山梨縣、岡山縣 ■湖 ■浮游生物 ■諸子鮈、頜鬚鮈

錦波魚 [鯉科] 絕
經常可見地們聚集成小群體，在靠近水面處來回悠游的模樣。進入產卵期的雄魚身體會變成金色。
■ 4 cm ■中部以南的日本本州、四國北部、九州北部 ■沼澤、池塘、輸水道 ■藻類、小型動物

細波魚 [鯉科] 食
很耐水質惡化或環境變化，常見於都市河川或是池塘。■ 6 cm ■關東地方～九州／移入至北海道／臺灣、俄羅斯東南部～越南北部 ■湖沼、池塘、輸水道 ■浮游生物、底棲小型動物、藻類 ■金背燈

小眼線 [鯉科] 食
會在石貝或是日本烏鴉貝等雙殼貝中產卵。■ 15 cm ■琵琶湖、瀨田川／移入至東北・關東・北陸地方、諏訪湖、高知縣、九州北部 ■河川下游、湖 ■水生昆蟲、海螺、浮游生物、藻類

扁吻鮈 [鯉科] 食
喜愛水流速度緩慢的地方。會躲藏在岩石、水泥塊、水草之間等。■ 8 cm ■中部以南的日本本州、四國東北部、九州北部／朝鮮半島 ■河川中游 ■水生昆蟲

扁吻鮈的托卵行為
川目少鱗鰍（→ P.210）以及暗色沙塘鱧（→ P.214）雌魚的特性是會將產出的魚卵交給雄魚守護直到孵化為止，所以扁吻鮈一到產卵期就會以團體方式襲擊川目少鱗鰍與暗色沙塘鱧的巢穴，再把自己的魚卵直接產在那些魚的附近，被放置魚卵的川目少鱗鰍與暗色沙塘鱧就會把那些魚卵當作自己的卵一樣守護、養育。像這種讓其他魚類照顧自己魚卵的特性稱作「托卵」。有托卵行為的淡水魚非常稀少，全世界目前僅知數種。

紅尾鯊［鯉科］
■12 cm（全長）■泰國 ■河川 ■底棲小型動物、水草
■紅尾黑鯊

白雲金絲（白雲鄧氏魚）［鯉科］
雖然棲息於熱帶地區，但也可耐低水溫，是很堅強的魚。
■4 cm（全長）■中國大陸、越南 ■河川
■浮游生物 ■唐魚

斑馬魚［鯉科］
特徵是有藍色與銀色的縱紋。當雄魚出現婚姻色時（→ P.127），原本的銀色會變成金色。■4 cm
■印度、巴基斯坦、孟加拉等 ■小河川、水田 ■水生昆蟲、甲殼類

▲出現婚姻色的雄魚。

虎皮魚［鯉科］
成熟雄魚的每片魚鰭邊緣以及嘴巴前端會變紅。
■7 cm（全長）■蘇門答臘島、婆羅洲 ■河川 ■小型昆蟲、甲殼類、水草

異形波魚［鯉科］
會棲息在由森林匯流而成的河川內。■5 cm（全長）■泰國、印尼等 ■小河川 ■水生昆蟲、甲殼類 ■三角燈

側條無鬚魮［鯉科］
因為魚體上有「〒」的紋路，日本方面又將其稱作「郵局魚」。■18 cm（全長）■泰國、馬來西亞、印尼等 ■河川 ■水生昆蟲、甲殼類、藻類 ■郵局魚（日本）

▼成魚

中國帆鰭吸魚［亞口魚科］
幼魚時期會棲息在河川中游 ‧ 下游或是湖泊等處，成魚後會棲息在上游。在原產地被當作食用魚。■60 cm（全長）■中國大陸南部（長江等）■河川、湖沼 ■藻類等 ■胭脂魚

▶幼魚

大小比一比

細波魚 6 cm
虎皮魚 7 cm
川鰱 15 cm
錦波魚 4 cm
白雲金絲 4 cm

金魚類

魚事TALK 室町時代，金魚從中國大陸傳至日本，因作為觀賞用魚而為人們所熟知。藉由人類的雙手進行品種改良後，而有了各種不同的模樣變化。

金魚的祖先——「金鯽（緋鮒）」

目前數十種金魚皆為紅色金鯽（緋鮒）改良而來的品種。雖然有各種外觀不同的品種，其實皆源自同一種魚，有些雄魚或是雌魚可以和其他品種交配產卵。

▲金鯽（緋鮒）

普通金魚（和金）

最古老的金魚型態，特徵是魚體細長、魚鰭短。

琉金

與普通金魚比較起來，魚鰭較長，身體較短、較圓潤。

丹頂

僅有頭部紅色，其他部位皆為白色。看起來很像丹頂鶴，故以此為其命名。

珍珠鱗（Pearl Scale）

擁有一片片相當厚重的鱗片，看起來很像是把珍珠對半切開後黏上去的感覺，故將其命名為「Pearl Scale（珍珠的鱗片）」。擁有圓潤的體型。

兵乓珠鱗

在珍珠鱗當中體型特別圓潤，被稱作「兵乓珠鱗」。

頂天眼

大顆的雙眼朝正上方突出。沒有背鰭。

錦鯉

魚事TALK 錦鯉與金魚一樣，被當作觀賞魚而為人們所熟知，是透過人類不斷進行品種改良而出現的魚類。雖然錦鯉的形狀沒有太大的改變，但是體色或是紋路卻有各種不同的種類。

大正三色

白底，配有紅斑與黑色斑點。

紅白錦鯉

白底紅斑，是最普遍常見的錦鯉。

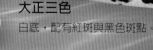

昭和三色

黑底，配有紅斑與白斑的品種。

鯉形目

土佐錦

以日本高知市為主要飼育地的品種。特徵是尾鰭寬大、前端會向前翻轉。

三色出目金

魚體上有紅、白、黑等 3 色的出目金。

水泡眼金魚

眼睛旁長有巨大水泡（袋中裝有液體）。

地金金魚

特徵是有 4 片分歧的尾鰭。目前有在名古屋市等處進行飼育。

蘭鑄

特徵是沒有背鰭、魚體渾圓、頭部長有肉瘤，為相當受歡迎的品種，被稱作「金魚之王」。

黑出目金

大顆的眼睛突出，因此被稱作「出目金」。體色為黑色。

濱錦金魚

頭上有肉瘤，魚體渾圓。是日本靜岡縣濱松市產出的品種。

荷蘭獅子頭

頭上有肉瘤，全長可達 30cm 的大型金魚。

寫鯉

黑底魚身上帶有斑紋的錦鯉種類，稱作「寫鯉」。紅色斑紋稱作「緋寫錦鯉」；白色斑紋稱作「白寫錦鯉」。

▲白寫錦鯉

▲緋寫錦鯉

黃金錦鯉

沒有斑紋，全身為金色的品種。

錦鯉的祖先—「歐洲鯉」

錦鯉是歐洲鯉（→ P.185）的改良品種。鯉魚原本是全身黑色的魚，偶爾體色會出現稀有的紅色或是白色，新潟縣從江戶時代末期即開始特地挑選這類鯉魚飼養，可以說是錦鯉養殖的始祖。

▲紅色的鯉魚。

鰍科

🐟魚事TALK🐟 平常會一直待在底層或是岩石縫隙間，身體細長，可以快速游泳。嘴巴周圍的鬍鬚可以幫助牠們感知觸碰到的物品氣味。有些眼睛下方有尖刺（眼下棘）。

泥鰍 [鰍科] 食

經常潛伏在泥底之中。■ 10 cm
■日本各地／俄羅斯東南部～越南北部、臺灣等 ■水田、輸水道、沼澤、池塘 ■沉澱的有機物、底棲小型動物

◀從正面看起來的泥鰍模樣。有 5 對鬍鬚。

琵琶湖鰍 [鰍科]

身上的斑紋會隨著棲息的地區而有所差異。有 3 對鬍鬚。
■ 7 cm ■日本本州、四國 ■河川中游‧下游 ■沉澱的有機物、藻類、底棲小型動物

後鰭花鰍 [鰍科] 食 絕

會利用吸盤狀的嘴巴吸住石頭，並且吸食附著在石頭上的藻類。有 3 對鬍鬚。■ 7 cm ■富山縣、長野縣、岐阜縣、福井縣、滋賀縣、三重縣、京都府、大阪府 ■河川上游‧中游 ■藻類

大紋鰍 [鰍科] 絕

曾被稱作「條紋鰍」。有 3 對鬍鬚。■ 8 cm ■琵琶湖 ■湖 ■沉澱的有機物、底棲小型動物

泥鰍會用腸壁呼吸

有時泥鰍會從臀部如放屁般釋放出一些氣泡，因為泥鰍並不是用鰓呼吸，而是用腸壁進行呼吸。腸壁呼吸無法在水中進行，必須要在空氣中進行，因此泥鰍也可以在水氧較低的環境下生存。

▲會從臀部釋放出空氣的泥鰍。

短薄鰍 [鰍科] 絕

白天躲在岩石處或是石頭之間，只會在早晨與夜晚活動。會進入因為臨時增加水量而出現的水域或是水田中產卵。有 3 對鬍鬚。是日本國家天然紀念物之一。■ 10 cm ■琵琶湖水系、岡山縣 ■河川下游、輸水道 ■底棲小型動物、水生昆蟲、掉落在水面的昆蟲

■體長 ■分布區域 ■棲息環境 ■食物 ■別名 ■危險部位 危危險的魚類 食食用魚類 絕瀕危物種

條鬚鰍［鰍科］

會潛伏、棲息在石頭縫隙之間。有 3 對鬚鬚。🐟8 cm 🌏北海道／移入至福島縣／俄羅斯東部～中國大陸東北部、朝鮮半島等 🌊河川的中游、下游 🍤水生昆蟲等

斑北鰍［鰍科］絶

會單獨悠游在水草之間。有 4 對鬚鬚。🐟4 cm 🌏岩手縣・秋田縣～三重縣・京都府・兵庫縣 🌊小河川、水田、河川彎道處 🍤水生動物、底棲小型動物

霍氏沙鰍［鰍科］

🐟10 cm（全長）🌏泰國 🌊河川 🍤貝類、底棲小型動物

大刺色鰍［鰍科］危

特徵是魚體上有條紋，算是大型的泥鰍族群。🐟30 cm（全長）🌏蘇門答臘島、婆羅洲 🌊河川 🍤水生昆蟲、甲殼類、藻類 🍤眼睛下方有尖刺

◀大刺色鰍的尖刺（眼下棘）。平常會收在眼睛下方的溝槽內。

尖刺

尼泊爾沙鰍［鰍科］

身上的紋路會隨著成長而有很大的變化。🐟16 cm 🌏印度、尼泊爾等 🌊河川、河川彎道處 🍤底棲小型動物 ●巴基斯坦沙鰍

馬頭小刺眼鰍［鰍科］

臉如馬般細長，故以此命名（馬頭）。🐟30 cm（全長）🌏印度、泰國、馬來西亞等 🌊河川 🍤底棲小型動物

庫勒潘鰍［鰍科］

身體如線般細長，會隱藏在水草或是植物之間。🐟12 cm（全長）🌏泰國、緬甸、越南等 🌊河川 🍤底棲小型動物

吸盤鰍［平鰭鰍科］

嘴巴長在下方，會食用附著在石頭上的藻類。🐟6 cm（全長）🌏中國大陸南部 🌊河川 🍤藻類 ●麥氏擬腹吸鰍

◀吸盤鰍的腹部。可以藉由吸盤狀的胸鰭與腹鰭附著在岩石等的上方。

大小比一比

泥鰍 10cm　短薄鰍 10cm　條鬚鰍 8cm

吸盤鰍 6cm

大刺色鰍 30cm

脂鯉科

🐟 魚事TALK 🐟 背鰭與尾鰭之間，還有一片小小的脂鰭。通常擁有尖銳的牙齒，並且為肉食性魚類。大多擁有美麗的體色，是相當受到歡迎的觀賞魚之一。全世界河川或湖沼有1600種以上。

脂鰭

霓虹脂鯉[脂鯉科]
是熱帶觀賞魚的代表物種。照射到光線時，身體會反射出美麗的顏色。■3cm（全長）■南美洲（亞馬遜河等）■河川 ■浮游生物、水生昆蟲、藻類

黑異紋魮脂鯉
[脂鯉科]
■4cm（全長）■南美洲（巴拉圭河等）■河川 ■浮游生物、水生昆蟲、藻類

布氏半線脂鯉[脂鯉科]
■5cm（全長）■南美洲（亞馬遜河、奧里諾科河等）■河川 ■浮游生物、水生昆蟲、藻類 ■紅頭剪刀

搏氏企鵝魚[脂鯉科]
■3cm ■南美洲（亞馬遜河、阿拉瓜亞河等）■河川 ■浮游生物、水生昆蟲 ■企鵝魚

▼亞成魚

裸頂脂鯉[脂鯉科]
在成為亞成魚之前，身上都有2條紋路，體色會隨著成長而全部轉變為銀色。■8cm ■南美洲（巴拉圭河、瓜波雷河等）■河川 ■浮游生物、水生昆蟲

馬魮脂鯉[脂鯉科]
■4cm ■南美洲（亞馬遜河、瓜波雷河、巴拉圭河等）■小河川 ■浮游生物、水生昆蟲、藻類 ■紅魮脂鯉 阿瑪帕三色燈

斷線脂鯉[鮭脂鯉科]
■8cm（全長）■非洲（剛果河等）■河川 ■浮游生物、水生昆蟲、藻類

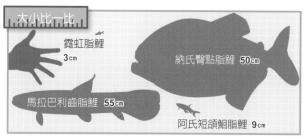

大小比一比

霓虹脂鯉
3cm

納氏臀點脂鯉 50cm

馬拉巴利齒脂鯉 55cm

阿氏短頜魮脂鯉 9cm

喬氏麗脂鯉（盲魚）
[脂鯉科]
因為棲息在昏暗的洞穴，眼睛退化。身上沒有色素，看起來像是粉紅色。■10cm（全長）■墨西哥 ■流經洞穴的河川、地底湖 ■小型動物

■體長 ■分布區域 ■棲息環境 ■食物 ■別名 ■危險部位 危危險的魚類 食食用魚類 瀕瀕危物種

納氏臀點脂鯉

[脂鯉科] 危

在肉食魚中以「食人魚」之名稱而廣為人知。擁有尖銳的牙齒，會以群體方式襲擊獵物，但是個性其實非常膽小。在原產地被當作食用魚。●50 cm ●南美洲（亞馬遜河、巴拉那河等）●河川、池塘●魚類、水生昆蟲、動物屍體等●紅腹食人魚●牙齒

▲納氏臀點脂鯉的尖齒。

斑點突吻脂鯉 [唇齒脂鯉科]

頭會朝下，以倒立方式游泳。●8 cm ●南美洲（亞馬遜河、奧里諾科河等）●河川●小型動物、藻類●斑點倒立魚

亞馬遜河鹿齒魚 [脂鯉科]

具有會啃咬魚鱗的習性。●8 cm ●南美洲（亞馬遜河、托坎廷斯河等）●河川●水生昆蟲、甲殼類、小魚、魚類的鱗片●馬克土司

胸斧脂鯉

[胸斧魚科]

會以群體的方式，在接近水面處生活。
●4 cm ●南美洲（亞馬遜河等）●小河川、沼澤●昆蟲、水生昆蟲、甲殼類●銀石斧魚

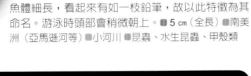

管口鉛筆魚 [鱗脂鯉科]

魚體細長，看起來有如一枝鉛筆，故以此特徵為其命名。游泳時頭部會稍微朝上。●5 cm（全長）●南美洲（亞馬遜河等）●小河川●昆蟲、水生昆蟲、甲殼類

馬拉巴利齒脂鯉 [虎脂鯉科]

會躲藏在河川蘆葦之間或是岩壁處。●55 cm（全長）●哥斯大黎加～阿根廷●河川、輸水道●魚類、水生昆蟲、甲殼類●南美牙魚

阿氏短頜魟脂鯉 [鱗脂鯉科]

交尾時，雄魚與雌魚會一起跳躍至靠近水面的葉子背後等處產卵。●9 cm（全長）●南美洲（亞馬遜河、奧里諾科河等）●小河川●昆蟲、水生昆蟲、甲殼類●濺水脂鯉、紅翅濺水魚

鯰科

魚事TALK 有些鯰科會棲息在海中，但是幾乎都棲息在河川或是湖沼。魚體沒有鱗片，身形往往看起來像是被從上往下壓扁的感覺。嘴巴周圍有2～4對鬍鬚。

鯰魚 [鯰科] 食

白天會隱藏著不動，到了夜晚才會為了覓食而出來活動（夜行性）。什麼東西入口都能吃。有 2 對鬍鬚。■50 cm ■北海道南部～九州／俄羅斯東南部～越南中部、臺灣等 ■河川下游、沼澤、池塘、水田、輸水道 ■貝類、甲殼類、魚類、蛙類

鬍鬚

岩六鬍鯰（石鯰）[鯰科] 食

會躲藏在較多岩石的縫隙處。有 2 對鬍鬚。■50 cm ■琵琶湖、余吳湖等 ■湖 ■水生昆蟲、甲殼類、魚類

琵琶湖六鬍鯰 [鯰科]

夜行性，會在離岸處游泳並威嚇其他魚類。有 2 對鬍鬚。■80 cm ■琵琶湖、淀川水系 ■湖、河川 ■魚類

叉尾黃顙魚 [鱨科] 危 食

會舞動胸鰭，發出唧─唧─的聲音。有 4 對鬍鬚。■20 cm ■近畿地方以南的日本本州、四國、九州東北部／移入至新潟縣、三重縣 ■河川中游・下游、湖 ■底棲小型動物、魚類 ■叉尾瘋鱨、叉尾盾鮁 ■背鰭與胸鰭的尖刺

日本鰍 [鈍頭鮠科] 危 絕

在魚卵孵化之前，雄魚會一直守護在側。有 4 對鬍鬚。■8 cm ■宮城縣・秋田縣以南的日本本州、四國、淡路島、九州 ■河川上游・中游 ■水生昆蟲 ■背鰭與胸鰭的尖刺

鬍鯰 [鬍鯰科]

有 4 對鬍鬚。在原產地被當作食用魚。■25 cm ■移入至石垣島／中國大陸南部・臺灣・菲律賓等（原產）■河川中游・下游、沼澤、池塘、水田、輸水道 ■水生昆蟲、貝類、甲殼類、魚類

鯰魚與地震

日本自古以來即相信位於地面下的鯰魚如果生氣，就會引發地震。江戶時代曾有傳說「鹿島神宮的鹿島大明神（武甕槌大神）將『要石』壓在鯰魚身上以阻止地震發生」，因此後來便出現很多以該神話為背景所描繪的「鯰繪」，藉此用來預防地震。有一種說法是地震發生前，鯰魚會先感知到，但實際原因未明。

◀〈揹著要石的鯰魚〉
東京大學綜合圖書館
館藏

大小比一比

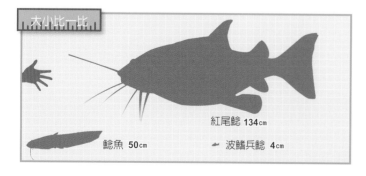

紅尾鯰 134cm

鯰魚 50cm

波鰭兵鯰 4cm

鯰形目

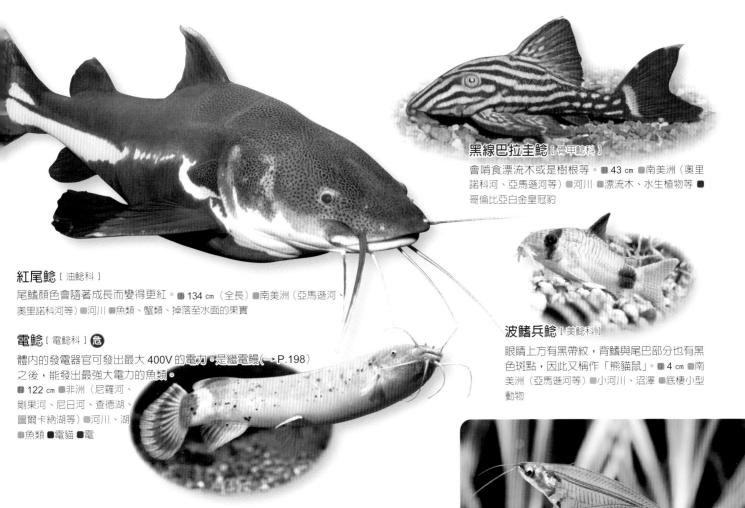

黑線巴拉圭鯰 [骨甲鯰科]
會啃食漂流木或是樹根等。◼ 43 cm ◼南美洲（奧里諾科河、亞馬遜河等）◼河川 ◼漂流木、水生植物等 ◼哥倫比亞白金皇冠豹

紅尾鯰 [油鯰科]
尾鰭顏色會隨著成長而變得更紅。◼ 134 cm（全長）◼南美洲（亞馬遜河、奧里諾科河等）◼河川 ◼魚類、蟹類、掉落至水面的果實

電鯰 [電鯰科] 危
體內的發電器官可發出最大 400V 的電力。是繼電鰻(→P.198)之後，能發出最強大電力的魚類。◼ 122 cm ◼非洲（尼羅河、剛果河、尼日河、查德湖、圖爾卡納湖等）◼河川、湖 ◼魚類 ◼電貓 ◼電

波鰭兵鯰 [美鯰科]
眼睛上方有黑帶紋，背鰭與尾巴部分也有黑色斑點，因此又稱作「熊貓鼠」。◼ 4 cm ◼南美洲（亞馬遜河等）◼小河川、沼澤 ◼底棲小型動物

雙鬚缺鰭鯰 [鯰科]
特徵是魚體有如玻璃般透明，有 1 對長鬍鬚。◼ 15 cm ◼泰國、馬來西亞、印尼等 ◼河川、溼地 ◼小魚、昆蟲、水生昆蟲、甲殼類 ◼玻璃貓魚

亞馬遜河鯨鯰 [鯨鯰科] 危
會啃咬大型魚的魚皮，咬出一個洞後再從中啃食其魚肉。有時也會攻擊人類，令人感到恐懼。◼ 27 cm ◼南美洲（亞馬遜河、奧里諾科河等）◼河川 ◼大型魚、動物 ◼會啃咬肉

連尾鮡 [連尾鮡科]
◼ 20 cm（全長）◼印度、尼泊爾、泰國、馬來西亞、印尼等 ◼河川、輸水道、池塘 ◼小魚、甲殼類 ◼毛鯰

黑腹歧鬚鮠 [倒立鯰科]
如其別名，會以腹部朝上、背部朝下的方式游泳。◼ 10 cm（全長）◼非洲中央部（剛果河等）◼河川 ◼昆蟲、甲殼類、藻類 ◼鰓蓋上的尖刺 ◼倒吊鼠

▶一直待在水底不動、假扮成枯葉（擬態。→P.163）蟄伏等待獵物上門。

裸背電鰻科

🐟魚事TALK🐟 魚體細長，會利用從肌肉或是神經細胞變化而來的發電器官發電、捕捉獵物。由部分背骨變形而來的感覺器官（韋卜氏器）可以用來感覺聲音。有些會用鰓或是嘴巴呼吸。中・南美洲地區約有140種。

▶肛門位於鰓蓋下方，從肛門位置往後，幾乎整個身體都是發電器官。

肛門

會發電的電鰻

電鰻會使用由肌肉細胞變化而來的發電板細胞發電。每1片發電板約可產生0.15V的電力。數千個發電板一起發電時，最高可產生達800V的巨大電量。然而，該電力僅能持續1000分之1秒。

電鰻 [裸背電鰻科] 危

棲息在水質混濁的小河川或是沼澤泥底。會捕食已被電暈的魚類等生物。■2.5m（全長）●南美洲（亞馬遜河、奧里諾科河等）●小河川、沼澤●魚類、小型哺乳類○水虎魚

線翎電鰻 [線翎電鰻科]

可以發出非常微弱的電流，作為雷達使用，藉此探巡周圍的狀況。■50 cm（全長）●南美洲（奧里諾科河、巴拉那河等）●小河川●水生昆蟲

玻璃飛刀魚 [線鰭電鰻科]

臀鰭

能夠發出非常微弱的電流。會擺動長長的尾鰭，向前或是向後游泳。■36 cm（全長）●南美洲（奧里諾科河、拉普拉塔河等）●小河川、池塘、溼地●底棲小型動物○青色埃氏電鰻、透明飛刀魚

狗魚科

🐟魚事TALK🐟 下頷突出，頷內排列著尖銳的牙齒，可以用來捕捉其他魚類。背鰭與臀鰭位於身體後方。有些較大型會超過1m，經常成為釣魚客的目標。

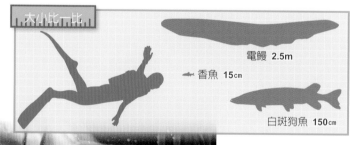

大小比一比

電鰻 2.5m
香魚 15cm
白斑狗魚 150cm

白斑狗魚

[狗魚科]

喜歡棲息於植物生長茂密處。除了產卵時期外，不會群聚，都是單獨生活。■150 cm（全長）●北美洲（北部）、歐洲●河川、湖沼，亦會現身於汽水域●魚類、兩棲類、甲殼類、水生昆蟲

鱈科

🐟魚事TALK🐟 棲息在淡水域的鱈科非常稀有，全世界僅有1種。

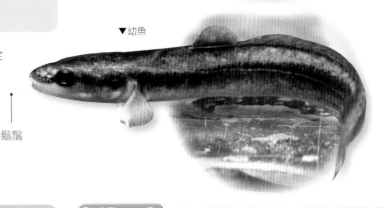

▼幼魚

鬍鬚

江鱈 [鱈科]

下頜長有鬍鬚。■152 cm（全長）■澳洲北部、北美洲等 ■河川、湖沼 ■水生昆蟲、螯蝦、貝類
■山鯰魚、Lota Lota

胡瓜魚科

🐟魚事TALK🐟 是一種棲息於淡水魚、近似於鮭科的魚類，通常會在淡水域與海洋間來回悠游。魚體細長，僅有1個背鰭，後方有小小的脂鰭。香魚、西太公魚、長體油胡瓜魚(柳葉魚)等都是日本的重要食用魚。

脂鰭

香魚 [香魚科] 食

■15 cm ■北海道西部～九州／朝鮮半島～越南北部
■河川上游 · 中游、湖、水庫人工湖 ■藻類 ●Ayu（鮎）、年魚

長體油胡瓜魚 [胡瓜魚科] 食

2 年會長大成魚，雄魚的魚體會變黑。從秋天開始到冬天，會以成群結隊的方式回溯至河川產卵，而後終結一生。孵化後的稚魚會離開河川，在海洋中成長。
■12cm ■北海道南部 ■河川、沿岸（海）■浮游生物 ●柳葉魚、油胡瓜魚

香魚產卵

秋季時期誕生於河川的香魚會進入海洋過冬，然後在河口附近成長，隔年春天才回溯至河川，棲息於中游或上游，並且於秋季產卵，而後終結其一生(也有少數會存活下來)。香魚是1年即過完一生的魚，因此也被稱作「年魚」。

▲香魚產卵的模樣。雌魚會先產下魚卵，雄魚再將精子噴灑在魚卵上。

◀產下的魚卵。

西太公魚 [胡瓜魚科] 食

會以群體方式回溯至河川，在河川沿岸水藻或是枯木上產卵。孵化後，稚魚會進入海洋。留在湖沼內的魚則會順著漂流至河川或是湖泊產卵。■10 cm ■北海道～東京都 · 島根縣、移入至日本各地／千島群島南部 ■河川下游、湖沼、水庫人工湖、沿岸（海）■浮游生物 ●公魚、若細魚

小齒日本銀魚
[胡瓜魚科] 食

魚體透明，可以清楚看見背骨、内臟、魚鰾等。■
10 cm ■北海道～岡山縣·熊本縣／俄羅斯東南部～朝鮮半島東部等 ■河口、汽水湖、沿岸（海）■浮游生物 ●白魚、日本銀魚

鮭科

🐟 魚事TALK 🐟

通常會為了產卵而在海洋與河川之間來去。魚體稍微細長、左右平坦，背鰭與尾鰭之間還有小巧的脂鰭。許多鮭科物種會被當作食用魚、養殖魚。全世界河川、湖沼、海洋中約有70種，日本約有20種。

鮭科

▼棲息在海洋時，魚體為銀色，回溯至河川時，頭部會變成綠色，魚體則會變成鮮豔的紅色婚姻色（進入繁殖期後變換的體色，→P.127）。

脂鰭

◁紅鉤吻鮭

紅鉤吻鮭（科卡尼紅鮭魚）食 絕

稚魚會在河川棲息2～3年後，於春天進入海洋（降海型）。一生都棲息在淡水域、不會進入海洋的個體（陸封型）則稱作「科卡尼紅鮭魚（Kokanee Salmon）」。

〈降海型〉■50㎝ ■北海道／北太平洋、東太平洋（北部）■河川、湖、沿岸～遠洋（海）■魚類、烏賊等

〈陸封型〉■35㎝ ■北海道東部（阿寒湖、Chimikeppu湖）／移入至日本各地 ■河川、湖 ■浮游生物、甲殼類 ■藍背鮭

▲科卡尼紅鮭魚

大小比一比

鮭魚 70㎝

紅鉤吻鮭 50㎝

科卡尼紅鮭魚 35㎝

■體長 ■分布區域 ■棲息環境 ■食物 ■別名 ■危險部位 魚危險的魚類 食食用魚類 絕瀕危物種

鮭魚的一生

有些鮭魚會在淡水域產卵。從秋天到冬天孵化出的稚魚會在隔年春天進入海洋，歷經 3～4 年的成長，再回到母川（自己出生的河川）。然後在中游的砂礫底產卵，而後終結一生。

① 產卵後約 2 個月，魚卵孵化。

② 幼魚會呈現出一種稱作「幼鮭（parr mark）」的金幣形狀。從冬天到春天，會離開河川。

③ 在海洋中成長的鮭魚，到了秋天才會回到自己出生的河川。這時有些會逆流飛越瀑布回溯而上。

④ 輾轉抵達產卵的地點後，雄魚會在剛產下魚卵的雌魚旁，將精子噴灑在魚卵上。

⑤ 回溯至河川的過程中，鮭魚都不會進食。因此，產卵後往往會因為力氣用盡而死亡。

▲為了產卵而回溯至河川的紅鉤吻鮭。

降海型與陸封型

許多鮭科魚類長大成魚後會棲息在海洋，到了產卵時期才會回溯至河川。然而，即使是同一魚種也會因為不同的條件等，而沒有進入海洋、終其一生都棲息在河川或是湖沼。成魚時，棲息於海洋中的稱作「降海型」；不會飛越瀑布、不會從海洋回溯而是一輩子棲息在淡水域的稱作「陸封型」。降海型與陸封型的體型大小等會有所差異。降海型稱作紅鉤吻鮭；陸封型稱作科卡尼紅鮭魚等，有各式各樣不同的物種名稱。

鮭魚 食

棲息於海洋時，全身都是銀色的。為了產卵而回溯至河川時，會出現紅、黃、綠等斑駁紋路的婚姻色，雄魚的上頜會包覆住下頜。▬ 70 cm ▬北海道～茨城縣 · 九州西北部／日本海、北太平洋 ▬河川、沿岸～遠洋（海）▬魚類、烏賊、甲殼類、水母 ▬白鮭、鮭、鉤吻鮭、時不知、狗鮭

▲雄魚

▼雌魚

小知識　鮭魚與紅鉤吻鮭的雄魚為了將自己的精子噴灑在魚卵上，會進行激烈的爭奪戰。有些會在強壯的雄魚旁寸步不離，而後在雌魚產卵的瞬間硬擠進去。

鮭科

粉紅鮭 食

孵化出來的稚魚會立刻進入海洋。2 年後再回到母川（自己出生的河川）產卵，而後結束一生。
■ 50 cm ■北海道東北部／日本海、北太平洋 ■河川、沿岸～遠洋（海）■浮游生物 ■駝背鮭、細鱗麻哈魚

國王鮭 食

鮭科中體型最大的一個物種。有些稚魚會立刻進入海洋，但大多數會先在河川內棲息 1～2 年後才進入海洋。主要產卵地是在俄羅斯、阿拉斯加、加拿大等的河川。
■ 85 cm ■日本海、北太平洋 ■河川、沿岸～遠洋（海）■浮游生物、魚類 ■大助（日本地方別稱）、King Salmon

花羔紅點鮭 食 絕

在日本，終其一生幾乎都棲息在淡水域，只有極少數會進入海洋。■ 20 cm ■北海道（南部除外）／朝鮮半島北部、俄羅斯東南部等 ■河川、湖、沿岸～遠洋（海）■水生昆蟲、掉落在水面的昆蟲 ■花麗羔子魚

銀鮭 食

孵化後的稚魚有 1～2 年的時間會棲息在河川，而後才進入海洋。接著 1～2 年後才會回到母川上游產卵，而後結束一生。主要產卵地是在俄羅斯、阿拉斯加、加拿大等的河川。是常見的養殖魚。■ 50 cm ■日本海（北部）、北太平洋 ■河川、沿岸～遠洋（海）■魚類

麥奇鉤吻鮭 食

在原產地是一種會進入海洋的魚種。日本方面則幾乎都棲息在淡水域。■ 30 cm ■移入至日本各地／北美洲的太平洋側等（原產）■河川上游‧中游、湖、水庫人工湖 ■水生昆蟲、掉落在水面的昆蟲、小型動物、魚類 ■虹鱒、麥奇大麻哈魚

遠東哲羅魚 絕

產卵後不會死亡，一生當中可以產卵好幾次。■ 70 cm ■北海道／千島群島南部、俄羅斯東南部等 ■河川下游、湖沼、沿岸（海）■水生昆蟲、掉落在水面的昆蟲、魚類、蛙類、鼠類 ■伊富魚、鯱、伊富

遠東紅點鮭（蝦夷嘉魚）食

稚魚有 2～3 年的時間會棲息在河川，而後進入海洋（降海型，P.201）。不進入海洋、留在河川的個體（陸封型）稱作「蝦夷嘉魚」。〈降海型〉40 cm〈陸封型〉20 cm ■北海道～千葉縣‧山形縣／朝鮮半島～北太平洋（西部）■河川、沿岸（海）■昆蟲、甲殼類、浮游生物、魚類、鼠類等

日本紅點鮭 食

■ 25 cm ■神奈川縣～和歌山縣、近畿地方 ■河川上游 ■水生昆蟲、掉落在水面的昆蟲、魚類、鼠類 ■紅點鮭、白斑紅點鮭、切口魚（日本地方）

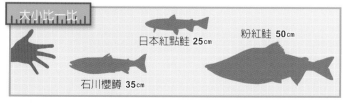

大小比一比

日本紅點鮭 25cm　粉紅鮭 50cm
石川櫻鱒 35cm

■體長 ■分布區域 ■棲息環境 ■食物 ■別名 ■危險部位 危危險的魚類 食食用魚類 絕瀕危物種

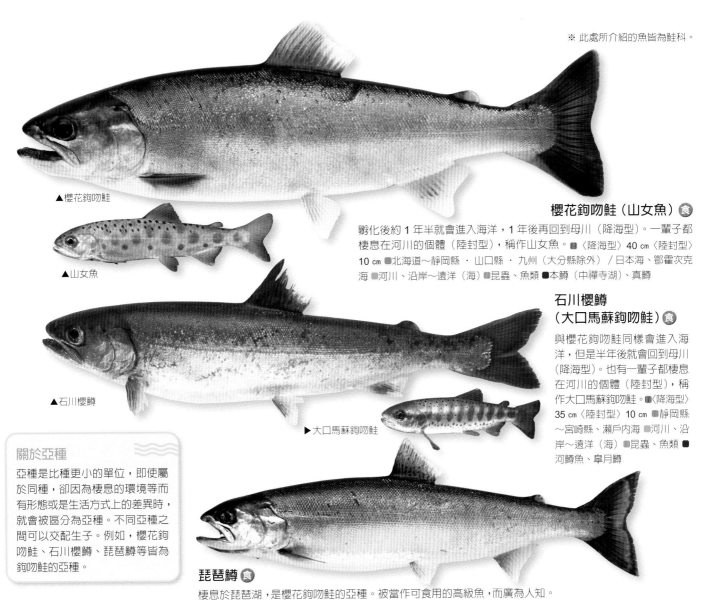

▲櫻花鉤吻鮭

▲山女魚

櫻花鉤吻鮭（山女魚）食

孵化後約 1 年半就會進入海洋，1 年後再回到母川（降海型）。一輩子都棲息在河川的個體（陸封型），稱作山女魚。■〈降海型〉40 cm〈陸封型〉10 cm ■北海道～靜岡縣・山口縣・九州（大分縣除外）／日本海、鄂霍次克海 ■河川、沿岸～遠洋（海）■昆蟲、魚類■本鱒（中禪寺湖）、真鱒

石川櫻鱒（大口馬蘇鉤吻鮭）食

與櫻花鉤吻鮭同樣會進入海洋，但是半年後就會回到母川（降海型）。也有一輩子都棲息在河川的個體（陸封型），稱作大口馬蘇鉤吻鮭。■〈降海型〉35 cm〈陸封型〉10 cm ■靜岡縣～宮崎縣、瀨戶內海 ■河川、沿岸～遠洋（海）■昆蟲、魚類■河鱒魚、皐月鱒

▲石川櫻鱒

▶大口馬蘇鉤吻鮭

關於亞種

亞種是比種更小的單位，即使屬於同種，卻因為棲息的環境等而有形態或是生活方式上的差異時，就會被區分為亞種。不同亞種之間可以交配生子。例如，櫻花鉤吻鮭、石川櫻鱒、琵琶鱒等皆為鉤吻鮭的亞種。

琵琶鱒 食

棲息於琵琶湖，是櫻花鉤吻鮭的亞種。被當作可食用的高級魚，而廣為人知。
■ 40 cm ■琵琶湖／移入至栃木縣、神奈川縣、長野縣 ■湖沼、河川 ■魚類

魚先生的 魚魚 TALK

原本以為滅絕的秋田鉤吻鮭，再度被人發現！

2010年的重磅級新聞是秋田鉤吻鮭其實與科卡尼紅鮭魚(紅鉤吻鮭的陸封型，→P.200)是近親族群。秋田鉤吻鮭原本只是秋田縣田澤湖的特有魚種，1940年左右因為水質惡化而滅絕。然而，2010年卻在距離田澤湖非常遙遠的山梨縣西湖發現了這些應該已經滅絕的秋田鉤吻鮭蹤跡！發現秋田鉤吻鮭的珍貴契機來自京都大學榮譽教授——中坊徹次先生。當時中坊教授實驗室正在繪製田澤湖中的「秋田鉤吻鮭」標本圖片，教授建議學生們可以去看看科卡尼紅鮭魚。於是，受到各界人士協助，獲贈了一隻科卡尼紅鮭魚，沒想到該次遇見的竟然是超過80年前從田澤湖運送至西湖放生的秋田鉤吻鮭後代子孫！能夠與秋田鉤吻鮭有如此奇蹟般的相遇，感謝之情溢於言表。

▲魚先生於 2010 年 3 月所繪製的秋田鉤吻鮭插畫。

▲在日本西湖發現的秋田鉤吻鮭。

小知識 山女魚與大口馬蘇鉤吻鮭長相非常類似，大口馬蘇鉤吻鮭的體側有許多紅點。山女魚則沒有紅點。

河川裡的魚都吃些什麼呢？

從山上匯流而成的河川以及蓄積許多水量的湖泊等處都是大量魚類在陸上的棲息場所。就讓我們來看看這些棲息於河川上游・中游的魚類食物吧！

▲ 在水面產卵的蜉蝣。許多昆蟲都會將水邊當作產卵地點。

◎昆蟲

在水面附近游泳的魚類經常會將靠近水面的昆蟲視為目標。牠們會偷襲並且食用掉落至河川的昆蟲（掉落至水面的昆蟲）或是為了產卵而靠近河川的昆蟲。

山女魚（→ P.203）

西刺杜父魚
（→ P.213）

▲襀翅目的幼蟲。

◎魚類

對大型魚而言，幾乎所有的小魚都是牠們的食物。有些大型魚如西刺杜父魚會擬態（→P.163）成周邊的岩石，伺機襲擊獵物。

襲擊、捕食水上生物

棲息於河川的魚類為了生存，會食用水中所有生物。再者，發現掉落至水面的生物或是有生物接近水面時，也會從水裡跳出、捕食。

蝦夷嘉魚（→P.202）

◎陸上小型動物

對體型較大的魚類而言，不僅是水中的生物，也會捕食靠近水邊的鼠類或是蛙類等陸上小型動物。

▶被香魚刮食青苔後的狀態。

◎藻類、水生植物

有許多魚類會食用附著在川底石頭上的青苔或是水生植物。

◎水生昆蟲

有些昆蟲的幼蟲期會棲息在水中（水生昆蟲）。魚類會把石頭翻開、捕食躲在石頭下的水生昆蟲。

香魚（→P.199）

川鯔（→P.188）

◎底棲小型動物

會躲在河川底部的不僅是昆蟲。小型甲殼類（蝦類或蟹類的族群）或是貝類等都會成為魚類的食物。

暗色沙塘鱧（→P.214）

刺魚科

🐟 魚事TALK 🐟 棲息於淡水域的刺魚科,通常魚體細長、背部與腹部帶有尖刺(棘條)。還有一個特徵是體側會有盾形的鱗片(板狀魚鱗)。有些會在海洋與河川來回悠游。

三刺魚 [刺魚科] 絕

會棲息在水質清澈、水溫較低、水草較多之處。■ 5 cm ■岐阜縣、滋賀縣/移入至三重縣、兵庫縣 ■小河川・池塘 ■水生昆蟲、底棲小型動物、浮游性小型動物 ■三棘刺

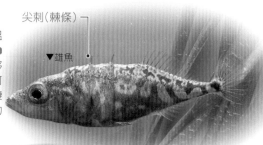
尖刺(棘條)
▼雄魚

日本海三刺魚 [刺魚科] 食

出生於河川或是湖泊,而後進入海洋(降海型)。會隨著成長而回到河川或是湖沼等產卵。■ 8 cm ■北海道~千葉縣・島根縣/千島群島、朝鮮半島東部等 ■河川、湖沼、沿岸・內灣・潮池(海) ■水生昆蟲、小型蝦類等 ■三棘刺魚、針鯖(日本金澤等地方方言)

中華多刺魚 (中華多刺魚淡水型) [刺魚科]

可以在水質清澈的小河川等處發現其蹤跡。牠們會利用水草的莖部來築巢。■ 7 cm ■北海道~岩手縣・福井縣 ■小河川、湖沼、池塘 ■水生昆蟲、小型蝦類等

刺魚科的育兒方式

不論是淡水域中的,還是海洋中的三刺魚等刺魚科到了產卵期,雄魚就會開始用水草等築巢,而後大跳求愛舞以邀請雌魚進入巢中產卵。然後,雄魚會守護著魚卵,並且一直忙著用魚鰭運送新鮮的水等照顧魚卵。幾乎所有三刺魚科物種的雌魚都會在產卵後死亡,雄魚則會等到魚卵孵化後結束一生。

巢

▲正在運送水草、築巢的雄性三刺魚。在水底收集水草後,會利用原本覆蓋在身體上的黏液使其固定。

持續分類的三刺魚(海)與中華多刺魚

以往只是將1種三刺魚區分為3種類型,然而隨著研究進展又將其區分為3個新的物種。除了左側的日本海三刺魚外,還有會進入海洋的太平洋降海型三刺魚,以及一生都棲息在淡水域的太平洋陸封型三刺魚。此外,三刺魚與八棘多刺魚(Ninespine stickleback)中,又可以再區分為左側的中華多刺魚淡水型與中華多刺魚雄物型(日本雄物川)、中華多刺魚汽水域型等3種。

▲太平洋降海型三刺魚

▲中華多刺魚雄物型

八棘多刺魚 [刺魚科] 絕

曾經棲息在東京都的中西部,因環境惡化等因素,現在僅棲息在埼玉縣的有限地點。■ 5 cm ■埼玉縣 ■小河川、湖沼、池塘 ■底棲小型動物、蝦類等

帶紋多環海龍 [海龍科]

常見於琉球群島的紅樹林水路。■ 17 cm ■千葉縣~屋久島、琉球群島/西・中央太平洋、印度洋等 ■河川汽水域 ■浮游生物

■體長 ■分布區域 ■棲息環境 ■食物 ■別名 ■危險部位 危危險的魚類 食食用魚類 絕瀕危物種

合鰓魚科

🐟魚事TALK🐟 合鰓魚科的身體細長，沒有胸鰭與腹鰭，其餘的魚鰭也都退化。全世界河川、水田等處約有100種、日本僅有1種。刺鰍科與合鰓魚科雖然是同一族群，但是刺鰍科的身體左右比較平坦，嘴巴前端的突出處已變成感覺器官。

沒有胸鰭與腹鰭。背鰭與臀鰭、尾鰭連接在一起，看起來像小小的皺褶。

黃鱔 [合鰓魚科] 絕

是一種會進行性別轉換（→P.85）的魚類，幼魚時期是雌魚，長大後有一部分的魚會變成雄魚。雄魚會挖掘隧道，並且在該處製造、累積氣泡，以便運送雌魚所產下的魚卵。出生後的仔魚會在雄魚的口腔內成長。在原產地被當作食用魚。◼35 ㎝ ◼琉球群島／自中國大陸移至日本本州・四國各地／朝鮮半島・臺灣・中國大陸・東南亞（原產地）◼水田、池塘◼昆蟲、兩棲類◼田鱔、朝鮮泥鰍

紅紋刺鰍 [刺鰍科]

黑色的魚體上有火焰般的紋路，故以此特徵為其命名。◼100 ㎝（全長）◼泰國・柬埔寨 ～印尼◼河川、溼地◼水生昆蟲、藻類◼紅點棘鰍

擬銀漢魚科

🐟魚事TALK🐟 棲息於淡水域的擬銀漢魚科，主要常見於澳洲或東南亞各個小島。魚體顏色豔麗，被稱作「彩虹魚」，在觀賞魚中相當受到歡迎。

博納里牙漢魚 [擬銀漢魚科]

會在靠近表層帶處以群體方式游泳。在原產地被當作食用魚。◼44 ㎝ ◼移入至茨城縣、神奈川縣／巴西南部、阿根廷中部（原產地）◼湖沼◼浮游生物、水生昆蟲、小魚、小型蝦類等

拉迪氏苦味銀漢魚（七彩霓虹）
[沼銀漢魚科]

通透的身體上有金屬光澤的藍色帶狀紋路。◼8 ㎝ ◼蘇拉威西島◼河川◼浮游生物

伊里安島舌鱗銀漢魚 [虹銀漢魚科]

小巧的紅色鱗片會反射光線，整隻魚如寶石般耀眼。◼12 ㎝ ◼新幾內亞島北部◼湖◼小型動物◼紅寶石彩虹魚

馬達加斯加銀漢魚 [虹銀漢魚科]

特徵是體型細長，且擁有美麗的魚鰭。◼9 ㎝（全長）◼馬達加斯加島◼河川◼小型動物◼馬達加斯加彩虹魚

大小比一比

三刺魚 5㎝

帶紋多環海龍 17㎝

黃鱔 35㎝

博納里牙漢魚 44㎝

小知識 許多棲息於淡水域的刺魚科偏好水質較好的環境，因此隨著河川汙染，棲息數量減少，各地也開始出現一些保育運動。

怪頜鱂科

網狀紋路 ← ▲雄魚

背鰭的缺角較淺

雄魚臀鰭寬度寬且長

雌魚背鰭較小

▶雌魚

雌魚的臀鰭寬度窄且短

怪頜鱂科是鶴鱵科(→P.64)的近親，以會棲息在池塘或是小河等處的小型魚而聞名。是亞洲特有的淡水魚，以東南亞為中心有23種，日本方面有2種。

魚事TALK

薩氏青鱂 [怪頜鱂科] 絕

魚體有網狀紋路。雄魚的背鰭缺角比中華青鱂來得淺。受到外來物種等影響數量驟減，有滅絕的隱憂。■3 cm ■青森縣~兵庫縣、福島縣 ■河川、沼澤、池塘、水田、輸水道 ■浮游生物、掉落在水面的昆蟲

怪頜鱂科的分類

以往日本被認為僅有1種怪頜鱂科物種，現在則有2種，分別是薩氏青鱂與中華青鱂。這2種物種的棲息區域雖然不同，卻會透過雜交(不同物種繁衍子孫)而繁衍出雜種。為了保存原有物種，不能隨意野放。

薩氏青鱂棲息區域　中華青鱂棲息區域
兩者混雜棲息區域

背鰭缺角較深。

▲雄魚

雄魚臀鰭寬度寬且長

雌魚背鰭較小

▶雌魚

雌魚臀鰭寬度窄且短

中華青鱂 [怪頜鱂科] 絕

魚體上沒有網狀紋路。受到外來物種等影響數量驟減，有滅絕的隱憂。■3 cm ■岩手縣~和歌山縣、長野縣、大阪府、京都府、兵庫縣~山口縣、四國、九州、奄美群島、沖繩群島等/移入至北海道南部 ■河川、沼澤、池塘、水田、輸水道、紅樹林區域 ■浮游生物、掉落在水面的昆蟲

爪哇青鱂 [怪頜鱂科]

■5 cm（全長）■泰國、馬來西亞、印尼等■小河川、池塘、輸水道、紅樹林區域 ■浮游生物 ■女王燈

怪頜鱂科的產卵過程

怪頜鱂科會在春天至夏天之間產卵。雌魚會將魚卵放在腹部一起游泳，魚卵上帶有一些線狀突起物，最後該線狀物就會勾在水草等物體上。在25℃的狀態下，魚卵約可在11天左右孵化。

產卵與魚卵的成長模樣

魚卵

①雄魚會利用背鰭將雌魚固定住，當雌魚產卵時，雄魚就會釋放出精子。

②雌魚會帶著魚卵游泳，最後將魚卵勾在水草等物體上。

③剛產出的魚卵模樣。可以看到有小小的油泡。

④第7天的魚卵。魚卵中的仔魚形狀逐漸顯現。

⑤孵化的瞬間。卵膜破裂、仔魚游出。

⑥剛孵化的仔魚。會有幾天的時間必須靠腹袋內的養分成長。

■體長　■分布區域　■棲息環境　■食物　■別名　■危險部位　危危險的魚類　食食用魚類　絕瀕危物種

花鱂科

🔊 魚事TALK 大多擁有美麗的體色，是相當受到歡迎的觀賞魚之一。有卵生也有胎生。以南北美洲、非洲等地的河川或汽水域為主要棲息地，約有1000種，日本方面也有繁殖自海外移入的數個物種。

▼雌魚
▶雄魚
臀鰭變化成生殖器。

◀雄魚
▼雌魚
臀鰭變化成生殖器。

▼▲孔雀花鱂的改良品種。

食蚊魚 [花鱂科]

為了消除孑孓（蚊子的幼蟲）而從國外引進，並流放至日本各地。很耐混濁水質，也可以在汽水域生存。胎生。📏4 cm 🌍移入至本州～九州、琉球群島等、沖繩群島等／北美洲（原產）🏞沼澤、池塘、水田、小河川 🍴藻類、浮游生物、昆蟲 ■大肚仔

孔雀花鱂（孔雀魚）[花鱂科]

有許多改良品種，被飼育作為觀賞用魚。野生型可以在混濁的水質中生存。胎生。📏4 cm 🌍移入至琉球群島、日本各地的溫泉地等／委內瑞拉、千里達及托巴哥等（原產）🏞沼澤、水田、小河川、輸水道 🍴藻類、昆蟲

花斑劍尾魚 [花鱂科]

有許多改良品種。胎生。📏6 cm（全長）🌍北・中美洲（墨西哥原產）🏞小河川、沼澤 🍴昆蟲、水生昆蟲、甲殼類、藻類

▼改良品種

四眼魚 [四眼魚科]

四眼魚科中其實還有其他2種魚，合稱「四眼魚」。會群體生活在河口等汽水域。胎生。📏30 cm（全長）🌍南美洲 🏞河口汽水域 🍴水生昆蟲

劍尾魚 [花鱂科]

有許多改良品種。會進行性別轉換，從雌魚轉變為雄魚（→P.85）。胎生。📏16 cm（全長）🌍北・中美洲（墨西哥～宏都拉斯原產）🏞河川、水田、輸水道 🍴昆蟲、水生昆蟲、甲殼類、藻類

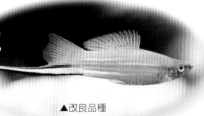

▲改良品種

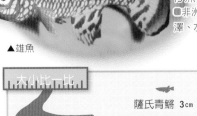

拉氏假鰓鱂 [鰕鱂科]

被稱作「卵生青鱂」的類群，但是沒有仔魚，是會產卵的類群。📏6 cm（全長）🌍非洲南部（莫三比克原產）🏞小河川、沼澤、水池 🍴昆蟲、浮游生物 ■漂亮寶貝

▲雄魚

四眼魚的眼睛根本是忍者

四眼魚的眼睛可以從正中央區分為上下兩半，看起來好像有4個眼睛。四眼魚的眼睛上半部可以浮出水面，很像是漂浮在水面游泳。這樣一來，眼睛上半部在水面上，下半部可以同時觀察水中的情形，既可以遠離鳥類天敵，又可以尋找水中的昆蟲獵物。

隔板

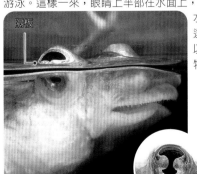

◀四眼魚的眼睛。中間有一個隔板。

大小比一比

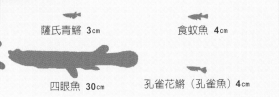

薩氏青鱂 3 cm　　食蚊魚 4 cm

四眼魚 30 cm　　孔雀花鱂（孔雀魚）4 cm

尖吻鱸科、鱖科等

●魚事TALK● 尖吻鱸科的魚體左右平坦，背鰭與臀鰭上長有尖刺(棘條)。鱖科與尖吻鱸科的長相相似，特徵是身上有不規則的斑點。魚體通透的雙邊魚科，又被稱作「玻璃魚(glass fish)」。

尖吻鱸［尖吻鱸科］絕

照射到光線時，眼睛看起來是紅色的，故日本方面以此特徵為其命名（赤目）。幼魚會棲息在河川下游或是汽水域，成魚後再到沿岸鄰近水域生活。■120 cm ■靜岡縣～九州南部、大阪府、香川縣等 ■河川下游、河口汽水域、沿岸（海）■魚類、甲殼類 ■金目鱸、盲槽、扁紅目鱸

▼紅色發亮的眼睛。

◀幼魚。會在海藻林中倒立著游泳，假裝自己是大葉藻類的葉子（擬態、→ P.163）。

尼羅尖吻鱸［尖吻鱸科］

原本為了作為食用魚，而將尼羅尖吻鱸流放至非洲東部維多利亞湖等處，然而卻因為繁殖過剩，把原本湖中的魚類吃掉，成為一大問題。■2m（全長）■非洲（尼羅河、尼日河、剛果河、維多利亞湖等）■河川、湖 ■魚、魚類、甲殼類、昆蟲

▼亞成魚

金目鱸［尖吻鱸科］

幼魚會棲息在汽水域到淡水域之間，成魚後則會在沿岸與淡水域中來回悠游。隨著成長會進行性別轉換，從雄魚變成雌魚（→ P.85）。在熱帶地區被當作食用魚。■2m（全長）■印度、中國大陸東南部、東南亞、澳洲北部等 ■河川下游、河口汽水域、沿岸（海）■魚類、甲殼類、水生昆蟲 ■南方尖吻鱸

▼亞成魚

鱖魚［鱖科］

河川因下雨而水量暴增時，會聚集成群，在夜晚產卵。魚卵會在水中隨意流動，1週後孵化。在原產地被當作食用魚。■70 cm（全長）■中國大陸（原產）、俄羅斯東南部等 ■河川、湖沼 ■魚類、蛙類 ■花鯽魚

川目少鱗鱖［鱖科］絕

魚卵

雄性川目少鱗鱖具有強烈的領地性，到了產卵期就會邀請領地內的雌魚，使其產卵。在魚卵孵化之前，雄魚都會努力守護魚卵。■11 cm ■福井縣、京都府以南的日本本州、四國東北部、九州北部／朝鮮半島南部 ■河川、用水道 ■水生昆蟲、蝦類等，魚類 ■日本五道黑、川鮴

◀守護魚卵中的川目少鱗鱖雄魚。

尾紋雙邊魚
［雙邊魚科］

■8 cm ■西表島／東南亞、印度 ■河川、河口 ■昆蟲、小型蝦類等

大小比一比

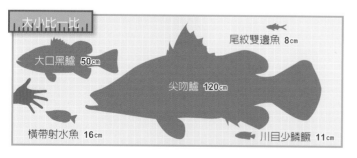

大口黑鱸 50cm

尾紋雙邊魚 8cm

尖吻鱸 120cm

橫帶射水魚 16cm

川目少鱗鱖 11cm

鱸形目

太陽魚科

🐟魚事TALK 🐟 雄魚會在水底築出一個研磨缽狀的巢穴，並且邀請雌魚前來產卵。產卵後，雄魚就會留在巢穴內，守護著魚卵與仔魚。北美原產的魚種在全世界河川或湖沼約有40種，有3種被移入日本繁殖。

大口黑鱸 [太陽魚科] 食

以食用以及釣魚等目的被移入，目前包含日本在內，世界各地皆有繁殖。■ 50 cm ■移入至日本各地／北美洲（原產）■河川、湖沼、水庫人工湖 ■水生昆蟲、甲殼類、魚類 ■黑鱸

藍鰓太陽魚 食
[太陽魚科]

以食用以及作為魚餌等目的被移入，世界各地皆有繁殖。■ 20 cm ■移入至日本各地／北美洲（原產）■河川、湖沼、水庫人工湖 ■水草、水生昆蟲、甲殼類、魚類、魚卵

外來物種的威脅

從海外移入的物種（外來物種）因為可以當作天敵的生物較少，所以一旦比原本居住於該處物種（原生物種）的繁殖力來得強時，生態系統就會失去平衡，有時甚至會造成原有物種滅絕，特別是經常聽到的大口黑鱸與藍鰓太陽魚。這兩種魚類的繁殖力相當強，加上他們會大量獵捕原有物種，或是搶奪原有物種的食物，因此在各地都成為一項嚴重的問題（→P.175）。

射水魚科

🐟魚事TALK 🐟 這是一種會在接近水面處游泳的魚類，牠們會藉由長得很像水槍的嘴巴噴水、擊落位於水面上方的昆蟲等生物來食用。全世界有6種，日本方面僅在西表島發現過1種。

橫帶射水魚 [射水魚科] 絕

除了會用嘴巴噴水，將位於水面外的昆蟲等擊落，也會食用水中的魚類等生物。在熱帶地區被當作食用魚。■ 16 cm ■西表島／印度、東南亞、澳洲北部等 ■河口汽水域‧紅樹林區域、沿岸（海）■昆蟲、甲殼類、魚類

◀鎖定位在葉子上方昆蟲的橫帶射水魚。

麗魚科

▼稚魚會吸食父母體內所產生的黏液。

▲改良品種

七彩神仙魚 [麗魚科]

已改良出許多品種作為觀賞魚。雄魚與雌魚會一起育兒，父母體內會產生特殊黏液（discuss milk），稚魚會藉由吸食該黏液而長大。■14 cm ●南美洲（亞馬遜河等）■河川■昆蟲、浮游生物

大神仙魚 [麗魚科]

背鰭、臀鰭、腹鰭的筋條（軟條）延伸拉長。有許多改良品種。■8 cm ●南美洲（亞馬遜河等）■河川■水生昆蟲、甲殼類●高鰭魚

◀▲體色與紋路美麗的改良品種。

湯鯉科

🐟魚事TALK🐟 湯鯉科中除了棲息於海洋中的鯔形湯鯉（→ P.122）外，其他都棲息在汽水域到淡水域之間。魚體左右平坦，鰓蓋上有2根尖刺。

黑邊湯鯉 [湯鯉科]

剛出生時會棲息在海洋中。長到約2.5cm時，會回溯至河川，並且棲息在該處。■17 cm ●屋久島、琉球群島等／西‧中央太平洋、東印度洋■河川的中游‧下游、河口的汽水域■水生昆蟲、甲殼類●烏尾冬

🐟魚事TALK🐟 麗魚科又被稱作「慈鯛科」，是受歡迎的觀賞魚之一。通常會在口腔內養育魚卵或是稚魚，進行所謂的「口腔孵化」。全世界河川等有1300種以上，日本方面為了作為食用魚而移入的有3種。

莫三比克口孵非鯽 [麗魚科]🍴

雌魚產卵後會對魚卵進行口腔孵化。■30 cm ●移入至北海道、山梨縣、大分縣、鹿兒島縣、琉球群島等／非洲東南部（原產）■河川下游、河口、湖沼■藻類、水生昆蟲●土種吳郭魚

葉鱸科

🐟魚事TALK🐟 魚體平坦，長得非常像一片葉子（擬態，→P.163）。嘴巴大且會往前延伸。經常會假扮成是一片在海中漂流的樹葉，藉此慢慢靠近而後吞食獵物。在南美洲與西非共有2種。

多棘單鬚葉鱸 [葉鱸科]

■8 cm ●南美洲（亞馬遜河等）■河川■小魚●枯葉魚、南美枯葉魚

■體長 ■分布區域 ■棲息環境 ■食物 ■別名 ■危險部位 🍴危險的魚類 🍴食用魚類 ●瀕危物種

鱸形目

杜父魚科等

魚事TALK 原本和鮋形目是同一類群，而後分類有所改變，被納入鱸形目。杜父魚科幾乎都棲息在海洋之中，但也有部分棲息在河川裡的杜父魚。其中大多數的杜父魚會在海洋與河川之間來去，終其一生都待在淡水域的杜父魚較少。許多杜父魚會守護魚卵，直到孵化。真裸皮鮋科當中也有些會棲息在淡水域。

賴氏杜父魚
[杜父魚科] 絕

■17 cm ■北海道西南部、日本本州、四國、九州西北部 ■河川中游・下游 ■水生昆蟲、甲殼類、底棲小型動物

杜父魚 [杜父魚科] 食

雄魚有地域性，會邀請雌魚到石頭下方產卵。■15 cm ■本州、四國、九州西北部 ■河川上游 ■水生昆蟲、掉落在水面的昆蟲、魚類 ■大頭魚

松江鱸 [杜父魚科] 絕

冬季會進入日本有明海，並且在「牛角江桃蛤」這種大型雙殼貝中產卵。■17 cm ■有明海以及流入該處的河川、諫早灣／朝鮮半島西部、中國大陸東部 ■河川上游・中游、河口汽水域 ■水生昆蟲、甲殼類、魚類

西刺杜父魚（鐮切）
[杜父魚科] 食 絕

亦被稱作「鮎掛」。冬季會進入河川，在河口處產卵。■25 cm ■青森縣～高知縣・島根縣、九州中部 ■河川中游・下游、河口汽水域 ■魚類、水生昆蟲、甲殼類 ■鮎掛、霞魚

魚先生的 魚魚TALK

西刺杜父魚宛如忍者般的特技！

西刺杜父魚具有川中大王風範！正如他們以「鮎掛」之名而廣為人知！因為他們竟然連「鮎（香魚）」都吃！！西刺杜父魚擁有宛如忍者的特技。身體顏色與斑紋會隨著周遭的石頭顏色改變，因此可以偽裝成石頭！幻化成石頭的西刺杜父魚會靜止不動，有時甚至連鰓蓋都不會動，就在川底止息閉氣、靜待獵物上門。一旦有不知道西刺杜父魚存在的小魚或是小蝦靠近，就會張開大口，連水一起吞入肚中。簡直就是忍者！

葉狀新項鰭鮋 [真裸皮鮋科] 危

背鰭的尖刺（棘條）有毒。■10 cm（全長）■印尼、新幾內亞島、菲律賓 ■河川下游 ■底棲小型動物 ■淡水鮋 ■背鰭的尖刺（棘條）有毒

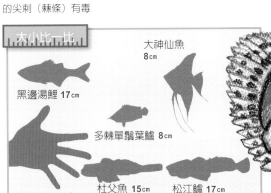

大小比一比

大神仙魚 8cm

黑邊湯鯉 17cm

多棘單鬚葉鱸 8cm

杜父魚 15cm　　松江鱸 17cm

▲從厚實的外表可以看得出來，西刺杜父魚充滿戰鬥力。

鰕虎科

胸鰭

溪鱧 [溪鱧科] 絕
棲息在瀑布下方等水流速度較快的岩場。會張開大大的胸鰭，讓全身承受水勢，讓水勢把身體壓到岩石上，再利用腹鰭攀爬岩石。■20 cm ■屋久島、琉球群島／東南亞等 ■河川上游 ■藻類、水生昆蟲

▼實際大小

三斑矮鰕虎魚 [鰕虎科]
是日本最小的一種魚。會聚集成群，並在中層帶游泳。■1 cm ■琉球群島／菲律賓等 ■紅樹林區域 ■浮游生物 ■鰕虎魚

魚事TALK　不僅是在海洋，河川、河口汽水域都有各式各樣的鰕虎科棲息在其中。長大後，有些體長只有 1cm 左右，有些卻可以超過 60cm。許多魚種的體色美麗，在作為觀賞魚方面很受到歡迎。

暗色沙塘鱧 [塘鱧科]
白天會躲在陡峭的岩石壁上，到了夜晚才開始活動（夜行性）。雄魚會挖掘石頭或是漂流木下方的砂石來築巢，並且持續守護魚卵直到孵化。■15 cm ■新潟縣、茨城縣、神奈川縣、富山縣・岐阜縣・愛知縣以南的日本本州、四國、九州／朝鮮半島南部 ■河川上游・中游 ■水生昆蟲、甲殼類、魚類

尖頭塘鱧 [塘鱧科]
僅棲息在淡水域，不會進入汽水域。夜行性。■20 cm ■茨城縣・福井縣～屋久島等／濟州島、中國大陸東部 ■河川、湖沼 ■水生昆蟲、甲殼類、魚類

▲出現婚姻色的雄魚。

黑鰭枝牙鰕虎 [鰕虎科]
進入繁殖期的雄魚魚體會發出金屬光澤（婚姻色，→ P.127），藉此吸引雌魚。■4 cm ■靜岡縣、高知縣、宮崎縣、屋久島、琉球群島等／臺灣、關島、帛琉 ■河川上游・中游 ■藻類、小型動物

彼氏冰鰕虎 [鰕虎科] 食 絕
整個魚體通透。為了產卵，會溯川而上。孵化出的稚魚會在海洋中成長。■4 cm ■北海道南部、日本本州～九州／朝鮮半島東南部等 ■河川下游、沿岸（海）■浮游生物

暗縞鰕虎 [鰕虎科]
會隱藏、棲息在石頭或是人造物品等處。雖然喜歡棲息在汽水域，但是也可以棲息在淡水域。會由雄魚守護魚卵。■9 cm ■北海道南部、日本本州～九州／朝鮮半島 ■河川下游、河口 ■藻類、底棲小型動物、魚類 ■暗縞鰕虎魚

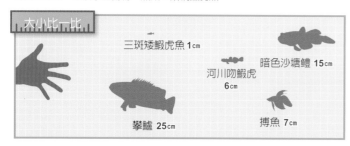

河川吻鰕虎 [鰕虎科] 食
會在春季到夏季之間產卵，並由雄魚守護魚卵。
■6 cm ■靜岡縣・富山縣以南的日本本州、四國、九州北部
■河川上游・中游 ■藻類、水生昆蟲 ■蜥蜴鰕虎魚

▲正在守護魚卵的雄魚。

大小比一比

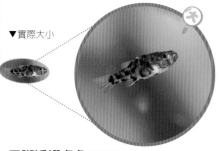

三斑矮鰕虎魚 1cm

暗色沙塘鱧 15cm

河川吻鰕虎 6cm

攀鱸 25cm

搏魚 7cm

■體長 ■分布區域 ■棲息環境 ■食物 ■別名 ■危險部位 危險的魚類 食用魚類 絕瀕危物種

攀鱸科等

攀鱸 [攀鱸科]
實際上並不是真的會攀登樹木，但是的確可以爬上陸地，或是在池塘的水有乾涸危機時，會集體在地面爬行、移動至其他池塘。在原產地被視為食用魚。■ 25 cm（全長）■中國大陸南部、東南亞、印度等 ■湖沼、河川、河口、溼地帶 ■植物、甲殼類、魚類 ■過山鯽

🐟魚事TALK 攀鱸科等類群的魚鰓已經變形為「鰓上器」。這是一種可以進行空氣呼吸的器官，即使在混濁的水中，也能夠從嘴巴吸取水面的空氣進行呼吸。此外，雖然時間不長，但是也可以藉此離開水中稍微活動。

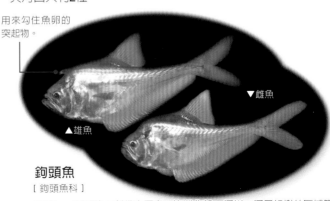

蓋斑鬥魚 [攀鱸科] 絕
■ 4 cm ■移入至沖永良部島、沖繩島、南大東島／臺灣、中國大陸南部 ■水田、沼澤、池塘 ■小型動物、藻類

拉利毛足鱸
[攀鱸科]
會棲息在水生植物較多的地點。雄魚在產卵期時會從嘴巴吹出泡泡來築巢。
■ 9 cm（全長）■印度、巴基斯坦、孟加拉 ■小河川、湖 ■昆蟲、小型動物

接吻魚 [沼口魚科]
2 隻魚會嘴巴碰嘴巴，看起來很像是在接吻的樣子。該行為其實只是雄魚們在互爭地盤。在原產地被當作食用魚。
■ 30 cm（全長）■泰國～印尼 ■河川、湖沼 ■藻類、水生昆蟲、浮游生物

鉤頭魚科

🐟魚事TALK 雄魚的頭部突起物呈鐵鉤狀，可以利用該處將雌魚所產下的魚卵勾住，並且持續守護直到其孵化。全世界河川與河口共有2種。

用來勾住魚卵的突起物。

▼雌魚

▲雄魚

鉤頭魚
[鉤頭魚科]
■ 63 cm（全長）■新幾內亞島、澳洲北部 ■河川、河口紅樹林區域等 ■小魚、甲殼類、淡水龍蝦等 ■Nurseryfish

▲互相爭鬥中的雄性搏魚。

搏魚 [攀鱸科]
是相當有人氣的觀賞魚，有各式各樣的改良品種。■ 7 cm（全長）■東南亞（湄公河原產）■河川、水田 ■水生昆蟲、浮游生物 ■鬥魚

鱧科

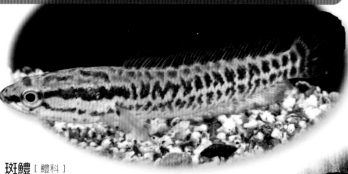

斑鱧 [鱧科]

雄魚會單獨照顧孵化出的稚魚，或是由父母共同守護。
在原產地被當作食用魚。■ 35 cm ■移入至石垣島、近畿
地方／中國大陸南部・臺灣・越南・菲律賓等（原產）
■沼澤、池塘■甲殼類、蛙類、魚類■雷魚

布氏鱧
[鱧科]

彩虹色的魚體美麗，是相當受
到歡迎的觀賞魚之一。■ 14 cm
■印度 ■河川 ■小魚、小型動物
■七彩雷龍

鰈科

🐟 **魚事TALK** 🐟　棲息於河川或是河口汽水域、湖沼的鰈科，通
常會躲在水底砂礫或是泥土之中。

◀日本原產的星斑川鰈。

▼悠游中的星斑川鰈。

星斑川鰈 [鰈科] 食

日本原產的星斑川鰈雙眼位於
魚體的左側，美國的則位於右
側。■ 75 cm ■北海道～神奈川
縣・島根縣／朝鮮半島～北太
平洋、東太平洋（北部）■河川、
湖沼、沿岸（海）■魚類、貝類、
甲殼類

🐟 **魚事TALK** 🐟　此類群又被稱作「雷魚」，擁有細長的身體。
魚鰓已變形為「鰓上器」，可以藉此進行空氣呼吸。日本原本沒
有這個魚種，但是目前已有自國外移入數種鱧科物種棲息在日
本。

烏鱧 [鱧科]

會在蘆葦等水生植物附近產卵。父母會一同照顧魚卵或是剛孵化出
的稚魚。■ 35 cm ■移入至日本本州、四國、九州／東亞原產（中國大陸
北部・中部、朝鮮半島）■沼澤、池塘■甲殼類、蛙類、魚類■雷魚

四齒魨科

🐟 **魚事TALK** 🐟　四齒魨科主要棲息在熱帶地方，會棲息在汽水
域或是淡水域處。外觀通常都很繽紛，是相當受到歡迎的觀賞魚
之一。

暗綠魨 [四齒魨科]

從孵化到亞成魚為止都會
棲息在河川內，成魚後則
會進入海洋。■ 17 cm（全
長）■斯里蘭卡～印尼、中國
大陸北部■河川、沿岸（海）
■甲殼類、貝類、藻類

8 字紋路

雙斑魨（八字娃娃）[四齒魨科]

魚背上有個看起來像是數字
8 的紋路，故以此特徵為其
命名。■ 8 cm（全長）■東南
亞 ■河川下游汽水域 ■貝類、
底棲小型動物

貝氏單孔魨 [四齒魨科]

魚體側面有很多突起（皮變），看起
來很像長毛，因此又被稱作「毛魨」。
■ 12 cm ■東南亞（湄公河等）■河川
■魚類、甲殼類 ■毛魨、湄公河魨

大小比一比

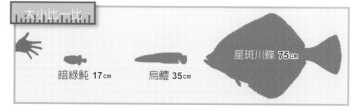

暗綠魨 17cm　　烏鱧 35cm　　星斑川鰈 75cm

　■體長　■分布區域　■棲息環境　■食物　■別名　■危險部位　危危險的魚類　食食用魚類　絕瀕危物種

索引

【指導・協力・撮影】
新野大（高知県立足摺海洋館 SATOUMI 館長）

【特別協力】
さかなクン（東京海洋大学 名誉博士／客員准教授）

伊藤はやと、行徳浩一、関口納理子（株式会社アナン・インターナショナル）
© 2016 ANAN AND Tm.

【取材協力】
瀬能宏（神奈川県立生命の星・地球博物館）、佐藤圭一（一般財団法人 沖縄美ら島財団総合研究センター）、澤井悦郎（マンボウなんでも博物館）、本村浩之（鹿児島大学総合研究博物館）、渡辺佑基（国立極地研究所 生物圏研究グループ）、アクアワールド茨城県大洗水族館、糸満漁業協同組合、葛西臨海水族園、環境水族館 アクアマリンふくしま、きしわだ自然友の会、滋賀県立琵琶湖博物館、世界淡水魚園水族館 アクア・トトぎふ、竹島水族館、東海大学海洋科学博物館、那珂湊漁業協同組合、名護漁業協同組合、名古屋港水族館、姫路市立水族館

【照片特別協力】
アマナイメージズ
カバー , 扉 ,4,6,7,11,13～15,18,20,25,26,30～32,34～40,44,45,47～49,51,53,58,59,61～66,68,70～73,76,77,79～84,86,87,90～92,94,95,97～111,113,114,118,120,122～126,128～130, 132～139,141,143～146,148～151,153～155,160～163,165,166,168,169,172,177～181,
183～192,194～203,206～211,214,215, 後ろ見返し

株式会社ボルボックス（中村庸夫／中村武弘）
カバー ,4,6～8,20,22,24～26,28～31,36～39,42～49,52,53,56～58,64～73,76～78,80,81,83～91,94～96,98,99,101～115,119～128,130～138,142～145,148～151,154～157,160,161,163～170,172,174,179,180,184～188,190～194,196,199～203,207,212～214,216

シーピックスジャパン株式会社（BLUE PLANET ARCHIVE ／ e-Photography）
潮田政一／宇都宮英之／岡田裕介／菊本浩子／北川暢男／久保誠／澤田拓也／高崎健二／高田宏志／辰馬啓之／千々松活志／八点鐘／羽村尚男／広瀬睦／福田航平／古見きゅう／増渕和彦／南俊夫／深山えり子
カバー , 前見返し ,2,3,4,6,7,10,13,15,18,20,22,23～32,34～39,42～47,50～52,55,60,62～64,66,70～72,76～78,80,82,83,85,86,88,91,95～97,100～103,105～108,110～127,129,131,133,136～139,142～147,149～157,160,162～172,174,178,179,184,194,195,197～201,207,209,212,215, 後ろ見返し

新野大
17,22,25,31,37,38,44～47,49,57,59,62～66,68,71,73,78,83,85,86,88,94,96,99,102,103,105,109,115,120,122,124,126,129～133,135,136,142,144,145,147,148,165～168,172,178,180,184,186～191,193,196,197,199,206,212～216

及川均（F360）
カバー ,7,14,43,52,62,63,66,69,71,72,78～80,83,84,86,88～91,102,104～106,108～114,118～122,124～127,138,144～148,151,163,164,169,203, 後ろ見返し

【照片協力】
アクアプロスタイル ビリーバー：193 ／アクアルミエール：199 ／朝日田卓（北里大学海洋生命科学部水圏生態学研究室）：54 ／荒武成寿：164 ／あわしまマリンパーク：30 ／泉憲明（トサキン保存会中部日本支部）：191 ／和泉裕二（Blue World）：7,58,134 ／伊藤一希：179 ／伊藤光機（春夏秋冬）：141 ／伊奈淳也（浜松 FunSea）：55 ／今川郁（オーシャンブルー那覇）：84,97,120,121,139,140 ／岩手県水産技術センター：139 ／氏原一郎（南浜名湖 .com）：131 ／江藤幹夫：149,165,169, 後ろ見返し ／遠藤広光：67 ／大方洋二：59,143 ／大阪・海遊館：17,141 ／大阪市立自然史博物館：174 ／男鹿水族館 GAO：209 ／おきなわカエル商会：191 ／奥山英治（日本野生生物研究所）：192 ／おたる水族館：161 ／越智隆治：2,10,16 ／海洋博公園・沖縄美ら海水族館：35,59,104,126 ／鹿児島大学総合研究博物館：54,56 ／葛西臨海水族園：59,135,140 ／片野猛（沖縄ダイビングセンター）：84,125 ／神奈川県立生命の星・地球博物館提供（瀬能宏撮影）：24（ホシザメ）,29（アイザメ、オロシザメ）,44（チンアナゴ全身）,47（ネズミギス）,57（トウジン）,65（トビウオ）,78（フサカサゴ）,123（オオメメダイ）,124（テンス）,136（ワニギス）,139（イレズミコンニャクアジ）,142（ネズミゴチ）,149（クロホシマンジュウダイ）,185（コイ在来型）,206（太平洋系降海型イトヨ）, 208（キタノメダカ、ミナミメダカ）,210（ハナダカタカサゴイシ

モチ）／株式会社エムピージェー 月刊アクアライフ：178,181,190,191,193,198,207,213,215 ／川原晃（海の案内人ちびすけ）：60 ／川辺洪：30,66,67 ／環境水族館 アクアマリンふくしま：87,95,133 ／北川大二（国立研究開発法人 水産研究・教育機構）：132 ／北九州市立自然史・歴史博物館（マウソニア・ラボカティ復元骨格）／京都大学舞鶴水産実験所：40 ／久喜市役所：183,186 ／公益財団法人 大阪府漁業振興基金栽培事業場：160 ／高知大学理学部理学科海洋生物学研究室：53,55,57,162 ／国立研究開発法人 水産研究・教育機構 開発調査センター：58,151 ／国立研究開発法人 水産研究・教育機構 水産大学校：59 ／国立研究開発法人 水産研究・教育機構 北海道区水産研究所：53 ／さかなクン：203 ／猿渡敏郎：60 ／澤井悦郎：171 ／散歩猫（蜜蜂的写真日記）：109 ／椎名雅人（魚のブログ）：59,67,85,131 ／下田海中水族館：59,67,85,131 ／空良太郎（沖縄ワールドダイビング）：16,86,149 ／高久至：61,140 ／高瀬歩（さかなや潜水サービス）：128 ／高見沢昇治（edive khaolak）：120,147 ／地方独立行政法人 大阪府立環境農林水産総合研究所：175,187,216 ／辻東信（サワディダイブ那覇）：166 ／東海大学海洋科学博物館：46,60 ／東海大学海洋学部水産学科福井研究室：29,45,46,48～51,53,57,65,67,115,122,123,137,142,155,162 ／東海大学出版会：18 ／東京大学附属図書館：196 ／都倉浩（OKINAWAN FISH）：121 ／独立行政法人 海洋研究開発機構：53,55 ／戸舘真人：46,56,59,61,90 ／とむやむ君：90 ／中尾克比古（かっちゃんのお魚ブログ）：214 ／中島伸之（サカナのおカオ）：165 ／名古屋港水族館：30 ／西山一彦（Wrasses Vegas）：114,126,139 ／日海センター：107 ／沼津深海水族館：32 ／萩博物館：54,99 ／橋谷勝博：102,112,128,138,139 ／原崎森（屋久島ダイビングサービス もりとうみ）：11,86,105,126,163 ／原本昇：105 ／藤原昌高（ぼうずコンニャク）：7,49,54,76,82,87,109,115,155,156 ／ブランパン：12,39 ／真木久美子（まいにち青海島）：16,133 ／益田一：47（ハマギギ）,56（フサイタチウオ）／参木正之（DIVE ZEST）：124 ／美月（色即是空）：132 ／宮正樹：59,136 ／明星大学：117 ／森岡篤：7,178～181,189,193～195,197,207,209,212,215 ／森田敬三：173 ／山口素臣：51 ／山崎浩二：193 ／ヨコハマおもしろ水族館：22 ／吉田俊司（宇和海の魚）：24 ／るりすずめ（さかなまにあ）：135 ／渡辺佑基（国立極地研究所 生物圏研究グループ）：158 ／Andrew Fox（Rodney Fox Shark Expeditions）：158 ／alamy/PPS 通信社：40 ／Dr Richard Pillans CSIRO：23 ／Getty Images：カバー ,6,28,72,143, 後ろ見返し ／MBARI：12 ／OCEANA：12 ／PIXTA：カバー ,8,32,126,148,181,183,197,202,209,211,212,215,216 ／SPL/PPS 通信社：40

【挿図】
小堀文彦、福永洋一

【参考文献】
《日本産魚類検索 全種の同定 第三版》中坊徹次編／《日本産魚類大図鑑 第 2 版》益田一他編／《日本産魚類生態大図鑑》益田一他／《新版 魚の分類の図鑑－世界の魚の種類を考える》上野輝彌他／《日本産稚魚図鑑 第二版》沖山宗雄編（以上、東海大学出版会）／《日本の淡水魚》川那部浩哉他／《日本の海水魚》岡村収他編／《世界の熱帯魚》桜井淳史他（以上、山と渓谷社）／《動物図鑑ウォンバット 2 魚》杉浦宏樹監修／《新装版 詳細図鑑 さかなの見分け方》藍澤正宏他／《日本沿岸魚類の生態》檜山義夫他（以上、講談社）、《食材魚貝大百科 全 4 巻》多紀保彦他編／《日本動物大百科 第 6 巻 魚類》《日本動物大百科 第 7 巻 無脊椎動物》日高敏隆編／《日本のハゼ 決定版》瀬能宏監修他／《最新図鑑 熱帯魚アトラス》山崎浩二他（以上、平凡社）、《タナゴのすべて》赤井裕他／《世界のナマズ》江島勝康他／《フグの飼い方》アクアライフ編集部編／《標準原色図鑑 17 熱帯魚・金魚》牧野信司他（以上、マリン企画）、《新日本動物図鑑上・中・下》岡田要他／《原色魚類大圖鑑》阿部宗明／《クマノミガイドブック》ジャック・T・モイヤー／《ハゼガイドブック》林公義他／《幼魚ガイドブック》瀬能宏他（以上、TBS ブリタニカ）、《魚類の形態と検索》松原喜代松（石崎書店）、《日本産魚名大辞典》日本魚類学会編（三省堂）、《北のさかなたち》長澤和也他編（北日本海洋センター）、《魚介類の毒》橋本芳郎（学会出版センター）、《フグの分類と毒性》原田禎顯他（恒星社厚生閣）、《魚名考》栄川省造（甲南出版社）、《図説魚と貝の大事典》望月賢二監修（柏書房）、《魚の事典》能勢幸雄監修（東京堂出版）、《原色日本淡水魚類図鑑》宮地伝三郎他（保育社）、《新さかな大図鑑－釣魚カラー大全》小西和人編（週刊釣りサンデー）、《新潟県海の魚類図鑑》本間義治（新潟日報事業社）、《育ててみよう海の生きもの 海水魚の繁殖》鈴木克美他編著（緑書房）、《日本の外来魚ガイド》瀬能宏監修（文一総合出版）、《南極海の魚はなぜ凍らない》サイエンス編集部編（日経サイエンス社）、《決定版 熱帯魚大図鑑》森文俊他（世界文化社）、《アラマタ版 磯魚ワンダー図鑑》荒俣宏（新書館）、《ネイチャーウォッチングガイドブック 海水魚》加藤昌一（誠文堂新光社）、《SHARKS サメ－海の王者たち－》仲谷一宏（ブックマン社）、《知られざる動物の世界 3 エイ・ギンザメ・ウナギのなかま》中坊徹次監訳（朝倉書店）、《FISHES of the WORLD Fourth Edition》Joseph S. Nelson（John Wiley & Sons,Inc）、ほか

國家圖書館出版品預行編目（CIP）資料

魚類百科圖鑑 / 福井篤監修；張萍譯 . -- 初版 . --
臺中市：晨星出版有限公司，2022.6
　面；　公分 . --（自然百科；5）
譯自：講談社の動く図鑑 MOVE 魚
ISBN 978-626-320-108-8（精裝）

1.CST: 魚類 2.CST: 動物圖鑑

388.5　　　　　　　　　　　　111003423

詳填晨星線上回函
50 元購書優惠券立即送
（限晨星網路書店使用）

魚類百科圖鑑
講談社の動く図鑑 MOVE　魚

監修	福井篤
審定	邵廣昭
翻譯	張萍
主編	徐惠雅
執行主編	許裕苗
版面編排	許裕偉

創辦人	陳銘民
發行所	晨星出版有限公司
	台中市 407 工業區三十路 1 號
	TEL：04-23595820　FAX：04-23550581
	E-mail：service@morningstar.com.tw
	http：//www.morningstar.com.tw
	行政院新聞局局版台業字第 2500 號
法律顧問	陳思成律師
初版	西元 2022 年 6 月 6 日
	西元 2024 年 6 月 6 日（二刷）

讀者服務專線	TEL：02-23672044 / 04-23595819 #212
	FAX：02-23635741/04-23595493
	E-mail：service@morningstar.com.tw
網路書店	http://www.morningstar.com.tw
郵政劃撥	15060393（知己圖書股份有限公司）
印刷	上好印刷股份有限公司

定價 **999** 元

ISBN 978-626-320-108-8（精裝）

金帶花鯖

金帶花鯖的大嘴一張甚至可以直接看到喉嚨深處。為了網羅海洋中的浮游生物，牠們會一直張著大嘴。 ▶ P.155

牠們是下巴脫臼了嗎 !?

兩個男生為什麼在玩親親！？

讓人感到驚奇

接吻魚

2隻雄魚會彼此嘴巴碰嘴巴。牠們其實並不是在接吻，而是在吵架。 ▶ P.215

平常看不到的
不可思議的魚類生態大集合！

變裝達人 !?

紅肉旗魚

剛與小魚群錯身而過的紅肉旗魚，其吻部前端插著1隻小魚，簡直就是捕魚高手。 ▶ P.152

捕魚高手 !?

圓眼燕魚

圓眼燕魚幼魚會假扮成在海中漂流的枯葉。重點是為了要看起來像一片葉子，尾鰭還是透明的呢！ ▶ P.149